中国大城市道路交通发展研究报告

(2021)

公安部道路交通安全研究中心　编

人民交通出版社股份有限公司
北　京

内 容 提 要

本书以数据分析的形式，从城市社会经济发展、车辆保有量、驾驶人数量和增长情况、道路交通管理执法、道路交通安全、道路交通运行、城市交通建设与公共交通发展、道路交通管理政策及措施等多方面对2020年36个大城市的道路交通发展情况进行了回顾和分析。

本书适合城市规划、交通规划和交通管理部门的决策者及专业技术人员学习使用，也可作为高等学校交通规划、交通管理等相关专业学生的参考用书。

图书在版编目（CIP）数据

中国大城市道路交通发展研究报告．2021 / 公安部道路交通安全研究中心编．— 北京：人民交通出版社股份有限公司，2022.4

ISBN 978-7-114-17890-0

Ⅰ.①中… Ⅱ.①公… Ⅲ.①大城市—城市道路—交通运输发展—研究报告—中国—2021 Ⅳ.① TU984.191

中国版本图书馆CIP数据核字（2022）第042397号

审图号：GS（2022）1611号

Zhongguo Dachengshi Daolu Jiaotong Fazhan Yanjiu Baogao（2021）

书　　名： 中国大城市道路交通发展研究报告（2021）
著 作 者： 公安部道路交通安全研究中心
责任编辑： 刘　博　屈闻聪
责任校对： 孙国靖　龙　雪
责任印制： 刘高彤
出版发行： 人民交通出版社股份有限公司
地　　址：（100011）北京市朝阳区安定门外外馆斜街3号
网　　址： http://www.ccpcl.com.cn
销售电话：（010）59757973
总 经 销： 人民交通出版社股份有限公司发行部
经　　销： 各地新华书店
印　　刷： 北京虎彩文化传播有限公司
开　　本： 889×1194　1/16
印　　张： 13.5
字　　数： 396千
版　　次： 2022年4月　第1版
印　　次： 2022年4月　第1次印刷
书　　号： ISBN 978-7-114-17890-0
定　　价： 100.00元

本书编委会

主　　编： 戴　帅　刘金广　褚昭明

参编人员： 闫星培　朱新宇　赵琳娜
于晓娟　朱建安　成超锋
杨钧剑　刘　婉　姚雪娇
于　昊　秦　歌　陈瑞祥
廖　颖　顾　洵　祝国中

前　言

2020年是决胜全面建成小康社会、决战脱贫攻坚之年，也是“十三五”规划收官之年。在浦东新区开发30周年及深圳经济特区建立40周年之际，我国进一步扩大改革开放，国家中心城市和城市群在引领新型城镇化发展进程中的作用得到持续深化。当前，我国人民群众生活水平日益提高，社会经济继续平稳发展，城市交通发展面临的机遇与挑战并存。一方面，大数据、云计算、车路协同、智能网联等新技术、新应用不断发展，赋能推动城市交通管理与服务的变革升级；另一方面，既存在道路交通设施规划建设、道路交通组织运行、动静态交通管控等方面的基础性问题，又有网约车、快递、外卖与共享单车等互联网经济催生出的交通新业态给城市交通管理工作带来的巨大挑战。另外，由于各地区城市交通发展基础不同，发展阶段亦有差异，导致交通管理风险的复杂性不断提高。

当前，我国已经实现了第一个百年奋斗目标，在中华大地上全面建成了小康社会，历史性地解决了绝对贫困问题，正在继续为全面建成社会主义现代化强国而奋斗，让老百姓生活更加富裕、更加幸福，这对道路交通管理提出了内涵更广、层次更高、体验更佳的新需求。

公安部道路交通安全研究中心继续跟踪全国36个大城市（直辖市、省会城市、自治区首府和计划单列城市）的道路交通发展状况，通过对各城市社会宏观经济、车辆发展、机动车驾驶人发展、道路交通管理执法、道路交通安全、道路交通运行、道路建设、公共交通发展、道路交通管理政策及措施9个方面数据的研究分析，回溯了各城市交通管理的政策时序与措施亮点，总结归纳了36个大城市道路交通发展的规律和特点。由于2020年受新冠疫情影响，城市道路交通发展呈现出新的变化与特征。例如，我国社会经济总体增速有所放缓，但是36个大城市地区生产总值为39.8万亿元，占全国国内生产总值（GDP）的39.2%，继2016年以来占比首次上升，进一步表征了大城市经济发展的集聚效应。又如，汽车保有量与汽车驾驶人数量继续保持增长，但增幅均有所回落：我国汽车保有量年增长率呈逐年下降趋势，从2017年的11.8%降低到2020年的7.4%，降幅达4.4个百分点；我国新增汽车驾驶人2053万人，同比增长5.2%，增幅为2016年以来的最低值。又如，36个大城市公交专用道建设稳步推进，总里程为9375.7km，较2019年增长6.88%，但公共汽电车运营车辆数同比下降1.10%，首次出现负增长，公共交通客运量继续下降，公共交通发展不平衡、不充分问题依然存在。再如，城市道路交通安全形势相对平稳，但电动自行车交通安全隐患突出：2020年，全国城市道路上发生交通事故起数同比增长0.85%，城市道路交通事故起数在全国道路交通事故起数中的占比延续了自2013年以来持续

前　言

上升的趋势，而36个大城市的道路交通事故起数出现小幅下降，与全国城市道路交通事故起数走势相反；电动自行车导致的城市道路交通事故起数占比已经超过摩托车，成为排名第二、仅次于汽车的肇事交通方式，骑电动自行车受伤人数同比增加14.04%。

本书旨在为城市管理部门提供决策依据和参考，为城市交通规划、建设与管理等相关专业研究机构的学者提供参考资料，亦为社会了解各大城市交通发展情况与发展特点提供科学读本。本书主要数据来源为《中华人民共和国道路交通事故统计年报（2020年度）》《中国城市客运发展报告（2020）》《2020年交通运输行业发展统计年报》《中国城市统计年鉴（2019）》《中国城市建设统计年鉴（2019）》等统计资料。部分城市建设数据因最新相关年报未发布，引用已出版的2019年年报数据。由于城市交通系统涉及要素多、影响因素复杂、交通特征动态变化性显著，因此，本书内容难免存在不足或不妥之处，敬请读者批评指正。

编　者

2021年12月

目　录

目　录

第一章　绪　　论

36个大城市（包括4个直辖市、22个省会城市、5个自治区首府和5个计划单列城市）在国家经济、社会发展中发挥着举足轻重的作用，推动着我国城镇化与机动化的发展进程，是激发区域经济与城市化发展的强大引擎。2020年，36个大城市以全国5.5%的国土面积，承载了全国26.42%的人口，创造了39.2%的地区生产总值，聚集了全国29.0%的机动车、33.5%的汽车，覆盖了33.6%的全国城市道路里程、33.5%的城市道路面积，是引领我国道路交通和机动化发展的重要阵地。从党的十九届四中全会明确提出"提高中心城市和城市群综合承载和资源优化配置能力"，到2019年中央经济工作会议再次定调"提高中心城市和城市群综合承载能力"，说明突出中心城市、城市群发展的新型城镇化建设方向已经越来越明晰。未来国家、区域之间的竞争，将主要体现为中心城市、都市圈和城市群的竞争。

第一节　国家战略引领高质量发展，大城市经济和人口集聚特征进一步凸显

一、国家中心城市经济继续稳步增长，城市经济发展区域性差异明显

36个大城市是引领区域城市化发展的重要载体，更是全国社会经济发展的风向标。2020年，36个大城市地区生产总值总量为39.8万亿元，占全国国内生产总值总量的39.2%，占比较上年提升0.95个百分点。同时，9个国家中心城市的地区生产总值继续保持领先。36个大城市中，上海、北京的地区生产总值均超过3.6万亿元，深圳、广州、重庆地区生产总值超过2万亿元，并持续稳定增长。地区生产总值超过1万亿元的城市高达18个，与"十二五"期末相比增加9个。

2020年，受新冠肺炎疫情、世界经济深度衰退等多重因素冲击，全国社会经济增速有所放缓，全年国内生产总值（GDP）接近101.6万亿元，按可比价格计算，比上年增长2.3%，增速较上年回落3.8%。36个大城市地区生产总值总量同比增长3.5%，增速较上年下降4.7%。从地区生产总值总量看，36个大城市中地区生产总值排名前十的仅有北京和天津两个北方地区城市，而地处中西部的重庆、成都、武汉跻身前十；从地区生产总值增速来看，除武汉外，36个大城市地区生产总值增速总体保持平稳，拉萨、厦门、海口、西安、福州领跑地区生产总值增速的前5名，呼和浩特、乌鲁木齐、哈尔滨等北方地区城市地区生产总值增速低于全国平均水平，经济发展速度相对较慢。

二、大城市人口保持较快增长，粤港澳大湾区、长江经济带大城市人口增量领先

36个大城市的人口集聚能力更加突出。截至2020年底，36个大城市常住人口总量为3.73亿人，同比增长11.7%，占全国人口的比例为26.42%，比2019年提高了2.58个百分点。其中，重庆、上海、北京等15个城市常住人口总量超过1000万人，比2019年增加两个，青岛市和长沙市常住人口首次超过1000万人，9个国家中心城市的常住人口均超过1000万人。从城市户籍人口占城市常住人口比例来看，重庆、南宁、石家庄、拉萨、长春5个城市超过100%，体现出这5个城市的本地人口外流较多；深圳、上海、厦门、广州、乌鲁木齐、北京6个城市户籍人口占城市常住人口的比例小于70%，说明这些城市吸引了大量外来人口工作和生活。

国家中心城市与城市群战略进一步促进了大城市人口的增长。2020年共有13个城市的常住人口净增

100万人以上，其中成都、深圳、广州、西安、郑州5个城市常住人口净增200万人以上。随着粤港澳大湾区发展战略的全面推进，“十二五”以来，广州、深圳连续10年每年新增人口数量均超过40万人，连续多年人口增量位居全国前列。2020年，长江经济带沿线的杭州、成都、重庆、长沙、宁波、武汉、合肥7个城市常住人口净增量都在50万人以上，呈现快速增长的态势。华中地区的郑州和西北地区的西安两个国家中心城市2020年常住人口的净增量也都超过50万人。

第二节　汽车保有量增速进一步回落，机动化发展地区分化现象明显

一、汽车保有量增长率呈现逐年下降趋势，汽车驾驶人增幅创新低

近5年来，我国汽车保有量总量呈现逐年增长态势，但是每年增长率呈现逐渐下降趋势。2016—2020年，我国汽车保有量共增长8646.4万辆，年均增长率为10.3%，明显高于机动车同期的5.9%年均增长率，汽车保有量增长速度也远大于城市人口和空间增长速度。我国36个大城市汽车保有量共增长2512万辆。其中，重庆、郑州、武汉等7个城市5年增量超过了100万辆。从年增长率来看，近5年我国汽车保有量增长率呈逐年下降趋势，从2017年的11.8%降低到2020年的7.4%，降幅达4.4个百分点。

截至2020年底，全国汽车驾驶人数量达4.18亿人，占全国人口总量的29.6%，同比增长5.2%。其中，36个大城市汽车驾驶人数量达1.3亿人，占全国汽车驾驶人总量的31.2%。从汽车驾驶人数量增幅来看，2020年全国新增汽车驾驶人2053万人，同比增长5.2%，增幅为2016年以来最低值。36个大城市汽车驾驶人数增量依旧领跑全国。其中，6个大城市汽车驾驶人数量同比增加超过30万人。从城市汽车驾驶人数量占城市常住人口数量的比例来看，有21个城市超过1/3，相比去年减少11个城市，这与第七次全国人口普查中城市常住人口数据大幅更新有关。

二、千人汽车保有量首次负增长，城市千人汽车保有量区域性差异相对明显

2020年，由于第七次全国人口普查公布的36个大城市常住人口总量比上年有较大幅度增加，我国36个大城市的平均千人汽车保有量为246.5辆，与2019年相比下降了11.4辆。与2019年相比，千人汽车保有量增加的城市有8个，千人汽车保有量下降的城市有27个，千人汽车保有量下降超过30辆的城市有12个。其中，海口下降量最大，为57.0辆，这与海南自贸港封岛政策落地前人口快速流入有一定关系。

从城市区域分布来看，华北、西北地区城市千人汽车保有量相对较高，东北、华南地区城市千人汽车保有量相对较低。2020年，华北、西北地区城市平均千人汽车保有量分别达到298辆、294辆，东北地区城市平均千人汽车保有量为239辆，华南地区城市平均千人汽车保有量为227辆（在所有地区中最低）。

第三节　大城市公共交通发展不平衡、不充分，不同类型城市呈现不同交通运行特征

一、公交专用道建设稳步推进，公共汽电车客运量和运营车辆数双下降

2020年，36个大城市继续推进公交优先发展战略，均设置了公交专用车道，公交专用车道总里程为9375.7km，较2019年增长6.88%。其中，郑州、济南、上海、成都、广州、深圳、沈阳、北京8个城市公交专用车道里程超过了400km。36个大城市公交专用道总里程近5年保持增长趋势。36个大城市平均公交

专用车道里程为260.44km，共有14个城市超过平均值，前3依次为北京、沈阳与深圳。拉萨、海口与兰州3个城市公交专用车道里程均小于50km。

2020年，我国36个大城市公共汽电车运营车辆数出现负增长，城市公共汽电车客运量继续下降，公共汽电车运营线路长度增长5.58%。36个大城市公共汽电车运营车辆数共计33万标台，同比下降1.10%，首次出现负增长。36个大城市中公共汽电车客运总量为207.8亿人次，连续5年下降。公共汽电车年客运量超过10亿人次的城市有6个，分别为深圳、成都、上海、广州、重庆、北京。同时，36个大城市公共汽电车运营线路长度总计38.46万km，占全国公共汽车运营线路总长度的26.0%。其中，运营线路长度超过1万km的城市有14个。

虽然城市地面公交投入很大，运输装备更新升级速度进一步加快，但公共交通发展仍然不平衡、不充分，公共交通服务水平仍显滞后，无法满足大城市人民对于高质量出行的需要。提升公共交通服务能力、完善多元化服务网络、构建与轨道交通一体化协同服务体系应是未来城市公共汽电车交通的发展方向。

二、轨道交通运营里程稳步增长，轨道交通客运量大幅下降

2020年，36个大城市中开通轨道交通的城市达32个，其中太原市2020年首次开通运营轨道交通。32个开通轨道交通的大城市的城市轨道交通总客运量为171亿人次，占全国城市轨道交通客运量的97.2%。36个大城市中，轨道交通运营线路总长度排名前三的城市为上海、北京、广州，线路总长度分别为729.2km、726.6km、553.2km。太原、兰州、乌鲁木齐、哈尔滨、贵阳、济南、呼和浩特7个城市的轨道交通运营线路长度低于50km，还处于轨道交通发展起步阶段，仍有较大的发展空间。轨道交通在大城市客运系统中的骨架作用日益显现，客运强度仍有较大提升空间。从大城市轨道交通日均客运量看，北京、上海、广州3个城市超过500万人次，长沙、杭州、武汉、西安、南京、重庆、成都7个城市超过100万人次。

受新冠肺炎疫情的影响，2020年32个开通轨道交通的城市轨道交通总客运量为171亿人次，同比（2019年31个城市客运量233.1亿人次）下降26.6%。25个城市客运量下降。其中，客运量降幅超过30%的城市有6个，包括哈尔滨（50.5%）、武汉（49.3%）、北京（42.0%）、大连（38.2%）、天津（35.5%）、南京（30.6%）；客运量降幅在20%~30%的有11个城市；客运量降幅在10%~20%的有6个城市；客运量降幅在0%~10%的有2个城市。由于新线路开通运营的诱增效应，7个城市轨道交通客运量同比增加，包括合肥、长沙、济南、兰州、厦门、呼和浩特和太原。

三、周一早高峰、周五晚高峰道路交通较为拥堵，非工作日晚高峰与工作日晚高峰交通拥堵情况相近

2020年，36个大城市道路早高峰最拥堵的时段是8:00—9:00，与2019年保持一致；晚高峰最拥堵的时段是18:00—19:00，较2019年延后1h，并且晚高峰时段的城市道路交通相比早高峰时段更加拥堵。36个大城市在早高峰8:00—9:00时段，主城区道路车辆平均运行速度为34.0km/h。其中，特大城市道路车辆平均运行速度最低，为31.2km/h；Ⅰ型大城市道路车辆平均运行速度最高，为37.3km/h；超大城市、Ⅱ型大城市道路车辆平均运行速度分别为32.7km/h、34.7km/h。36个大城市在晚高峰18:00—19:00时段，主城区道路车辆平均运行速度为29.6km/h。其中，超大城市、特大城市道路车辆平均运行速度最低，均为28.6km/h；Ⅰ型大城市道路车辆平均运行速度最高，为32.1km/h；Ⅱ型大城市道路车辆平均运行速度为29.1km/h。

36个大城市周一早高峰、周五晚高峰道路交通相对最为拥堵。晚高峰的道路车辆平均运行速度普遍低

于早高峰的道路车辆平均运行速度，并且非工作日的晚高峰与工作日的晚高峰交通拥堵情况相近。从早高峰看，36个大城市周一的主城区道路车辆平均运行速度最低，为31.2km/h；周五的主城区道路车辆平均运行速度较高，为34.5km/h；非工作日主城区道路车辆平均运行速度超过40km/h。其中，超大城市、特大城市周一的主城区道路车辆平均运行速度要低于30km/h，Ⅰ型、Ⅱ型大城市周一的主城区道路车辆平均运行速度高于30km/h。从晚高峰看，36个大城市周五的主城区道路车辆平均运行速度最低，为27.5km/h；周一的主城区道路车辆平均运行速度相对较高，为29.9km/h；与工作日相比，非工作日的主城区道路车辆平均运行速度提高幅度不大，周六、周日主城区道路车辆平均运行速度分别为32.9km/h、34.2km/h。其中，超大城市周五的主城区道路车辆平均运行速度最低，为26.0km/h；特大城市、Ⅱ型大城市周五的主城区道路车辆平均运行速度分别为26.3km/h、27.8km/h；Ⅰ型大城市周五的主城区道路车辆平均运行速度相对较高，为29.9km/h。

第四节　大城市道路交通安全态势总体相对稳定，但交通秩序形势依然严峻

一、大城市道路交通事故总起数稳中有降，城市道路交通事故起数略有上升

2020年，全国道路交通安全形势保持平稳态势，全国道路交通事故数为24.47万起，同比减少2972起、降低1.20%。36个大城市道路交通事故数与去年基本持平，道路交通事故总量为6.41万起，同比下降0.81%。36个大城市道路交通事故数在全国事故总量中的占比达到26.18%，与上年基本持平。

2020年，全国城市道路上发生交通事故12.76万起，同比增长0.85%。城市道路交通事故数在全国道路交通事故数中的占比延续了自2013年以来持续上升的趋势。2020年，36个大城市的城市道路发生交通事故4.64万起，同比增加4.9%，在全国城市道路交通事故总量中的占比为36.36%，比上年提高了1.42个百分点。值得关注的是，武汉、哈尔滨、深圳等城市受疫情影响较大，采取了阶段性的城市交通管控措施，相应城市道路交通事故数明显减少。

二、非机动车和行人违法查处力度不断加强，不按规定停车是查处比例最高的机动车违法行为

2020年，全国36个大城市共查处非机动车道路交通违法行为2006万起，同比增长35%。其中，不走非机动车道违法行为占比最高（24.9%），其余查处量占比超过10%的两种非机动车交通违法行为为非机动车违反交通信号指示（14.2%）和非机动车逆向行驶（13.3%）。

2020年，全国36个大城市共查处行人交通违法行为起数同比增长42.2%。在全国36个大城市查处的行人交通违法行为中，行人违反交通信号灯违法行为占比最大（32%）。

2020年，全国36个大城市机动车道路交通违法行为查处比例最高的是不按规定停车，占查处违法行为总量的27.68%，同比上升3.08个百分点。其后依次为违反禁令标志指示（17.85%）、违反禁止标线指示（10.20%）、不按导向车道行驶（5.65%）、机动车违反信号灯通行（4.75%）。

2020年，36个大城市对各项机动车道路交通违法行为查处重点也不尽相同。如查处比例最高的不按规定停车违法行为，武汉查处比例高达51.75%，西宁、重庆等也超过了40%，而兰州、长春、昆明、厦门、深圳等则不足10%；又如查处违反禁令标志指示违法行为，福州、广州、兰州、合肥的查处比例超过30%，而重庆、海口、厦门、长春、乌鲁木齐、太原、大连、贵阳、沈阳、深圳等不足5%；再如查处机动车违反信号灯通行违法行为，南京的查处比例超过10%，而沈阳、西安、厦门、深圳等不足1%。36个大城市查处酒驾起数同比上升15.2%，其中醉驾比例为46%。36个大城市查处不礼让行人交通违法行为起

数同比增长22%，查处假套牌违法行为起数同比增长33.1%。

三、电动自行车等交通方式安全形势严峻，未按规定让行是占比最高的交通事故成因

2020年，36个大城市的城市道路交通事故中，电动自行车骑行者的死亡人数占比和受伤人数占比继续增加。36个大城市城市道路交通事故中电动自行车骑行者死亡人数占比为20.61%，比上年增加0.8个百分点；电动自行车骑行者受伤人数占比高达24.35%，比上年增加1.7个百分点。电动自行车骑行者受伤人数已经超过行人受伤人数，成为城市道路交通事故中受伤人数占比最高的群体。解决电动自行车骑行者的交通安全问题依然任重而道远。

摩托车驾驶人仍然是城市交通事故的高危群体，2020年，在36个大城市的城市道路交通事故中，摩托车驾驶人死亡人数占比为15.12%，比上年增加0.27个百分点；摩托车驾驶人受伤人数占比为14.19%，比上年减少0.26个百分点。

2020年，36个大城市的城市道路交通事故中自行车骑行者死亡人数和受伤人数占比均增加。自行车骑行者死亡人数占比为7.41%，比上年增加0.39个百分点；自行车骑行者受伤人数占比为5.29%，比上年增加0.32个百分点。

2020年，36个大城市的城市道路交通事故中行人死亡人数和受伤人数均同比下降，但行人伤亡人数占比依旧处于高位。36个大城市中，行人死亡人数占比达32.72%，比上年减少2.7个百分点，行人依然是死亡人数占比最高的交通群体；行人受伤人数占比为22.10%，比上年减少2.59个百分点。

2020年，36个大城市各类成因导致的交通事故数占比由高至低排列依次为：未按规定让行（12.24%）、醉酒驾驶（12.05%）、非机动车违反交通信号（3.79%）、违反交通信号（3.74%）、无证驾驶（3.71%）、非机动车逆行（2.75%）、未按规定与前车保持安全距离（2.66%）、违法变更车道（2.30%）、酒后驾驶（2.17%）、超速行驶（2.09%）。其中，未按规定让行是导致道路交通事故数最多的机动车违法行为，违反交通信号是导致道路交通事故数最多的非机动车违法行为，不按规定横过机动车道是导致道路交通事故数最多的行人违法行为。

第二章　城市宏观社会经济

36个大城市是我国各区域的核心城市，稳就业、保民生效能举足轻重，其对国家发展战略支撑作用至关重要。通过对36个大城市经济发展的数据分析，可以从宏观角度探究36个大城市经济发展的基础条件与阶段性变化，有助于更好地理解城市交通发展的新背景、新趋势。

第一节　城镇居民可支配收入

城镇居民可支配收入是揭示城市居民生活质量水平的重要指标，它表征了居民的购买能力。作为决胜全面建成小康社会圆满收官之年，2020年全国城镇居民人均可支配收入保持了稳定增长，城镇居民人均可支配收入达4.38万元，比上一个五年规划结束年2015年末增长40.38%，保持了经济稳定增长。36个大城市城镇居民人均可支配收入为4.97万元，高出全国城镇居民人均可支配收入13.5%，同比增长2.99%，增速较往年有所回落。自“十二五”规划（2011—2015年末）、“十三五”规划（2016—2020年）以来，36个大城市平均城镇居民可支配收入实现了由高速度增长向高质量增长的转变，“十二五”期间年均增速在10%以上，“十三五”期间前4年仍保持每年7%以上的稳定较快增长（2016—2019年的增速都保持在7%以上，2020年受新冠肺炎疫情影响增速有所放缓），如图2-1所示。

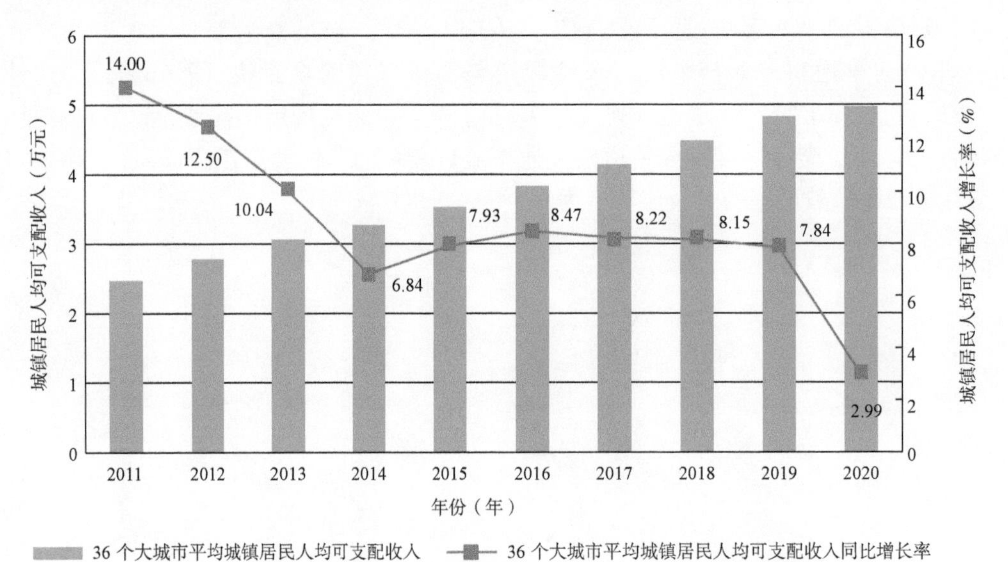

图2-1　2011—2020年我国36个大城市平均城镇居民可支配收入

注：数据来源于各城市统计局网站。

36个大城市城镇居民可支配收入实现了稳定增长。2020年，我国36个大城市城镇居民可支配收入超过4万元的城市有30个，与“十二五”期末相比增加21个，其中拉萨、石家庄、贵阳、兰州、重庆、长春的城镇居民可支配收入首次超过4万元；城镇居民可支配收入超过5万元的城市有12个；城镇居民可支配收入超过6万元的城市有8个，其中厦门的城镇居民可支配收入首次超过6万元，上海的城镇居民可支配收入持续增长，率先超过7万元。

2020年，36个大城市中城镇居民可支配收入增速较快的城市主要集中在西南地区和长江经济带，其中增速最快的6个城市是拉萨（10.0%）、西宁（7.1%）、合肥（6.3%）、呼和浩特（6.1%）、南昌（6.0%）、成都（5.9%）；受到新冠肺炎疫情的影响，东北和中部地区部分大城市面临经济复苏和经济结构转型，5个城市增速均较低甚至出现了负增长，包括郑州（1.9%）、沈阳（1.3%）、乌鲁木齐（0.2%）、哈尔滨（−0.5%）、武汉（−2.6%）。

全国所有地区城市在“十三五”期间（2016—2020年）均实现了稳定增长，西南地区城市的城镇居民可支配收入保持了持续高速增长。2020年，我国36个大城市城镇居民可支配收入超过全国平均线（4.38万元）的城市有21个，与“十二五”期末相比减少1个。其中上海、北京、杭州、广州、宁波、南京、深圳、厦门、长沙、青岛、济南、武汉等12个城市的城镇居民可支配收入超过5万元，上海以7.64万元居首，北京以6.94万元次之，杭州以6.87万元位居第3，广州以6.83万元居第4。西宁的城镇居民可支配收入在36个大城市中最低，不足3.5万元，如图2-2所示。从区域分布看，城镇居民可支配收入超过5万元的12个城市除厦门、济南、武汉外均集中在长三角、珠三角和环渤海区域；城镇居民可支配收入低于全国平均水平的城市有15个，包括东北地区的长春和哈尔滨，华北地区的太原和石家庄，华中地区的郑州，西北地区的乌鲁木齐、西安、西宁、兰州和银川，西南地区的贵阳、重庆和拉萨，以及华南地区的南宁和海口。

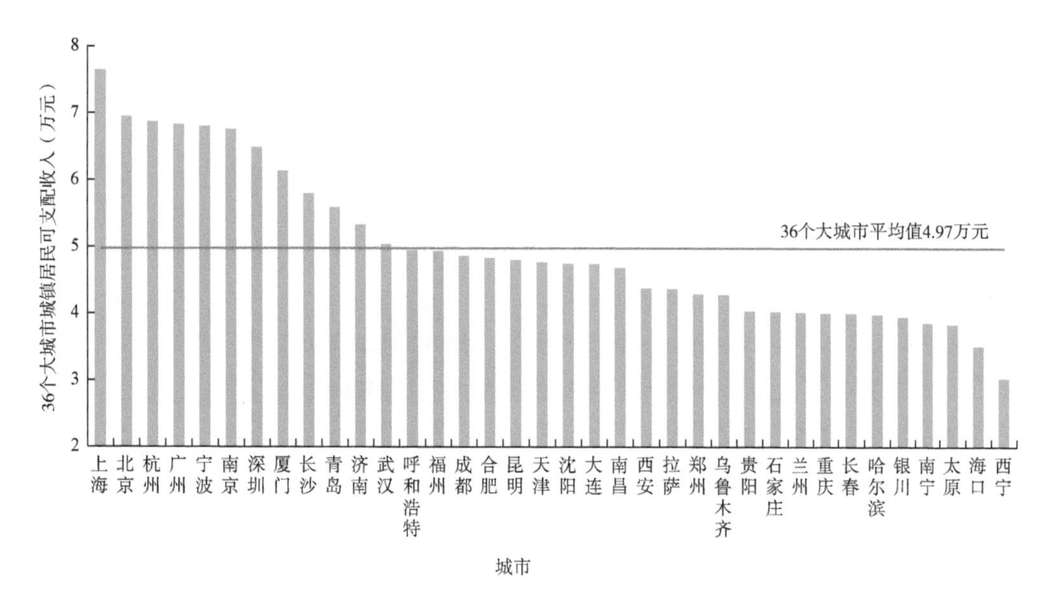

图2-2 2020年我国36个大城市城镇居民人均可支配收入

注：数据来源于各城市统计局网站。

36个大城市中的大部分城市的城镇居民人均可支配收入增长率高于全国平均水平。2020年，我国36个大城市中有21个城市城镇居民人均可支配收入增长率高于全国平均增长水平。拉萨市城镇居民人均可支配收入增长率最高，达10%。人均可支配收入增长率排名后5位的城市分别为郑州、沈阳、乌鲁木齐、哈尔滨和武汉（受新冠肺炎疫情影响，武汉2020年经济负增长），如图2-3所示。“十三五”规划以来，通过重点帮扶、聚焦欠发达地区，城镇居民可支配收入增速排名领跑城市，从重点经济带向欠发达地区城市转变，从区域分布看，36个大城市中，增速排名前10的城市有6个位于我国欠发达地区，包括拉萨（10.0%）、西宁（7.1%）、呼和浩特（6.1%）、长春（5.7%）、贵阳（5.4%）和兰州（5.4%）。转入新发展阶段后，欠发达地区基础设施不断改善，这些地区的大城市展示出强劲的发展势头。

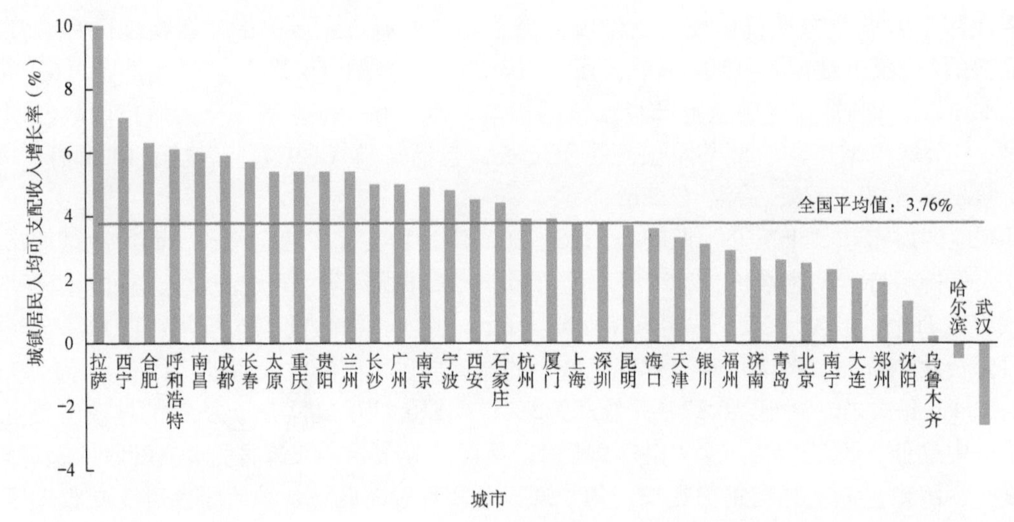

图2-3　2020年36个大城市城镇居民人均可支配收入增长率

注：数据来源于各城市统计局网站。

第二节　国内生产总值

“十三五”期间，36个大城市地区生产总值总量继续保持平稳增长，增速较“十二五”期间有所回落。2020年，我国36个大城市地区生产总值超过1万亿元的城市有18个，较“十二五”期末增加9个，包括上海、北京、深圳、广州、重庆、成都、杭州、武汉、南京、天津、宁波、青岛、长沙、郑州、济南、合肥、西安和福州，其中，上海和北京地区生产总值总量均超过3万亿元，继续领跑其他城市。按可比价格计算，2020年36个大城市中有26个城市的地区生产总值增速高于全国平均水平，其中拉萨和贵阳的地区生产总值增长率自“十三五”以来持续领跑，位居36个大城市的前两名，“十三五”期间年平均增长率分别为9.62%和9.06%；2020年10个城市的地区生产总值增速低于全国平均水平，其中沈阳、天津、哈尔滨3个城市生产总值增速在“十三五”期间多年连续落后于全国平均水平；2020年武汉受新冠肺炎疫情影响，地区生产总值增速（−4.7%）与往年差异较大。相比于“十二五”期间，“十三五”期间36个大城市的地区生产总值增速均有所放缓。

2020年，我国经济运行总体是稳中有进。初步核算，我国全年GDP总量接近101.6万亿元，按可比价格计算，比上年增长2.3%，增速较上年回落了3.8%。分产业看，第一产业增加值为7.78万亿元，同比增长3.0%；第二产业增加值为38.4万亿元，同比增长2.6%；第三产业增加值为55.4万亿元，同比增长2.1%。第一产业增加值占GDP的比重为7.7%，第二产业增加值的比重为37.8%，第三产业增加值的比重为54.5%。全年人均GDP为7.2万元，比上年增长2.2%。

2020年，36个大城市地区生产总值总量为39.8万亿元，占全国GDP总量的39.2%，同比上升0.95%，但仍低于“十二五”期末的占比（41.06%），如图2-4所示。同时，36个大城市经济发展仍然影响着全国经济走势。从36个大城市地区生产总值总量每年增长情况来看，2020年，我国36个大城市地区生产总值总量同比增长3.5%，增速较上年放缓4.7%，如图2-5所示。

从我国36个大城市地区生产总值分布来看，2020年，上海、北京的地区生产总值均超过3.6万亿元；深圳、广州、重庆地区生产总值超2万亿元并持续稳定增长；地区生产总值超过1万亿元的城市有18个，与“十二五”期末相比增加9个；地区生产总值低于0.5万亿元的城市有10个，与“十二五”期末相比减少

3个，如图2-6和图2-7所示。

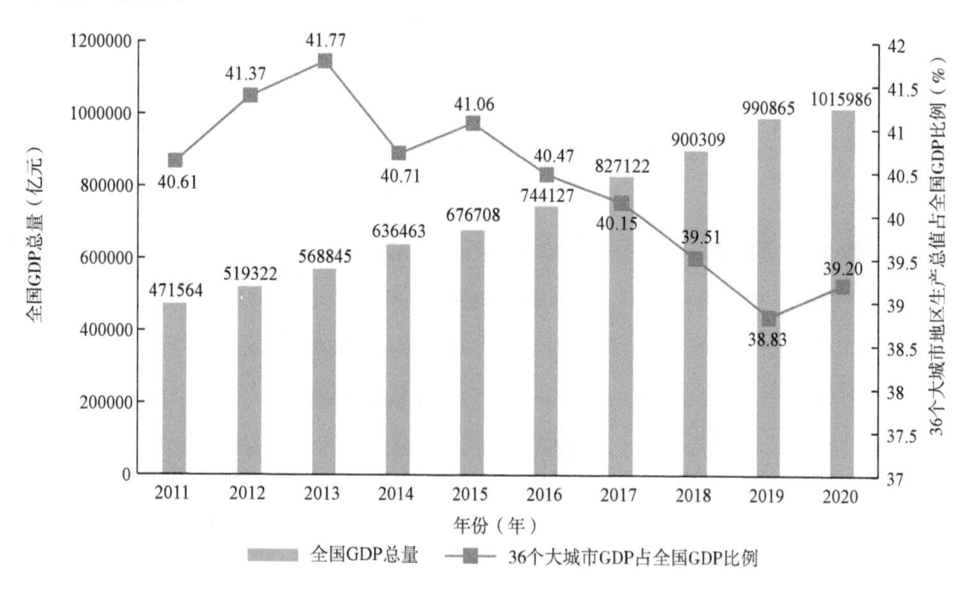

图 2-4　36 个大城市地区生产总值总量占全国 GDP 比例

注：数据来源于国家统计局网站。

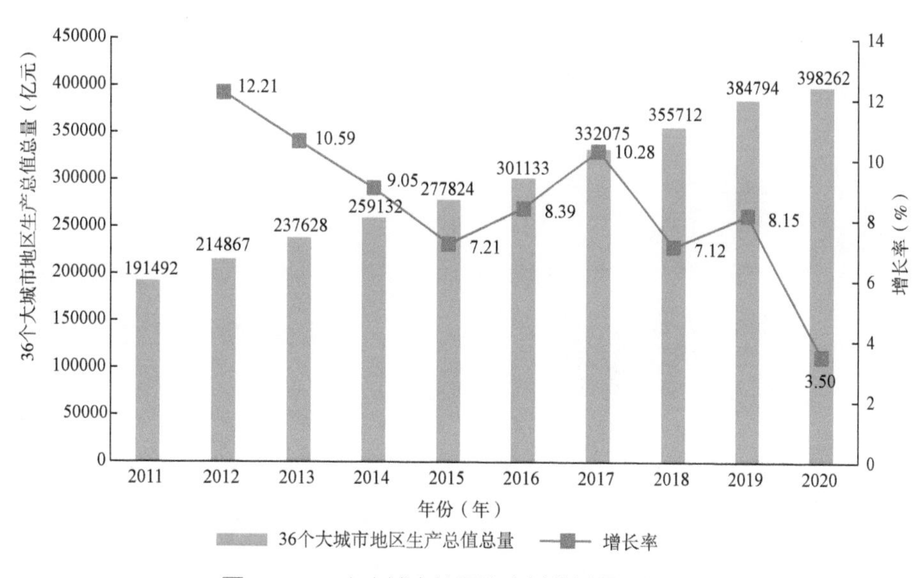

图 2-5　36 个大城市地区生产总值总量增长情况

注：数据来源于各城市统计局网站。

2020年，国家中心城市地区生产总值继续保持领先。36个大城市中地区生产总值排名前10位的有7个是国家中心城市，依次是上海、北京、广州、重庆、成都、武汉、天津。合肥（10045.72亿元）、济南（10140.90亿元）、西安（10020.39亿元）和福州（10020.02亿元）4个城市地区生产总值均首次迈上万亿元新台阶，如图2-7所示。9个国家中心城市集中了中国和中国城市在空间、人口、资源和政策上的主要优势，它们突破思维惯性，以新发展理念统领高质量发展全局；打破行为定式，以新激励机制凝聚高质量发展合力；转变发展方式，以高效益驱动激发高质量发展动力，全方面、多层次起到引领作用。

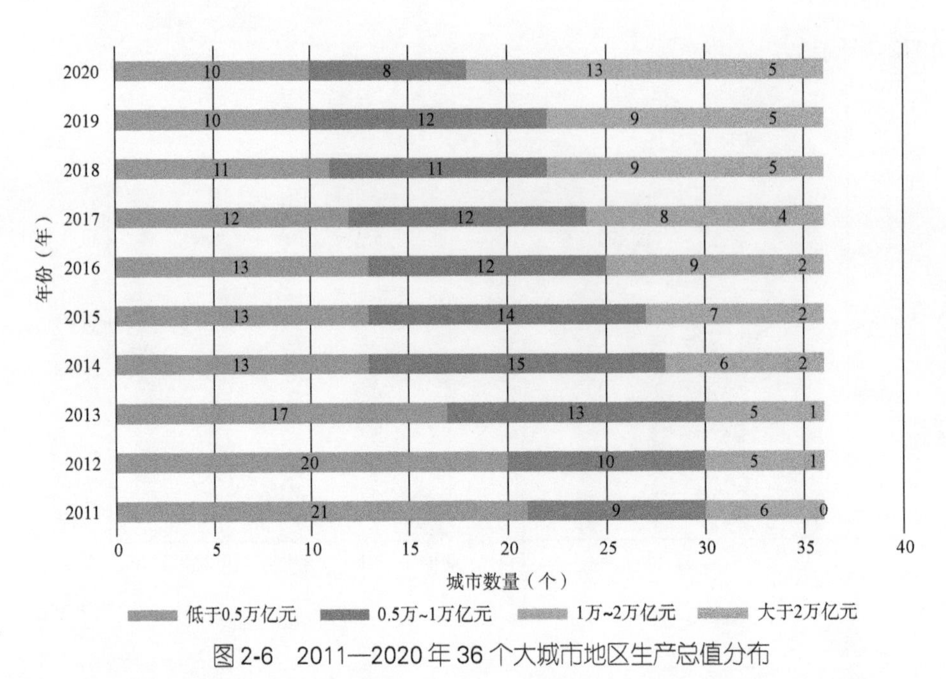

图 2-6　2011—2020 年 36 个大城市地区生产总值分布

注：数据来源于各城市统计局网站。

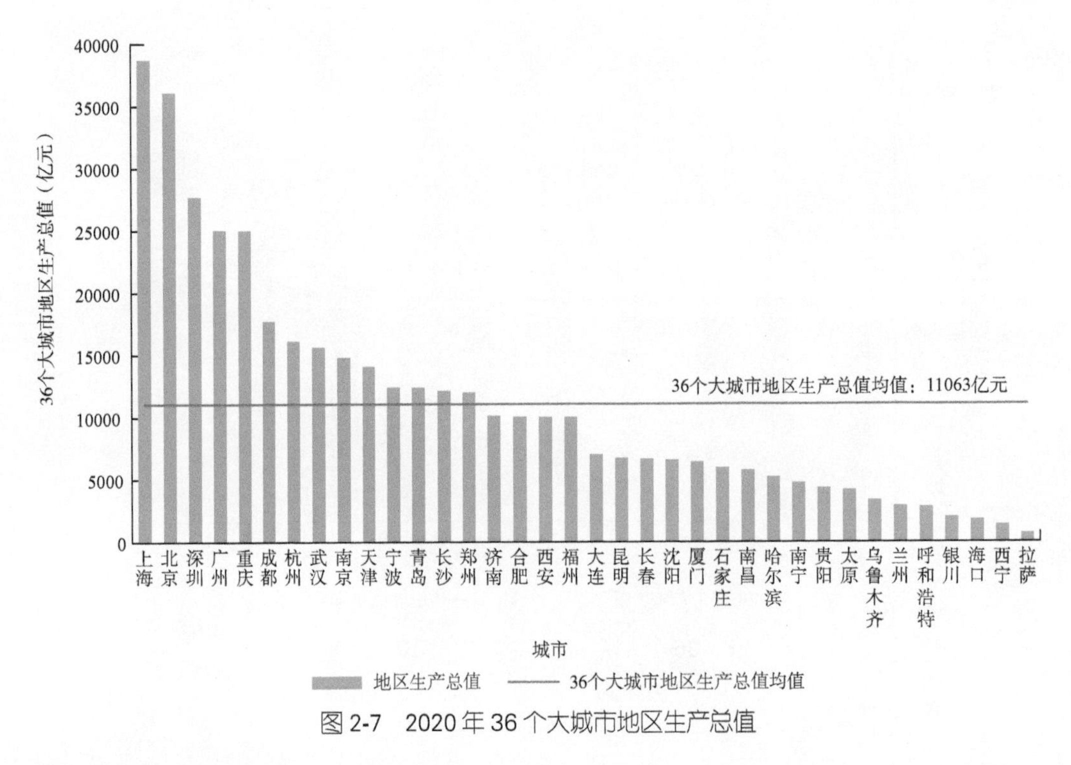

图 2-7　2020 年 36 个大城市地区生产总值

注：数据来源于各城市统计局网站。

从地区生产总值看，2020年36个大城市中地区生产总值排名前10的北方城市仅有北京和天津两个，东北、华北和西北的大部分城市地区生产总值不足36个大城市地区生产总值的均值，而地处中西部的重庆、成都、武汉跻身前10，青岛、郑州、济南三座北方城市跻身前15。从地区生产总值增速来看，拉萨、厦门、海口、西安、福州领跑地区生产总值增速的前5名，而地区生产总值增速低于全国平均水平（3.03%）的15个城市中，除武汉（−4.7%）与往年差异较大以外，北方城市占据10席，包括呼和浩特

（0.2%）、乌鲁木齐（0.3%）、哈尔滨（0.6%）、沈阳（0.8%）、大连（0.9%）、北京（1.2%）、天津（1.5%）、兰州（2.4%）、太原（2.6%）、郑州（3.0%），如图2-8所示。

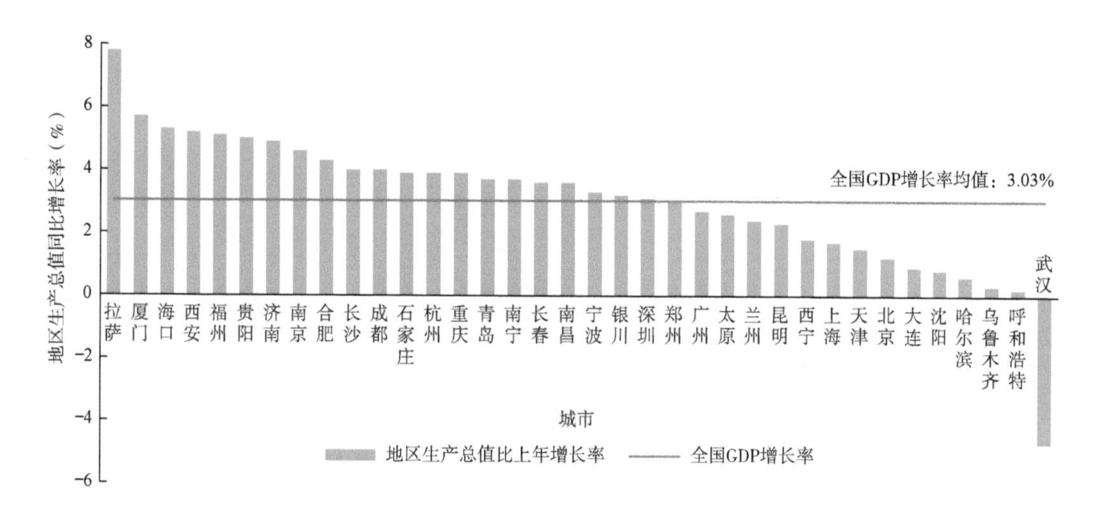

图 2-8　2020 年 36 个大城市地区生产总值同比增长率

注：数据来源于各城市统计局网站。

2019—2020年36个大城市地区生产总值增长率及其变化情况如图2-9所示。2020年，除长春外，36个大城市地区生产总值的增速均较上年有所回落。31个城市的地区生产总值增长率变化不超过5%；长春的地区生产总值增速提高了0.6个百分点；5个城市的地区生产总值增速下降5个百分点以上，包括武汉（–12.1%）、乌鲁木齐（–6.2%）、西宁（–5.7%）、大连（–5.6%）、呼和浩特（–5.3%）。

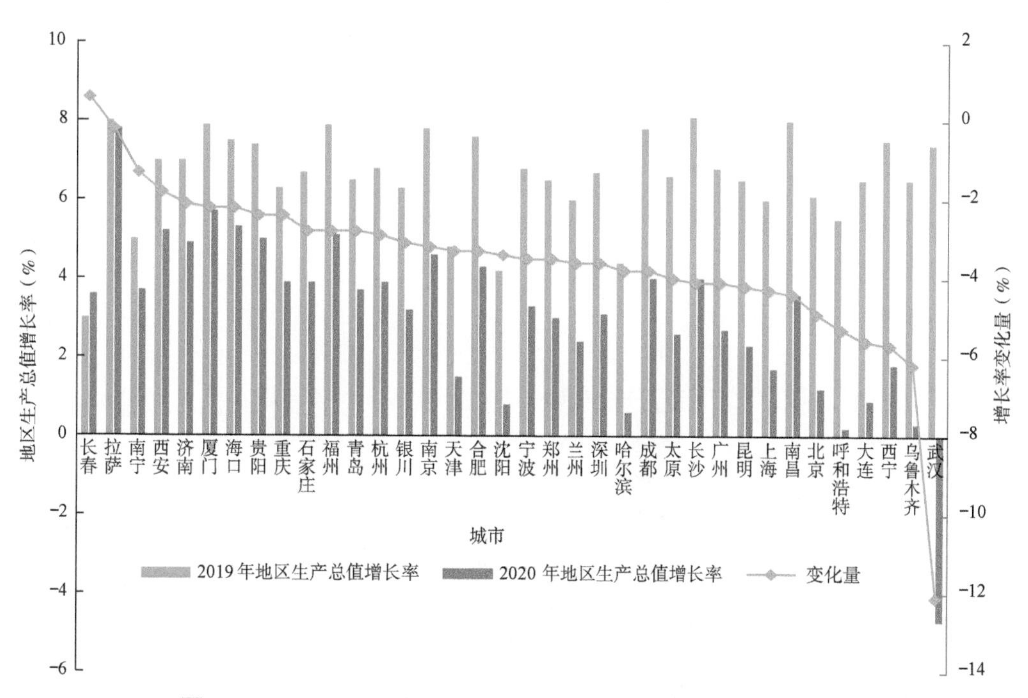

图 2-9　2019—2020 年 36 个大城市地区生产总值增长率及变化量

注：数据来源于各城市统计局网站。

第三节　交通建设财政固定资产投入

本节中所用的数据来源于《中国城市建设统计年鉴（2019）》中城市市政公用设施建设固定资产投资的城市道路桥梁、轨道交通及本年完成投资量3项数据，为便于研究分析，本节中的交通建设投资量为城市道路桥梁和轨道交通两项数据之和，进而分析我国36个大城市交通建设财政固定资产投资情况。

2019年，36个大城市市政公用设施建设固定资产投资总量和交通建设固定资产年投资总量均有所回落。2019年，我国36个大城市市政公用设施建设固定资产投资总量达12200.6亿元，较上年减少230.0亿元，同比下降1.85%；36个大城市交通建设固定资产年投资总量达9076.9亿元，较上年增加106.2亿元，同比增长1.18%。“十二五”至“十三五”期间，交通投资占城市固定资产总投资量的比例均保持在60%以上，其中，2013—2019年交通投资占比均超过70%，如图2-10所示。

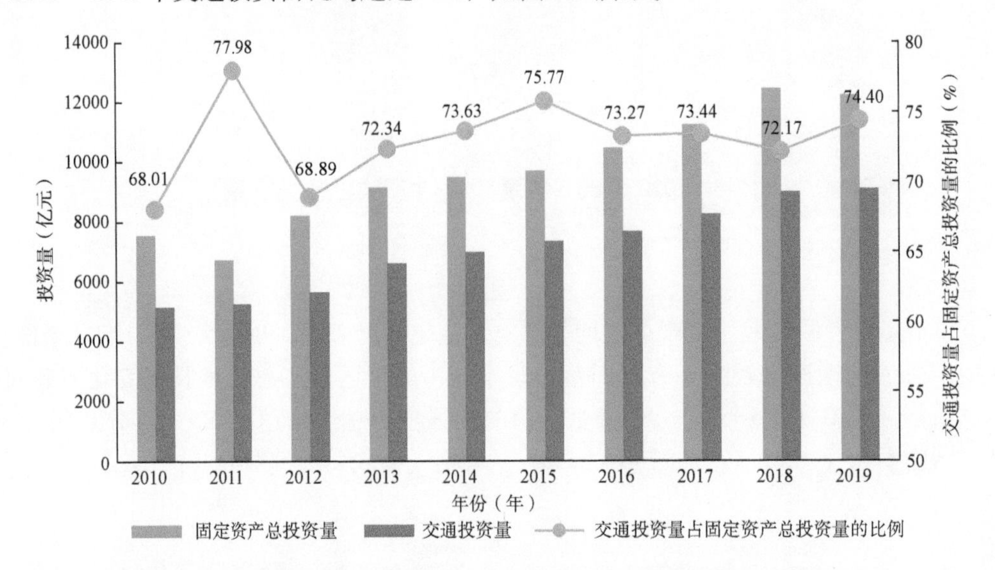

图2-10　2010—2019年我国36个大城市交通建设固定资产总投资情况

注：数据来源于《中国城市建设统计年鉴》。

9个国家中心城市的交通建设固定资产投资量均超过300亿元。2019年，36个大城市中交通建设固定资产投资量平均为338.91亿元，较上年增长89.72亿元，有12个城市超过投资平均水平。超过300亿元的城市有16个，较上年增加6个，分别为北京、武汉、成都、重庆、杭州、广州、南京、上海、深圳、郑州、天津、福州、厦门、西安、青岛和济南，其中北京（1245.12亿元）居第一，地处中西部的国家中心城市武汉（1083.74亿元）、成都（922.98亿元）、重庆（803.37亿元）包揽第2~4席，杭州（706.50）居第5名。大连（32.89亿元）、银川（23.70亿元）、拉萨（0.46亿元）3个城市交通建设固定资产投资量低于50亿元。

大部分城市交通建设投资量占固定资产总投资量的比例在70%以上。从交通建设投资量占固定资产总投资量的比例上看，2019年，36个大城市交通建设固定资产投资量，占城市市政公用设施建设固定资产年投资总量的比例平均值为74.40%，较上年同比提高3.09%，有12个城市超过了平均水平。24个城市的交通建设固定资产投资量占城市市政公用设施建设固定资产年投资总量的比例超过70%，其中11个城市超过了85%，包括呼和浩特、昆明、杭州、深圳、成都、南昌、贵阳、海口、大连、青岛和长春。其中呼和浩特（97.18%）、昆明（90.40%）、杭州（90.37%）排名前3位。除北京（47.17%）、太原（45.81%）、银川（40.28%）、拉萨（6.03%）4个城市外，其余32个城市交通建设固定资产投资量占总投资量的比例均在60%以上，如图2-11所示。

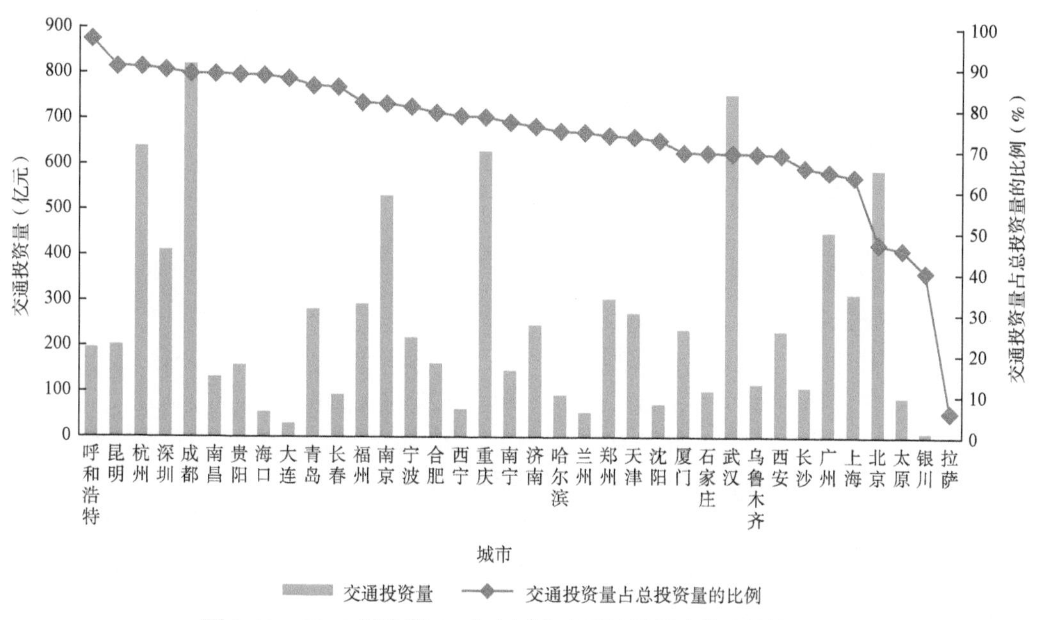

图 2-11 2019 年我国 36 个大城市交通建设固定资产投资情况

注：数据来源于《中国城市建设统计年鉴》。

从区域分布来看，南方城市交通建设固定资产投资量占市政公共设施建设投资量的比例较高。数据表明，36个大城市在交通建设固定资产投资量方面均比较重视，把城市交通建设放在了城市市政公共设施建设的重要位置。从城市所在的区域上看，南方地区城市交通建设固定资产投资比例仍较高，在前10名城市中占到了7席，而交通投资量占总固定资产投资量比例较低的5个城市中有3个为北方城市。城市交通建设发展为促进城市经济快速发展提供强大助力，我国大城市经济南强北弱局面的形成，也部分是源于南北方城市对交通固定资产投资重视程度的差异。

36个大城市轨道交通投资总量持续增长，轨道交通投资量占交通投资总量的比例有所回落。2019年，36个大城市轨道交通建设固定资产总投资量比“十二五”期末增长了1744.74亿元，增幅为32.2%；轨道交通投资量占交通投资量比例达到54.20%，较“十二五”期末上升7.34个百分点，如图2-12所示，可见我国城市轨道交通建设仍处于加速发展期。

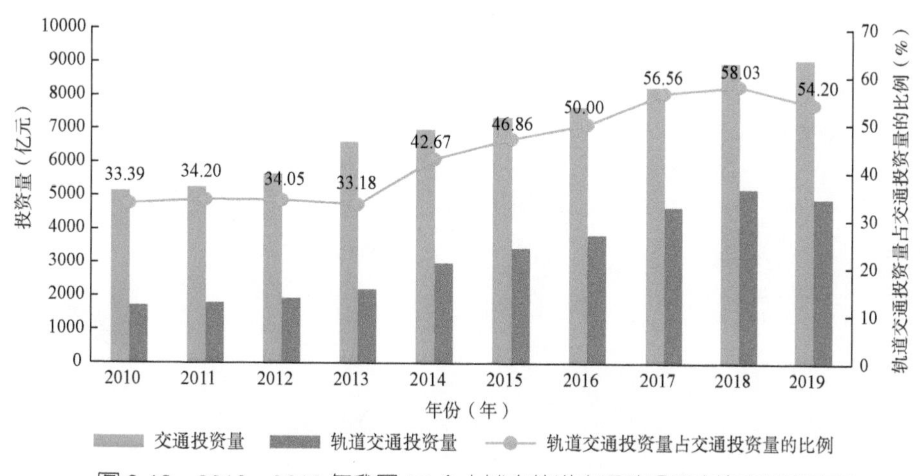

图 2-12 2010—2019 年我国 36 个大城市轨道交通建设固定资产投资情况

注：数据来源于《中国城市建设统计年鉴》。

2019年，36个大城市中有29个城市投资了轨道交通建设，平均每个城市轨道交通投资量为158.7亿元，较“十二五”期末增长32.2%。从轨道交通投资量上看，29个城市中有18个城市的投资量在100亿元以上，其中成都（619.8亿元）、杭州（506.9亿元）、北京（346.4亿元）、深圳（332.8亿元）、重庆（310.0亿元）5个城市的轨道交通投资量超过300亿元。轨道交通投资量在50亿元以下的城市有5个，分别是长春（44.1亿元）、贵阳（34.1亿元）、乌鲁木齐（30.5亿元）、大连（26.2亿元）、兰州（13.5亿元）。

对比2018、2019年两年36个大城市的轨道交通固定资产投资量，从投资量的绝对值来看，16个城市的轨道交通投资量同比增加，其中仅杭州（307.4亿元）1个城市2019年的轨道交通投资量增加了100亿元以上；14个城市的轨道交通投资量同比减少，其中长春（−15.8亿元）、沈阳（−18.6亿元）、乌鲁木齐（−35.2亿元）、贵阳（−38.7亿元）、郑州（−81.3亿元）减少的投资量超过15亿元，长沙（−133.0亿元）、厦门（−197.7亿元）、武汉（−433.4亿元）减少的投资量超过100亿元。

如图2-13所示，从轨道交通投资量的变化率来看，杭州（154.12%）、南昌（79.52%）、济南（75.80%）3个城市的轨道交通投资量同比增长超过50%；贵阳（−53.17%）、乌鲁木齐（−53.57%）、厦门（−54.75%）3个城市的轨道交通投资量同比减少超过50%，长沙（−100.00%）、武汉（−100.00%）两个城市暂停了对城市轨道交通的投资建设。截至2019年末，海口、拉萨、西宁、银川、太原5个城市仍未投资轨道交通建设。

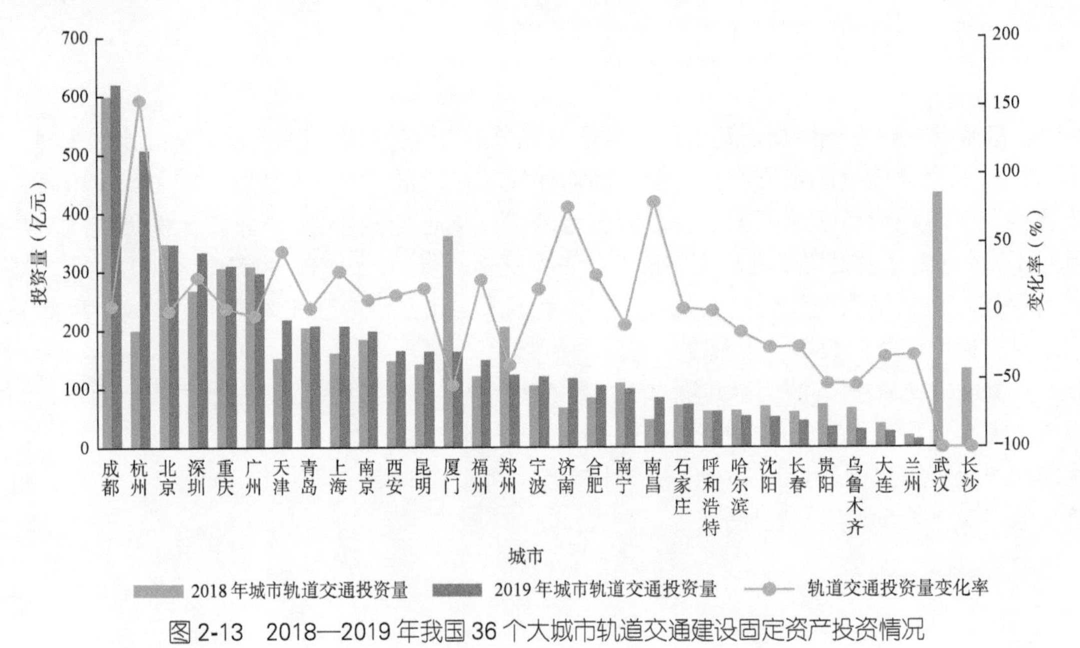

图2-13 2018—2019年我国36个大城市轨道交通建设固定资产投资情况

注：数据来源于《中国城市建设统计年鉴》。

第四节 城市规模

一、城市建成区面积

2011—2019年，我国36个大城市建成区总面积保持较快增长，平均年增长面积为839km^2，年平均增长率约为4.75%。据《中国城市统计年鉴（2020）》《中国城市建设统计年鉴（2019）》数据统计，2019年，我国36个大城市市域面积总计53.39万km^2，约占全国国土总面积的5.56%。如果不涉及行政区划调整，城市的市域面积不会发生变化，但随着我国新型城镇化进程的加快推进，城市开发建设范围不断扩张，城市建成区面积仍保持较快增长。2019年，36个大城市建成区总面积为21328km^2，较上年增长了735km²，同比增长了3.6%，如图2-14所示。数据显示，2011—2019年，我国36个大城市建成区总面积在逐年扩张，平均年增长率约为4.75%。2019年我国36个大城市建成区总面积增长率较往年有所回落。

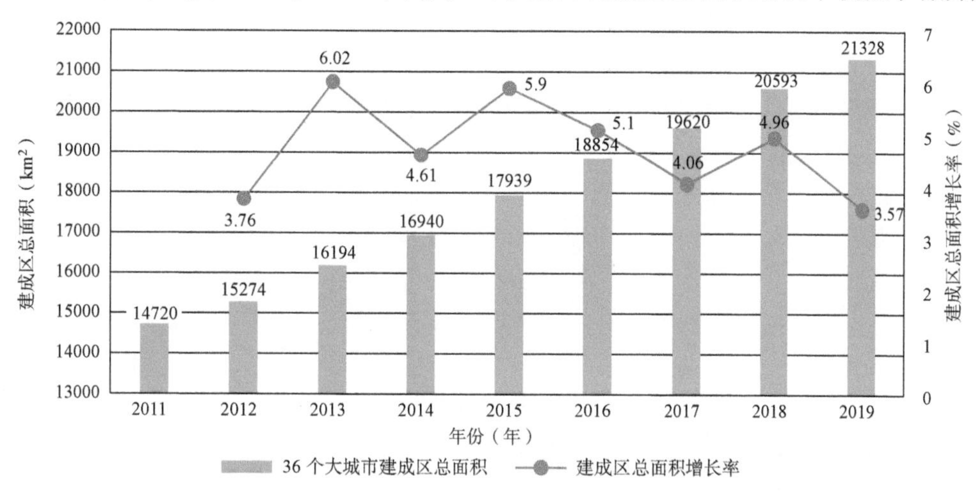

图 2-14 2011—2019 年我国 36 个大城市建成区面积

注：数据来源于《中国城市统计年鉴》《中国城市建设统计年鉴》。

截至2019年底，36个大城市中建成区面积超过500km^{2}的城市有16个，分别为重庆、北京、广州、上海、天津、深圳、成都、南京、武汉、青岛、济南、西安、杭州、郑州、沈阳和长春，较“十二五”期末时增加了3个城市，其中重庆以1515km^{2}居首，北京以1469km^{2}次之，广州以1324km^{2}排名第3。5个城市建成区面积不到300km^2，包括呼和浩特、海口、银川、西宁和拉萨，比2018年减少1个城市，其中3个城市建成区面积不足200km^2，包括银川191km^2，西宁98km^2，拉萨87km^2，如图2-15所示。

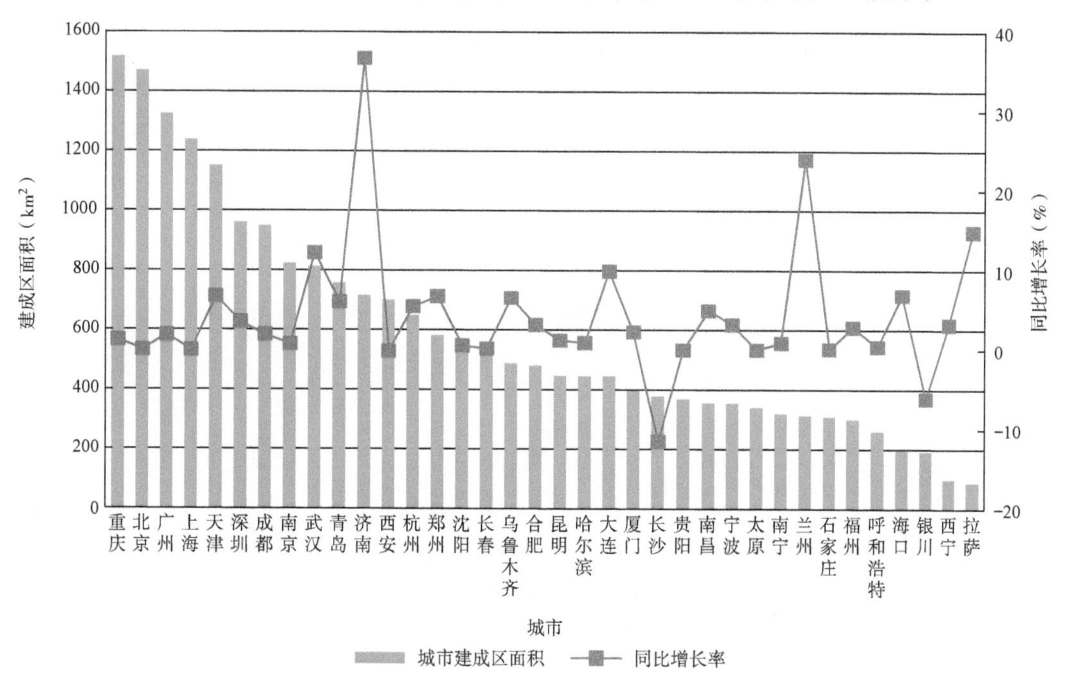

图 2-15 2019 年我国 36 个大城市建成区面积

注：数据来源于《中国城市统计年鉴》《中国城市建设统计年鉴》。

数据显示，2019年9个国家中心城市的建成区面积均在500km²以上。9个国家中心城市的建成区总面积为9741km²，占36个大城市建成区总面积的45.7%，比“十二五”期末时提高了1.3个百分点。这说明国家中心城市建设规模较大且发展速度较快，在城镇化建设发展方面起到了引领区域发展的作用。

从城市建成区面积增长速度来看，中西部地区、东南沿海地区城市建成区面积增长较快。2019年，36个大城市中有11个城市的建成区面积同比增长率在5%以上，其中，济南（36.66%）增长率位居第1，兰州（23.95%）位居第2，第3~11包括拉萨（14.83%）、武汉（12.21%）、大连（9.91%）、海口（6.83%）、天津（6.78%）、郑州（6.76%）、乌鲁木齐（6.52%）、青岛（6.04%）、杭州（5.44%）。10个城市建成区面积同比增长均不足1%，4个城市建成区面积出现负增长。

从城市建成区面积占市辖区面积的比例来看，36个大城市的平均比例为9.65%。城市建成区是指城市行政区内实际已成片开发建设、市政公用设施和公共设施基本具备的地区。市辖区是指城市的市区，居民以城镇人口为主或占有很大比例，文化、经济和贸易等方面相对于市辖区之外的县或县级市较为发达。从城市建成区面积占市辖区面积的比例来看，郑州（57.5%）、深圳（48.1%）、合肥（35.9%）3个城市此比例在30%以上。16个城市此比例在10%以下，包括天津、宁波、武汉、北京、济南、海口、大连、银川、杭州、昆明、长春、乌鲁木齐、哈尔滨、重庆、南宁和拉萨，其中比例最低的3个城市为重庆（3.5%）、南宁（3.2%）和拉萨（2.0%），如图2-16所示。

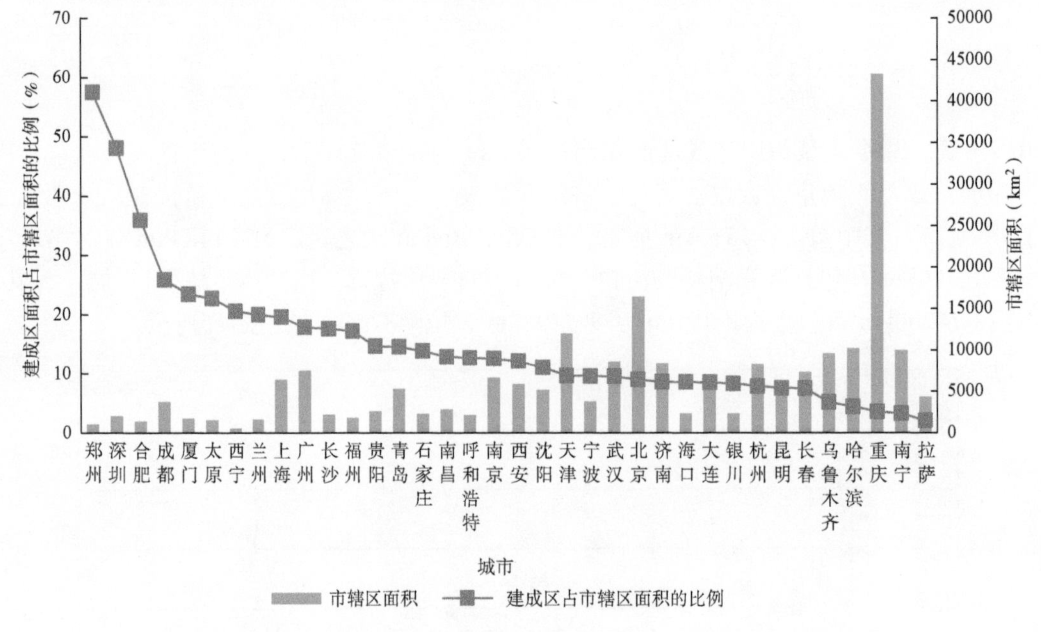

图2-16　2019年我国36个大城市建成区面积占市辖区的面积比例

注：数据来源于《中国城市统计年鉴》。

二、大城市人口数量

36个大城市常住人口总量继续保持较快增长。2020年，我国总人口数量为14.12亿人[1]，较2019年增加1172万人，同比增长0.84%。2020年，36个大城市常住人口总量为3.73亿人，比2019年增加3923万人，同比增长11.7%，占全国人口的比例为26.42%，比2019年提高了2.58个百分点，如图2-17所示。36个大城市常住人口总量超过1000万人口的城市有15个，比2019年增加2个，其中重庆（3205.42万人）、上海

[1] 第七次全国人口普查登记的大陆31个省、自治区、直辖市和现役军人的人口共1411778724人，不含港澳台地区。

（2487.09万人）、北京（2189.30万人）位居前3位，青岛市（1007.17万人）和长沙市（1004.79万人）常住人口数量首次超过1000万人，9个国家中心城市的常住人口数量全部超过1000万人。

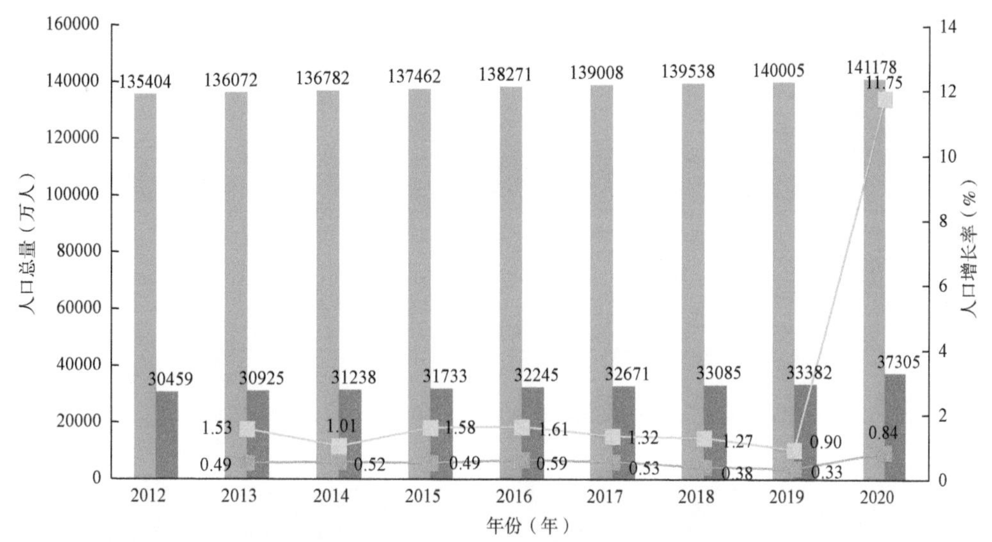

图 2-17　2012—2020 年我国人口总量和 36 个大城市常住人口总量情况

注：数据来源于各城市国民经济和社会发展统计公报。

截至2019年底，我国36个大城市户籍人口总量为27636万人，比2018年增加612万人，同比增长2.26%；户籍人口占城市常住人口总量的82.79%，比2018年提高1.11个百分点，如图2-18所示。

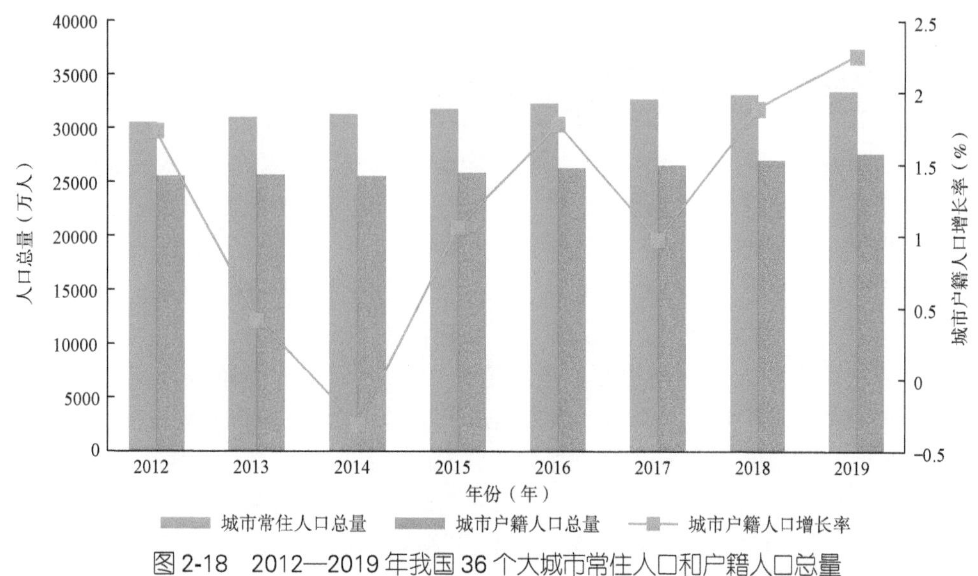

图 2-18　2012—2019 年我国 36 个大城市常住人口和户籍人口总量

注：数据来源于国家统计局网站、《中国城市统计年鉴》。

2020年，36个大城市中有15个城市的市域常住人口总量超过1000万人，分别是重庆、上海、北京、成都、广州、深圳、天津、西安、郑州、武汉、杭州、石家庄、青岛、长沙和哈尔滨，其中，重庆、上海、北京、成都、广州、天津、西安、郑州、武汉9个城市为国家中心城市。兰州、乌鲁木齐、呼和浩特、海口、银川、西宁、拉萨7个城市的市域常住人口总量小于500万人，其中海口为287.34万人，银川为285.91万人，西宁为246.80万人，拉萨为86.79万人。2020年我国36个大城市常住人口总量和人均地区生产总值情况如图2-19所示。

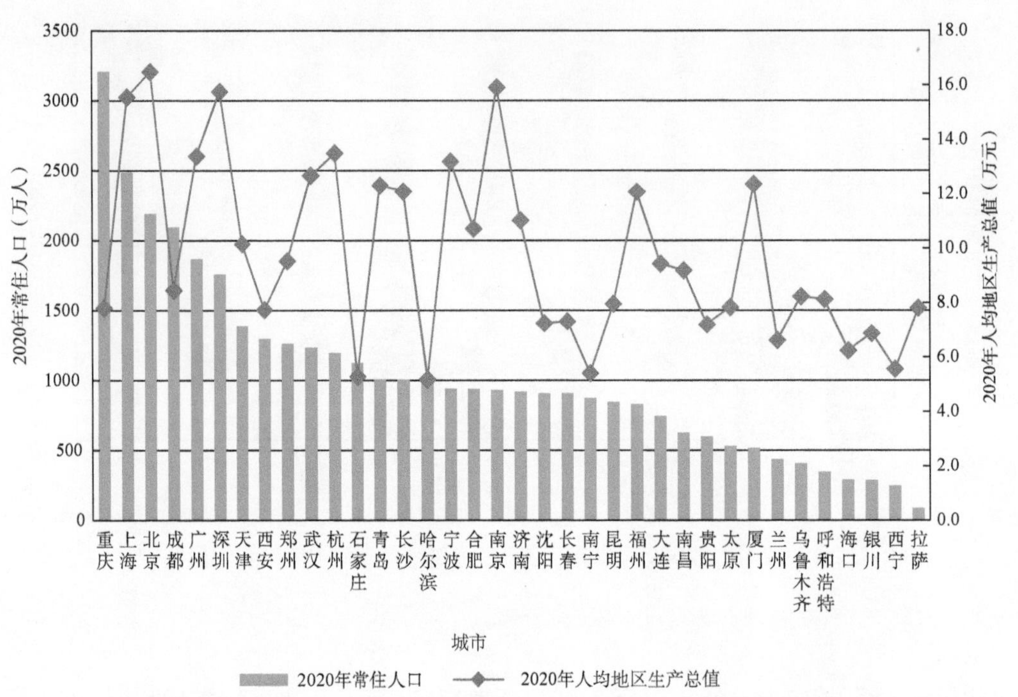

图2-19　2020年我国36个大城市常住人口和人均地区生产总值情况

注：数据来源于各城市国民经济和社会发展统计公报。

2020年，36个大城市中的大部分城市常住人口总量保持增长态势，国家发展战略进一步促进了大城市人口总量的增长。2020年，13个城市的常住人口总量净增100万人以上，其中，5个城市常住人口总量净增200万人以上，包括成都、深圳、广州、西安、郑州。随着粤港澳大湾区发展战略的全面推进，“十二五”以来，广州、深圳连续10年每年新增人口数量均超过40万人，连续多年位居全国前列。中西部地区的4个国家中心城市常住人口净增量也都超过50万人，其中成都（435.68万人）、西安（274.94万人）、郑州（224.86万人）、重庆（81.10万人）。长江经济带沿线的杭州、成都、重庆、长沙、宁波、武汉、合肥7个城市常住人口净增量都在50万人以上，呈现快速增长的态势。

2020年，36个大城市常住人口人均地区生产总值为10.68万元，比全国人均GDP（7.24万元）高出47.51%。2020年，36个大城市以全国26.42%的人口创造了全国39.2%的GDP。从城市区域分布来看，珠三角、长三角、环渤海地区的城市人均地区生产总值排名靠前，其中珠三角城市深圳（15.76万元）、广州（13.40万元）人均地区生产总值均在13万元以上，长三角城市南京（15.91万元）、上海（15.56万元）、杭州（13.49万元）、宁波（13.19万元）人均地区生产总值均在13万元以上，环渤海城市北京（16.49万元）、青岛（12.31万元）、济南（11.02万元）、天津（10.16万元）人均地区生产总值均在10万元以上。从城市区域分布来看，东部沿海区域城市人均地区生产总值普遍高于内陆中西部地区城市。东北、华北、西北、西南地区的大部分城市人均地区生产总值在10万元以下，其中西宁（5.56万元）、石家庄（5.28万元）、哈尔滨（5.18万元）3个城市的人均地区生产总值还不足6万元，低于全国平均水平。

2020年，36个大城市中户籍人口总量超过1000万人的城市有6个，包括重庆、成都、上海、北京、天津、石家庄。其中，重庆户籍人口以3413万人居首，成都户籍人口总量以1500万人次之，上海户籍人口以1469万人排名第3，北京户籍人口以1397万人排名第4，天津户籍人口以1108万人排名第5，石家庄户籍人口以1052万人排名第6。户籍人口不足500万人的城市有10个，包括贵阳、太原、兰州、厦门、呼和浩特、乌鲁木齐、西宁、银川、海口和拉萨，其中银川为200万人，海口183万人，拉萨56万人，如图2-20所示。

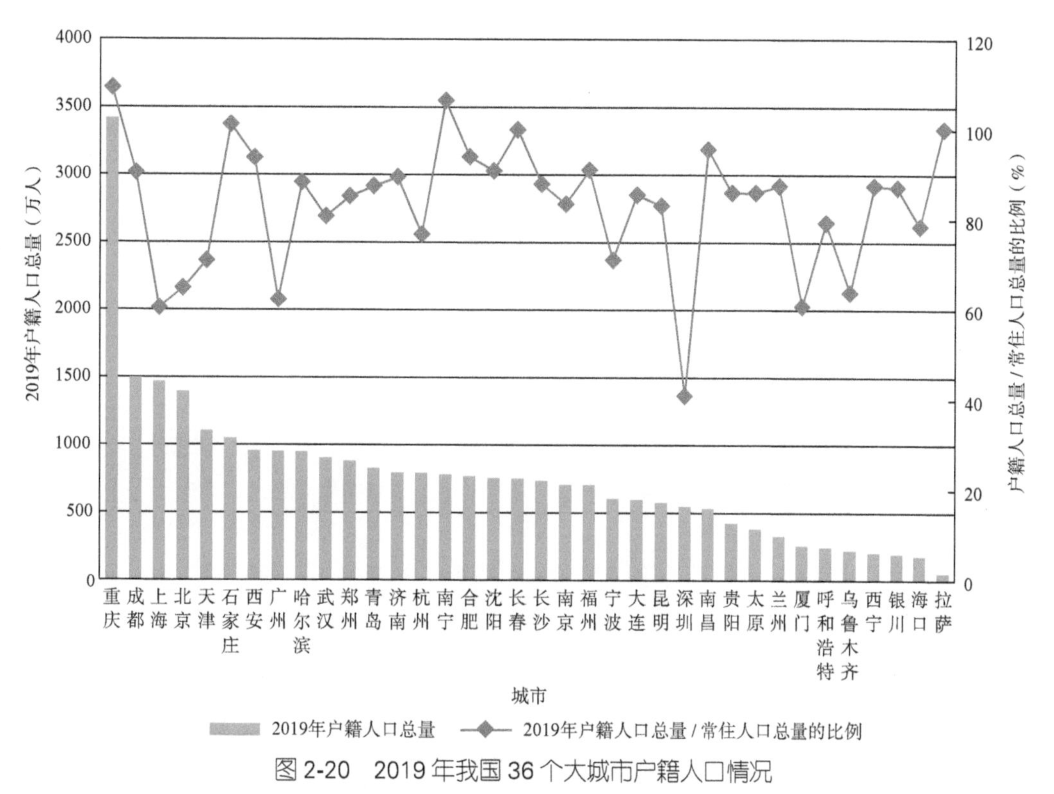

图2-20　2019年我国36个大城市户籍人口情况

注：数据来源于各城市统计局网站、《中国城市统计年鉴》。

从城市户籍人口总量占城市常住人口总量的比例来看，重庆、南宁、石家庄、拉萨、长春5个城市超过了100%，体现出这5个城市的本地人口外流较多。深圳、上海、厦门、广州、乌鲁木齐、北京6个城市户籍人口总量占城市常住人口总量的比例小于70%，其中，北京为64.87%、乌鲁木齐为63.91%、广州为62.33%、厦门为60.84%、上海为60.50%、深圳为41.00%，说明这些城市吸引了大量外来人口工作和生活。

第三章　城市车辆发展

2000—2020年间，我国城镇化率提升了27.7%，汽车保有量增加了16.4倍。我国机动化发展整体呈现快速增长的势头，但近年来增速逐渐放缓。36个大城市是我国机动化发展最集中、最前沿的区域。2020年，我国36个大城市的机动车保有量为10145.1万辆，同比增长了6.5%，占全国机动车保有量的27.3%。36个大城市中33个城市机动车保有量超过100万辆，其中重庆763.8万辆，北京650.9万辆，成都603.7万辆，上海476.8万辆。

第一节　车辆整体发展情况

截至2020年底，全国机动车保有量达到3.72亿辆，年内净增2377万辆，同比增长6.8%，增幅比上年增加了0.4个百分点。其中，汽车保有量2.81亿辆，年内净增1936.6万辆，同比增长7.4%，增幅比上年减少了1.4个百分点；摩托车保有量7147.1万辆，年内增加381.5万辆，同比增长5.6%，增幅比上年增加了近6.4个百分点。

近5年来，全国汽车保有量占机动车保有量的比例进一步提高，由2016年的66.0%增至2020年的75.6%，平均每年提升2.4个百分点。数据显示，全国机动车构成结构逐年变化，汽车保有量持续增加，且占机动车保有量的比例也逐年增加；摩托车保有量在2016—2019年间持续下降，2020年恢复正增长，如图3-1所示。

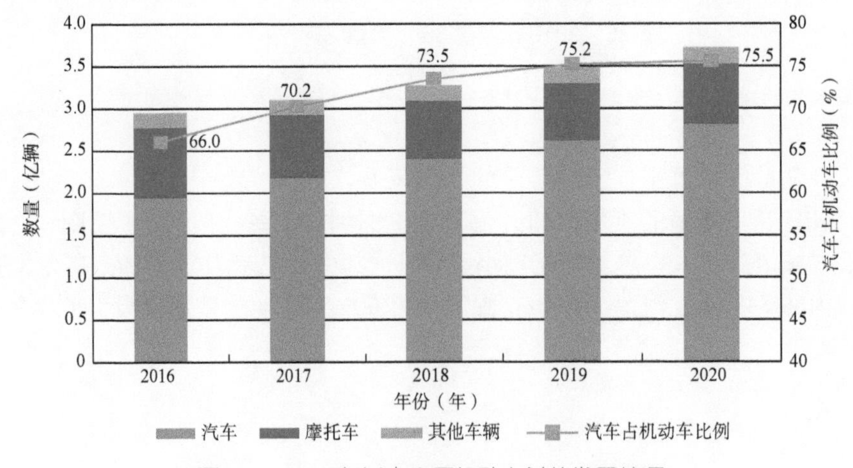

图3-1　2016年以来全国机动车总体发展情况

注：数据来源于公安部交通管理局。

2016—2020年在汽车保有量中占比最高的是小型载客汽车，小型载客汽车保有量的增长率达到了50.3%，由2016年的1.58亿辆增长至2020年的2.38亿辆。小型载客汽车保有量占汽车保有总量的比例也呈现逐年攀升的态势，由2016年的81.3%增长至2020年的84.7%，如图3-2所示。

2016—2020年，我国各车型汽车占比的结构发生了较大变化，在8种基本汽车车型中，有4种车型的保有量呈现增长趋势，另外4种车型的保有量呈现下降趋势，如图3-3所示。保有量增长的车型有大型载客汽车、小型载客汽车、重型载货汽车和轻型载货汽车，增幅分别为7.8%、50.3%、46.4%和43.9%。保有量下降的车型有中型载客汽车、微型载客汽车、中型载货汽车和微型载货汽车，分别下降了18.2%、31.9%、23.0%和63.1%。2020年与2019年相比，轻型载货汽车增长了10.1%，重型载货汽车增长了9.7%，小型载客汽车增长了7.7%；而微型载货汽车下降了24.6%，中型载货汽车下降了8.9%，微型载客汽车下降了8.0%，中型载客汽车下降了5.2%，大型载客汽车下降了2.4%。从车型来看，重型载货汽车和小型（轻型）汽车保有量呈现增长趋势，而大型载客汽车和微型、中型汽车保有量呈现下降趋势，这种变化与社会经济发展、交通需求变化、运输结构转变、车辆属性等具有直接关系。随着人们生活水平的不断提高，私家车已不再是奢侈品，小型汽车往往是购车的首选，微型汽车不再受青睐。另外，由于中型汽车受自身运输能力的影响，运力不及大型车辆，灵活性不及小型车辆，所以出现了小型（轻型）汽车和大型汽车增长、中型和微型汽车下降的情况。

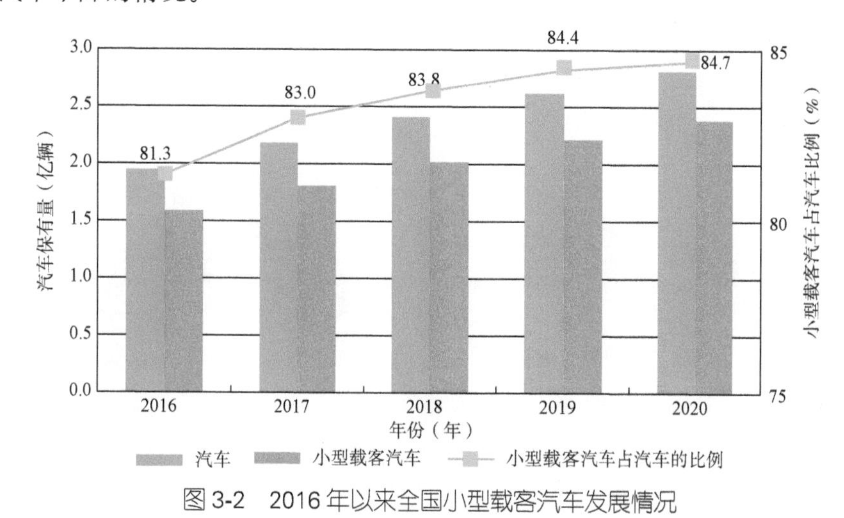

图3-2 2016年以来全国小型载客汽车发展情况

注：数据来源于公安部交通管理局。

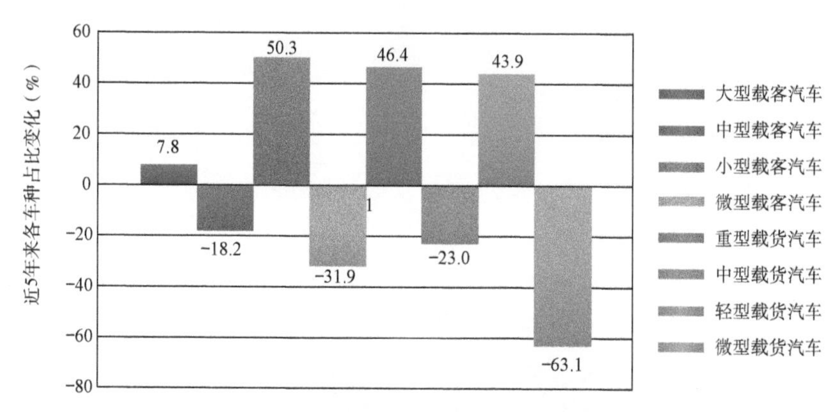

图3-3 2016年以来全国汽车保有结构发展变化趋势

注：数据来源于公安部交通管理局。

第二节 机动车保有情况

一、机动车保有量

2020年底，我国机动车保有量超过100万辆的城市已达116个，比上年增加了18个；机动车保有量超过200万辆的城市有41个，比上年增加了4个；机动车保有量超过300万辆的城市有20个，比上年增加了7个。其中，有6个城市机动车保有量超过400万辆，分别为：重庆763.8万辆，北京650.9万辆，成都603.7万辆，上海476.8万辆，苏州451.6万辆，郑州413.7万辆。

总体来看，机动车保有量超过百万辆的城市数量仍在继续增长，除了全国36个大城市外，广东、山东、河南、江苏、河北、浙江、四川等省（区、市）依然是我国机动车保有量分布的主要集中地，东南沿海以及华北、华中地区更为集中，如表3-1和图3-4所示。

2020年我国机动车保有量超过百万辆的城市 **表3-1**

类　型	城　市
机动车保有量超过 400 万辆（6 个）	重庆、北京、成都、上海、苏州、郑州
机动车保有量在 300 万辆和 400 万辆之间（14 个）	西安、武汉、深圳、东莞、佛山、天津、青岛、长沙、石家庄、济南、宁波、临沂、杭州、广州
机动车保有量在 200 万辆和 300 万辆之间（21 个）	昆明、南京、潍坊、泉州、保定、南宁、温州、沈阳、赣州、合肥、金华、唐山、江门、无锡、长春、南通、哈尔滨、烟台、茂名、台州、沧州
机动车保有量在 100 万辆和 200 万辆之间（75 个）	邯郸、大连、济宁、徐州、福州、太原、贵阳、嘉兴、绍兴、厦门、菏泽、惠州、中山、常州、南阳、邢台、玉林、廊坊、遵义、洛阳、肇庆、阜阳、淄博、盐城、商丘、常德、汕头、红河、乌鲁木齐、曲靖、呼和浩特、南昌、新乡、漳州、聊城、赤峰、周口、德州、怀化、运城、泰安、滨州、黄冈、普洱、柳州、贵港、大理、宜昌、兰州、邵阳、湖州、龙岩、岳阳、宜春、襄阳、昭通、衡阳、毕节、文山、桂林、清远、钦州、绵阳、百色、枣庄、安阳、湛江、银川、驻马店、永州、张家口、泰州、南充、扬州、宜宾

注：数据来源于公安部交通管理局。

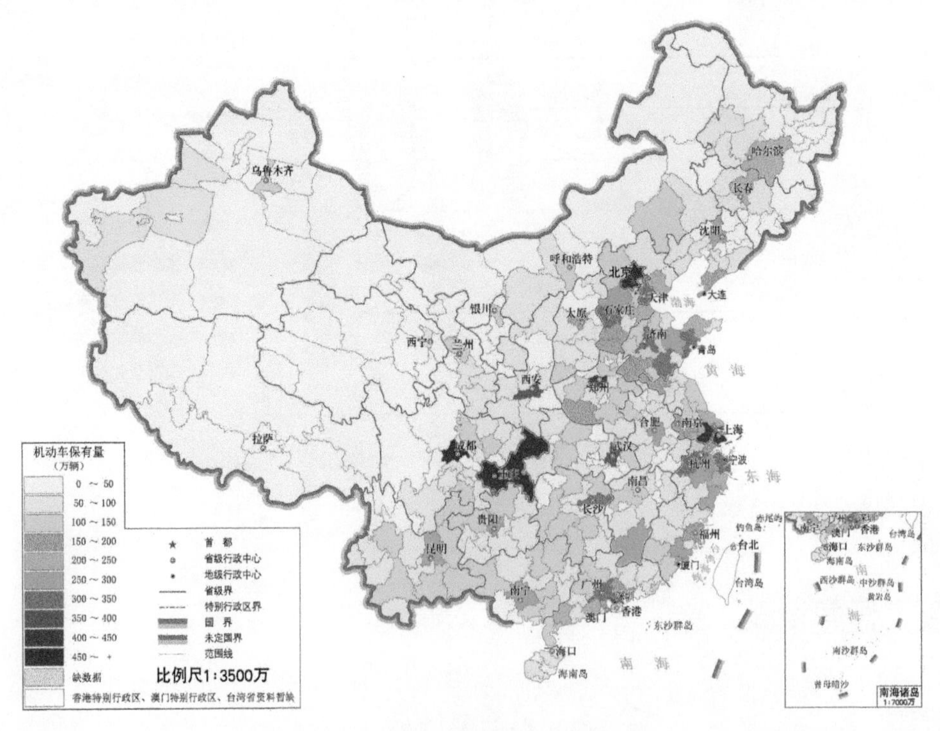

图 3-4　2020 年全国机动车保有量分布

注：数据来源于公安部交通管理局。

2020年，我国36个大城市的机动车保有量总计约1.01亿辆，同比增长6.5%，占全国机动车保有量的27.3%，与2016年相比36个大城市机动车保有量占全国机动车保有量的比例提高了2个百分点。36个大城市中机动车保有量超过100万辆的城市有33个。其中，机动车保有量超过600万辆的城市有3个，重庆以763.8万辆居首，北京以650.9万辆次之，成都以603.7万辆紧随其后。超过400万辆的城市有两个：上海476.8万辆、郑州413.7万辆。超过300万辆的城市有11个，分别为：西安398.3万辆、武汉381.2万辆、深圳360.0万辆、天津336.1万辆、青岛329.9万辆、长沙320.1万辆、石家庄314.8万辆、济南314.2万辆、宁波313.7万辆、杭州312.4万辆、广州310.1万辆。另外，36个大城市中机动车保有量未达到100万辆的城市只有3个，分别为海口、西宁、拉萨。如图3-5所示，从地域分布来看，36个大城市的机动车保有量分布亦呈现出发展不均衡的特征，中西部地区城市机动车保有量相对较小，东部沿海地区城市机动车保有量相对较大。

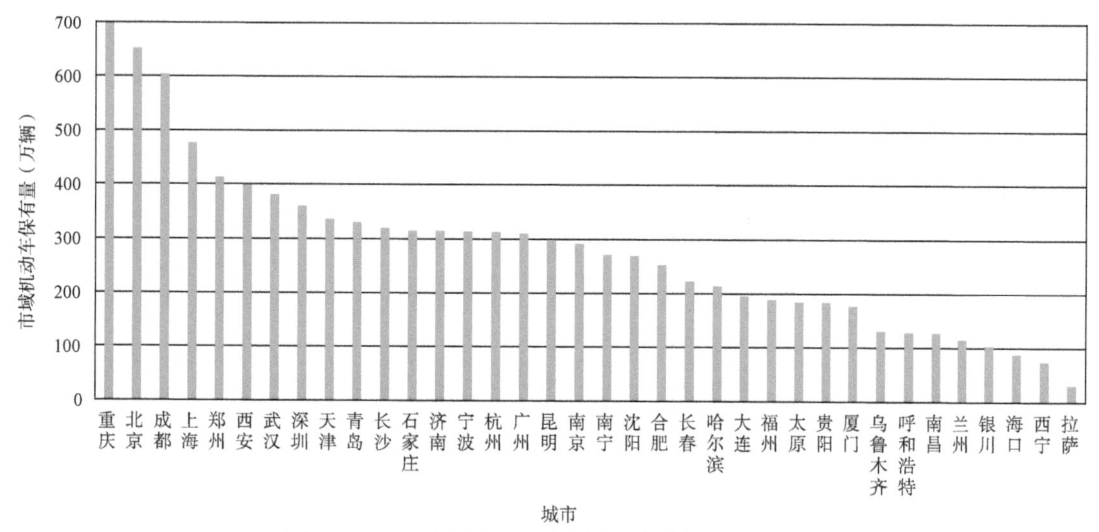

图3-5　2020年全国36个大城市市域机动车保有量

注：数据来源于公安部交通管理局。

二、千人机动车保有量

2020年，我国千人机动车保有量的平均值为263.3辆，比上年增加了14.7辆。我国36个大城市千人机动车保有量平均值为272.0辆，比全国平均水平高出8.7辆。36个大城市中超过了全国千人机动车保有量平均水平的有28个城市，超过了36个大城市平均值的有24个城市。36个大城市中，千人机动车保有量超过300辆的城市有18个，即平均约每3人就拥有1辆机动车，其中呼和浩特最高为372.3辆，银川次之为363.6辆。千人机动车保有量低于全国平均水平的有8个城市，其中南昌为204.0辆，上海为191.7辆，广州为166.1辆。2020年全国36个大城市千人机动车保有量如图3-6所示。

如图3-7所示，从城市区域分布来看，西北、华北、西南地区城市千人机动车保有量相对较高，东北、华南地区城市千人机动车保有量相对较低。2020年，西北、华北、西南地区城市平均千人机动车保有量分别达到311辆、308辆、307辆，其中银川、呼和浩特、昆明超过350辆；华东、华中地区城市平均千人机动车保有量分别为291辆、290辆；东北、华南地区城市千人机动车保有量相对较低，除华南地区的厦门、南宁、海口外，其余城市千人机动车保有量均低于300辆，广州、深圳、福州、哈尔滨、长春的千人机动车保有量均低于250辆，这与其公共交通发展水平高有关。另外，广州、深圳、福州千人机动车保有量低还与限行限购政策有直接关系。

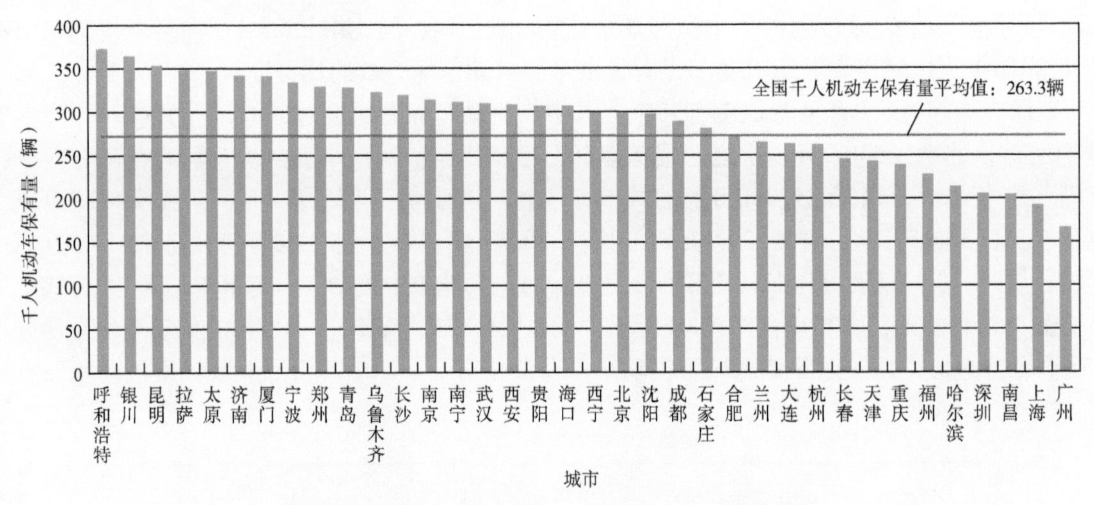

图 3-6　2020 年全国 36 个大城市千人机动车保有量

注：数据来源于公安部交通管理局及各市国民经济和社会发展统计公报。

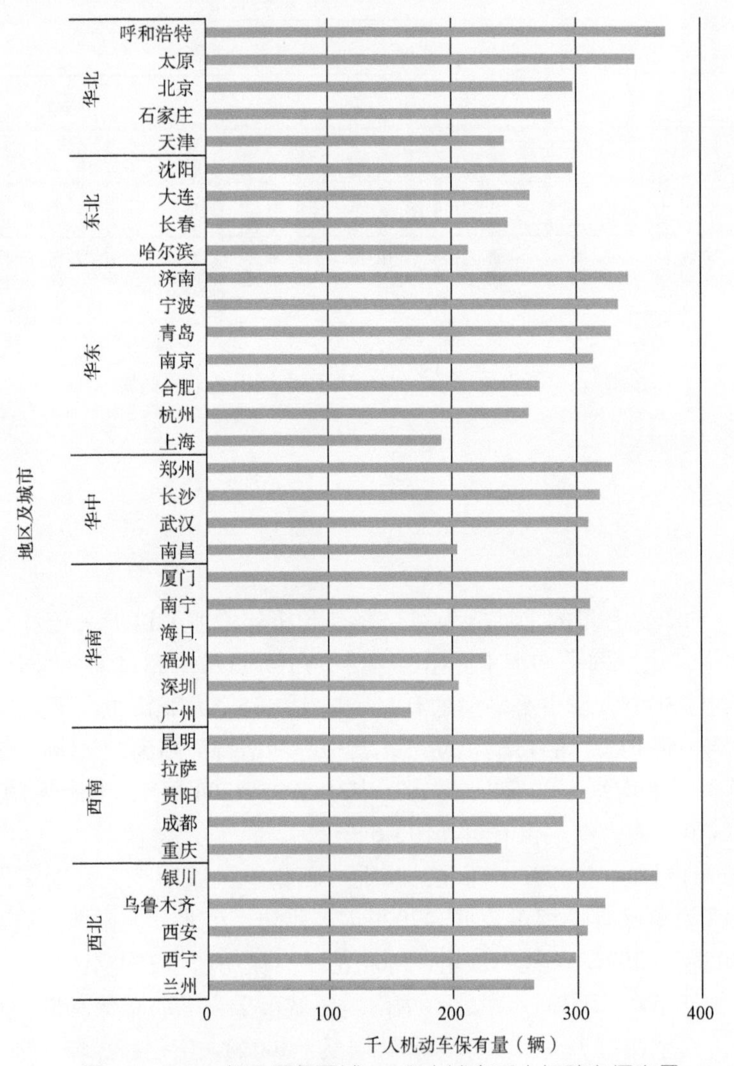

图 3-7　2020 年全国各区域 36 个大城市千人机动车保有量

注：数据来源于公安部交通管理局及各城市国民经济和社会发展统计公报。

三、机动车保有量发展变化情况

2020年，全年机动车实际增量达2499万辆（扣除报废注销量），同比实际增量增加了401万辆。全年新机动车注册登记量为3328万辆，新注册登记数量比2019年增长750万辆，增长29.1%。近5年来，全国机动车保有量共增长9307.0万辆，总体增幅高达33.4%，年均增长率为5.9%。2017年机动车保有量增长率比上年略有下降，2018年之后机动车保有量增速又继续上涨，如图3-8所示。

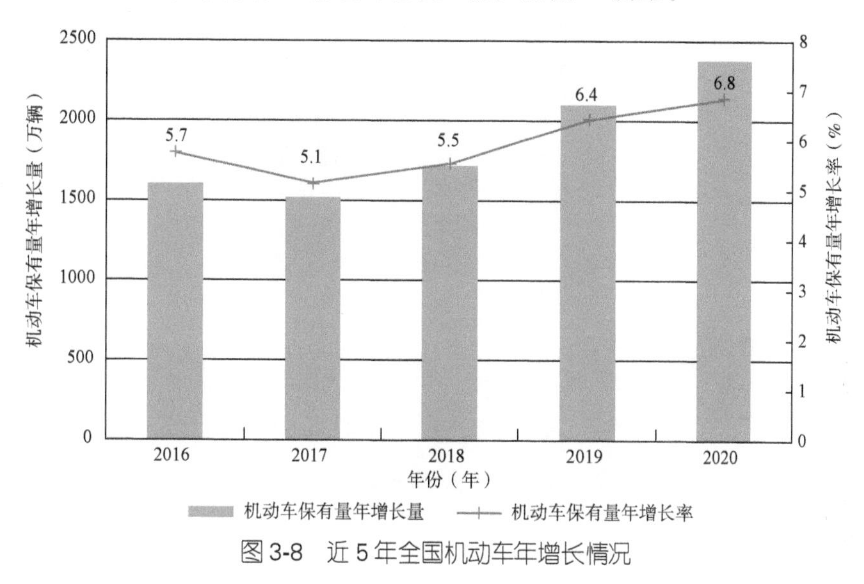

图3-8　近5年全国机动车年增长情况

注：数据来源于公安部交通管理局。

2020年，我国机动车保有量增长量超过20万辆的城市有18个，与2019年相比增加了1个。有两个城市机动车保有量增长量超过30万辆。其中，重庆全年增长了71.0万辆，是全国机动车增长量最大的城市；西安全年增加了38.5万辆。

总体上来看，除了36个大城市外，机动车保有量增长量较大的城市集中在广东、江苏、浙江和山东等沿海省份。由于摩托车数量和黄标车数量的下降，有6个城市机动车保有量出现下降，与2019年相比减少了13个城市，如表3-2和图3-9所示。

2020年我国机动车保有量年增量超过20万辆的城市　　**表3-2**

类　型	城　市
机动车保有量年增量超过20万辆（18个）	重庆、西安、武汉、临沂、南宁、济南、成都、茂名、青岛、苏州、郑州、上海、潍坊、宁波、天津、济宁、北京、长沙

2020年，我国36个大城市机动车保有量共计增长621.7万辆，占全国机动车总增长量的26.1%，与2019年相比，所占全国比例下降了1.3个百分点。机动车保有量增长量超过30万辆的城市有3个，比上年减少2个，重庆增长量最大为71.0万辆，西安次之为38.5万辆，武汉为30.0万辆。36个大城市中有3个城市的增幅超过10%，与2019年相比减少了5个，南宁增长率最高为11.6%，西安为10.7%，重庆为10.2%。2020年我国36个大城市机动车增长量及增长率如图3-10所示。

近5年来，我国36个大城市的机动车保有量共计增长2702.1万辆，年平均增长率达到7.6%。在5年内机动车保有量增长超过100万辆的城市共有7个。其中，重庆居首，增量为255.8万辆；西安次之，为141.6万辆；武汉位居第3位，为141.4万辆；之后依次为：成都139.2万辆，郑州134.4万辆，济南131.8万辆，上海

117.8万辆。有1个城市的机动车保有量年均增长率超过了15%，与2019年相比，减少了两个。受行政区划变化影响，济南机动车保有量年均增长率为18.1%。我国36个大城市2016年以来机动车增长量及年均增长率如图3-11所示。

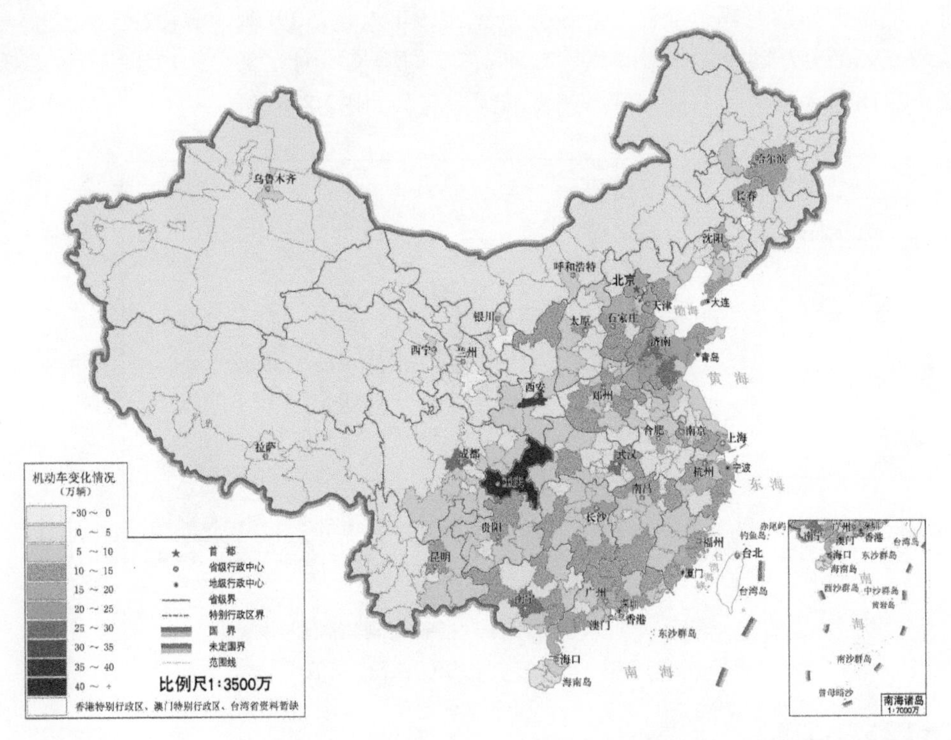

图3-9　2020年全国机动车变化情况分布

注：数据来源于公安部交通管理局。

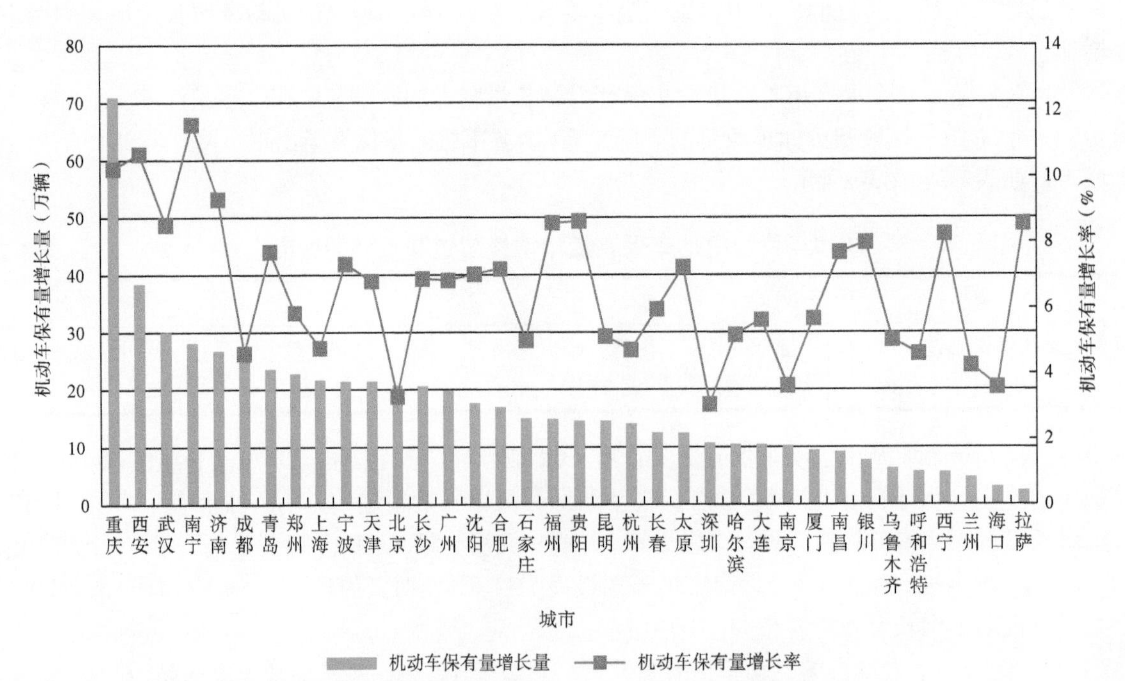

图3-10　2020年我国36个大城市机动车增长量及增长率

注：数据来源于公安部交通管理局。

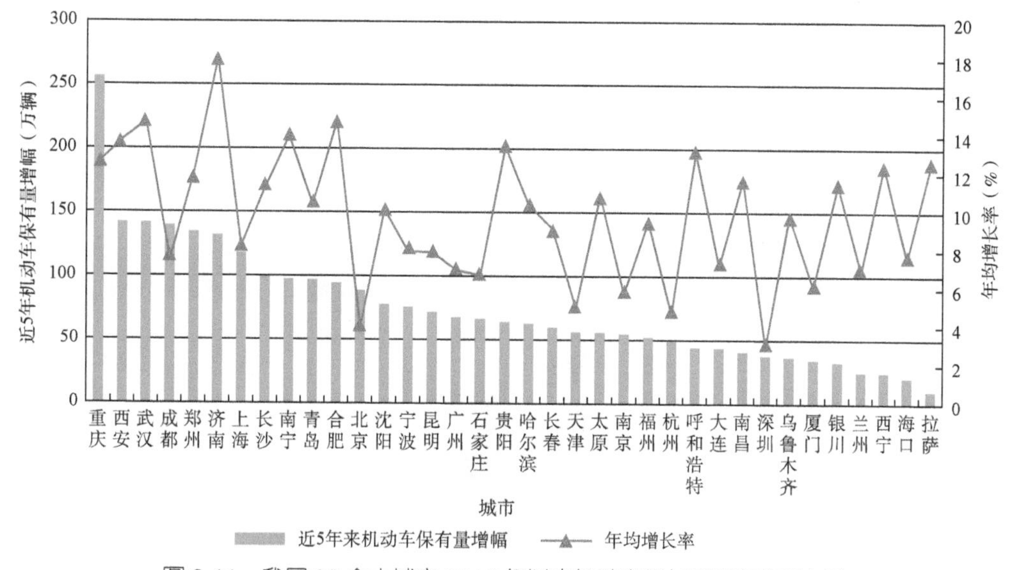

图3-11　我国36个大城市2016年以来机动车增长量及年均增长率

注：数据来源于公安部交通管理局。

第三节　汽车保有情况

一、汽车保有量

2020年底，我国共有70个城市的汽车保有量超过100万辆，较2019年增加了4个。其中，有31个城市的汽车保有量超过200万辆，较2019年增加了1个；有13个城市的汽车保有量超过了300万辆；有6个城市超过400万辆，分别为：北京最高为603.2万辆，成都为545.7万辆，重庆为504.4万辆，苏州为443.3万辆，上海为440.1万辆，郑州为403.9万辆。总体来看，全国汽车保有量数据有较为明显的地域差异，东部沿海地区城市的汽车保有量普遍较高，如表3-3和图3-12所示。

2020年我国汽车保有量分别超百万辆的城市　　**表3-3**

类　型	城　市
汽车保有量超过400万辆的城市（6个）	北京、成都、重庆、苏州、上海、郑州
汽车保有量在300万辆和400万辆之间的城市（7个）	西安、武汉、深圳、东莞、天津、青岛、石家庄
汽车保有量在200万辆和300万辆之间的城市（18个）	广州、宁波、佛山、临沂、长沙、杭州、南京、济南、保定、潍坊、昆明、沈阳、温州、合肥、唐山、金华、无锡、哈尔滨
汽车保有量在100万辆和200万辆之间的城市（39个）	南宁、长春、南通、沧州、烟台、台州、太原、大连、济宁、泉州、邯郸、徐州、绍兴、嘉兴、福州、常州、贵阳、厦门、廊坊、惠州、邢台、菏泽、洛阳、中山、乌鲁木齐、南阳、呼和浩特、南昌、商丘、淄博、聊城、德州、赣州、新乡、盐城、周口、滨州、阜阳、银川

注：数据来源于公安部交通管理局。

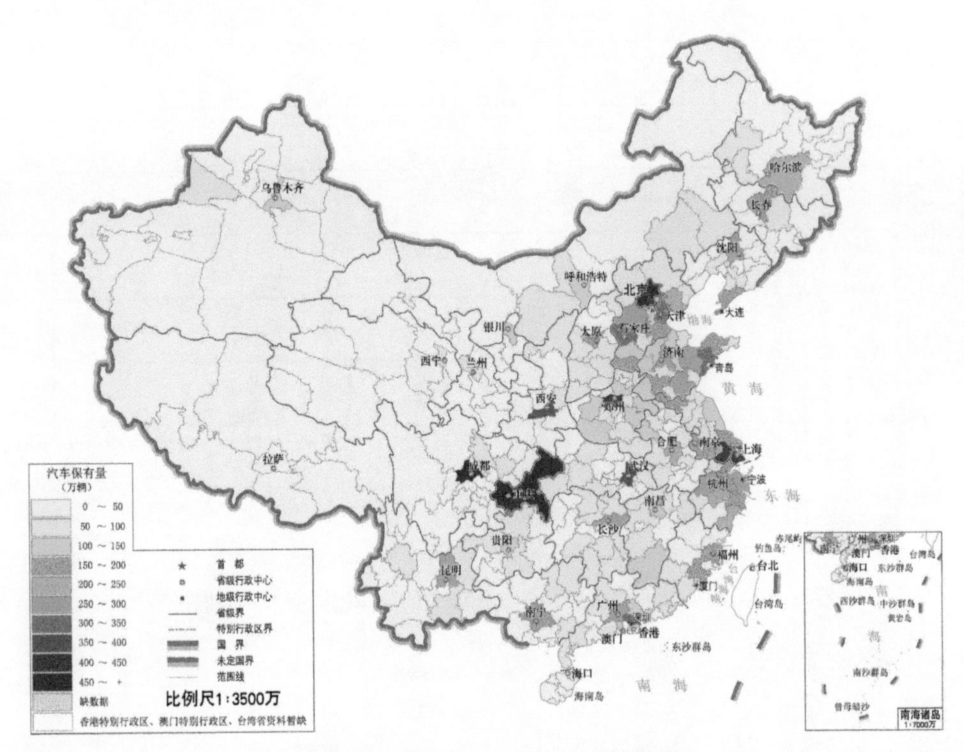

图 3-12　2020 年全国汽车保有量分布

注：数据来源于公安部交通管理局。

截至2020年底，我国36个大城市的汽车保有量总计为9196.9万辆，较2019年增长了6.2%，占全国汽车保有量的33.5%，比机动车保有量占全国的比例（27.3%）高出了6.2个百分点。汽车保有量超过300万辆的城市共有11个，较2019年增加了两个。其中，汽车保有量超过400万辆的城市有5个，北京以603.2万辆继续稳居榜首，成都次之为545.7万辆，重庆为504.4万辆，上海为440.1万辆，郑州为403.9万辆。2020年我国36个大城市汽车保有量如图3-13所示。

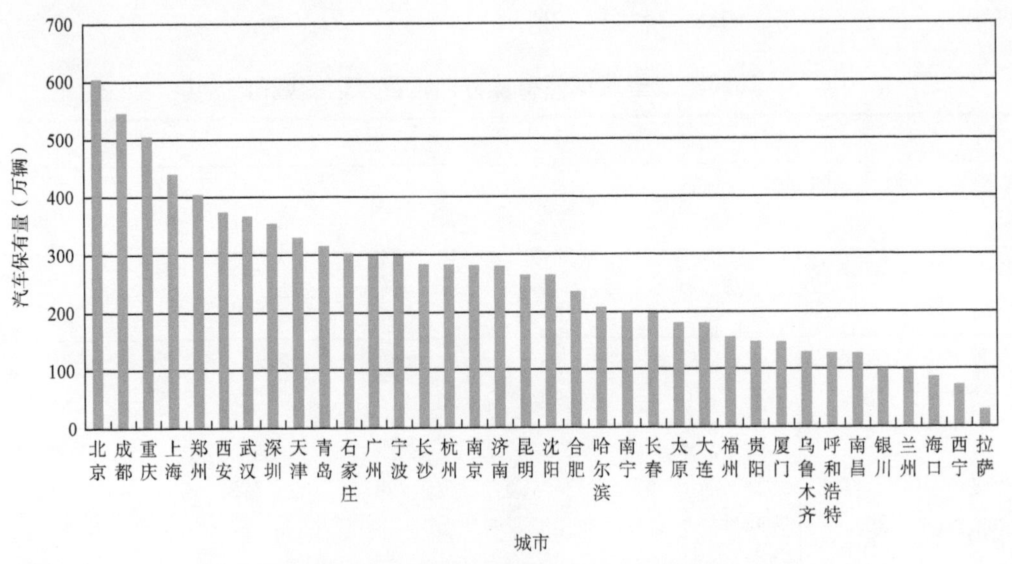

图 3-13　2020 年我国 36 个大城市汽车保有量

注：数据来源于公安部交通管理局。

二、千人汽车保有量

2020年，由于第七次全国人口普查公布的36个大城市常住人口总量比上年有较大幅度增加，我国36个大城市的平均千人汽车保有量为246.5辆，与2019年相比下降了11.4辆。其中，22个城市的千人汽车保有量超过36个大城市的平均水平，有11个城市的千人汽车保有量超过300辆，呼和浩特最高为367.7辆，银川次之为350.1辆，之后依次为太原、拉萨、郑州、乌鲁木齐、宁波、昆明、青岛、济南、南京。另外，有4个城市的千人汽车保有量不到200辆，重庆最低为157.4辆，广州为160.3辆，上海为177.0辆，福州为187.9辆。与上年相比，千人汽车保有量增加的城市有8个，增量超过30辆的城市有1个，天津增量最大为39.5辆，哈尔滨为26.9辆，西宁为13.3辆。36个大城市中有27个城市的千人汽车保有量出现下降，下降超过30辆的有12个，其中海口下降量最大为57.0辆，银川下降54.7辆次之，深圳下降54.2辆，昆明和成都下降52.7辆，拉萨下降50.7辆，郑州下降48.3辆，西安下降47.7辆，厦门下降43.6辆，太原下降39.4辆，长沙和乌鲁木齐下降33.2辆。2020年我国36个大城市千人汽车保有量如图3-14所示。

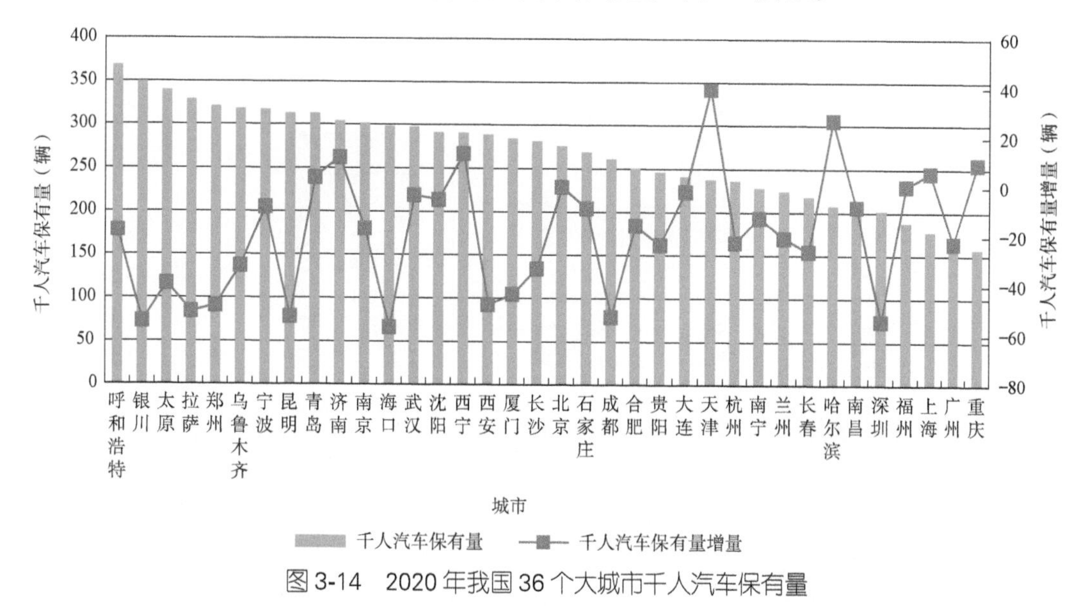

图3-14　2020年我国36个大城市千人汽车保有量

注：数据来源于公安部交通管理局及各市国民经济和社会发展统计公报。

如图3-15所示，从城市区域分布来看，华北、西北地区城市千人汽车保有量相对较高，华南、东北地区城市千人汽车保有量相对较低。2020年，华北、西北地区城市平均千人汽车保有量分别达到298辆、294辆；华北地区呼和浩特千人汽车保有量位居全国第一，达到368辆；西北地区的银川也达到了350辆；华南地区城市平均千人汽车保有量为227辆，在所有地区中最低，其中福州、广州千人汽车保有量低于200辆；东北地区城市平均千人汽车保有量为239辆。

三、汽车与经济发展

如图3-16所示，城市汽车保有量和地区生产总值的关系，与城市机动车保有量和地区生产总值的关系类似，呈现一定的线性关系，且线性相关性更为明显一些。2020年，城市地区生产总值来看，地区生产总值超过1万亿元的18个城市，除福州汽车保有量为155.8万辆和合肥为234.5万辆外，其他城市汽车保有量均超过了270万辆；地区生产总值低于5000亿元的10个城市，汽车保有量均不足200万辆。城市汽车保有量超过300万辆的11个城市，除了石家庄的地区生产总值为5935.1亿元未达到万亿元外，其他10个城市的地区生产总值均过万亿元，分别为北京、成都、重庆、上海、郑州、西安、武汉、深圳、天津、青岛。汽车保有量不足100万辆的4个城市，地区生产总值均未达到3000亿元，分别为兰州、海口、西宁、拉萨。

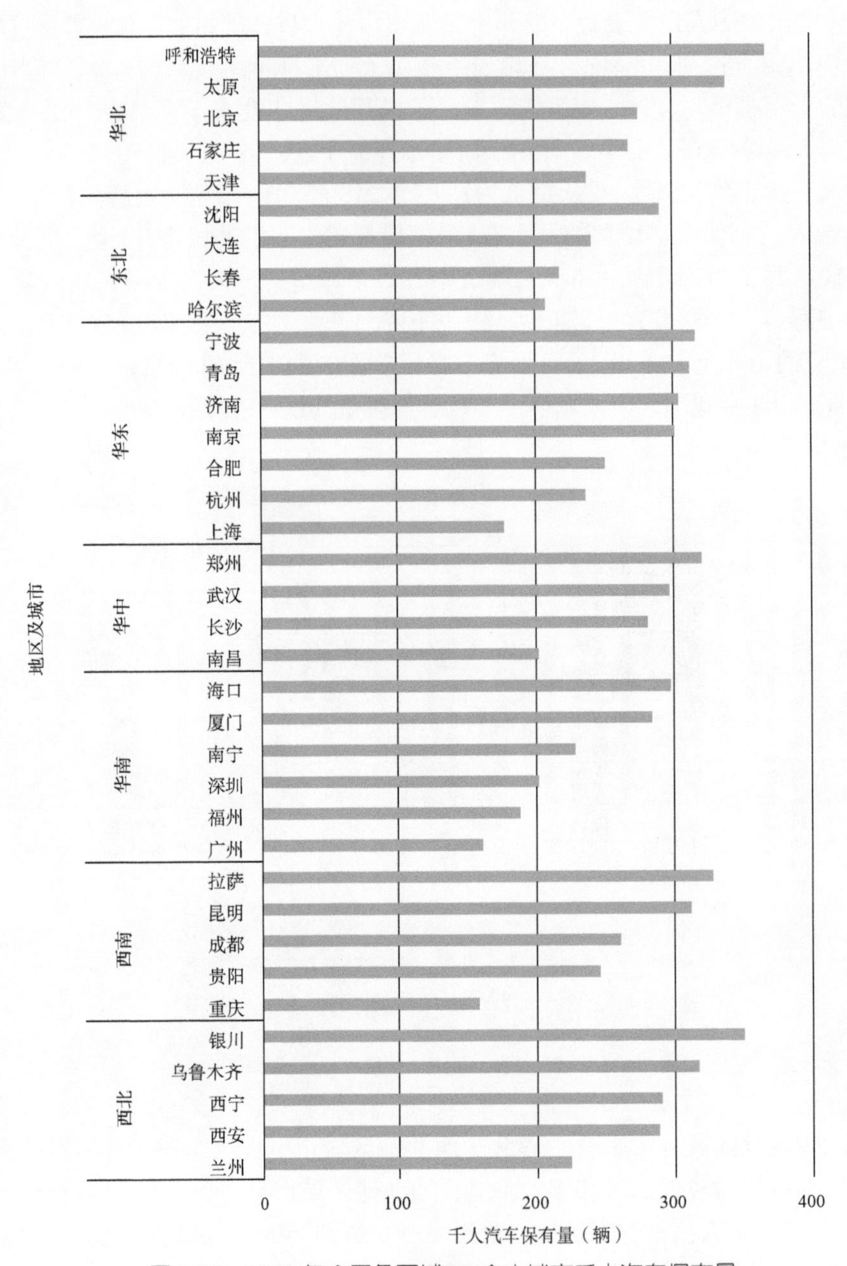

图3-15　2020年全国各区域36个大城市千人汽车保有量

注：数据来源于公安部交通管理局及各市国民经济和社会发展统计公报。

对我国36个大城市人均地区生产总值和千人汽车保有量的关系进行分析后发现，两者并未呈现线性相关的关系特征，无法得出“人均地区生产总值高，则千人汽车保有量高；人均地区生产总值低，则千人汽车保有量低”的结论，如图3-17所示。这与地区生产总值较高城市的汽车限行、限购政策，以及公共交通（轨道交通）发达程度有关。由数据分析可知，部分城市社会经济发展水平相对高于汽车发展水平，即虽然人均地区生产总值相对较高，但是千人汽车保有量相对并不高，如上海、广州、深圳、福州、北京、杭州等；部分城市社会经济发展水平相对低于汽车发展水平，即虽然人均地区生产总值相对不高，但是千人汽车保有量相对较高，如西宁、银川、石家庄、海口、呼和浩特、太原等。2020年我国千人汽车保有量和人均地区生产总值关系见表3-4。

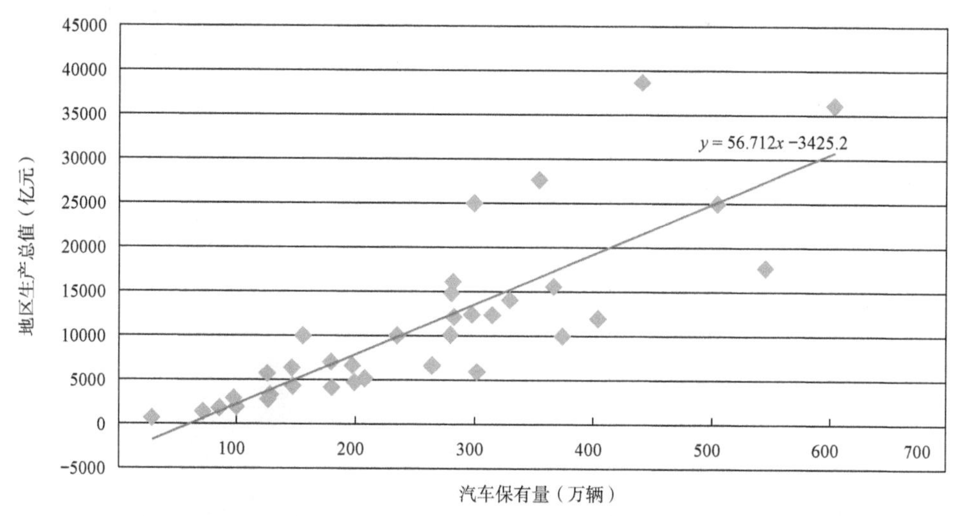

图3-16 2020年我国36个大城市地区生产总值与汽车保有量分布图

注：数据来源于公安部交通管理局及各市国民经济和社会发展统计公报。

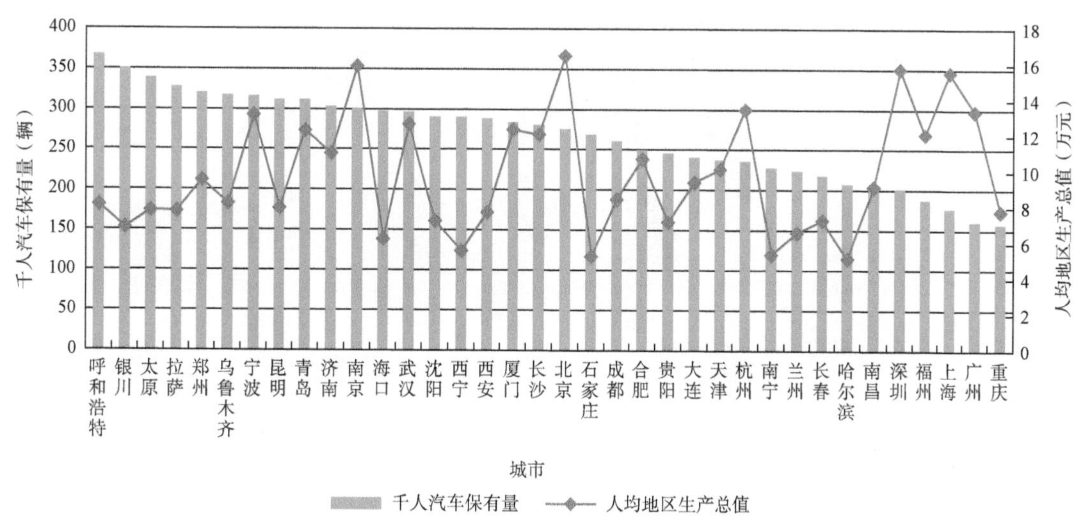

图3-17 2020年我国36个大城市千人汽车保有量和人均地区生产总值关系

注：数据来源于公安部交通管理局及各市国民经济和社会发展统计公报。

我国千人汽车保有量和人均地区生产总值关系城市列表 **表3-4**

特　征	城　市
社会经济发展水平相对高于汽车发展水平（18个城市）	上海、广州、深圳、福州、北京、杭州、南京、重庆、南昌、厦门、长沙、合肥、天津、武汉、宁波、青岛、大连、济南
社会经济发展水平相对低于汽车发展水平（18个城市）	西宁、银川、石家庄、海口、呼和浩特、太原、南宁、拉萨、沈阳、哈尔滨、昆明、乌鲁木齐、西安、贵阳、兰州、郑州、成都、长春

注：数据来源于公安部交通管理局及各城市国民经济和社会发展统计公报。

四、汽车占机动车比例

截至2020年底，我国汽车保有量占机动车保有量的比例为78.4%，较2019年提高了3.3个百分点。汽车保有量超过100万辆的70个城市中，有21个城市汽车保有量占比超过95%，仅有5个城市汽车保有量占比未达到全国城市平均水平。通过数据分析可知，汽车保有量占机动车保有量比例与社会经济发展、气候环境情况、地形地貌特征等具有相关性，经济相对发达的城市汽车占比相对较高，如江苏、浙江等部分地区；气候相对温暖的地区，如广西、重庆等部分地区，摩托车保有量相对较大，汽车占比相对较低，如图3-18所示。

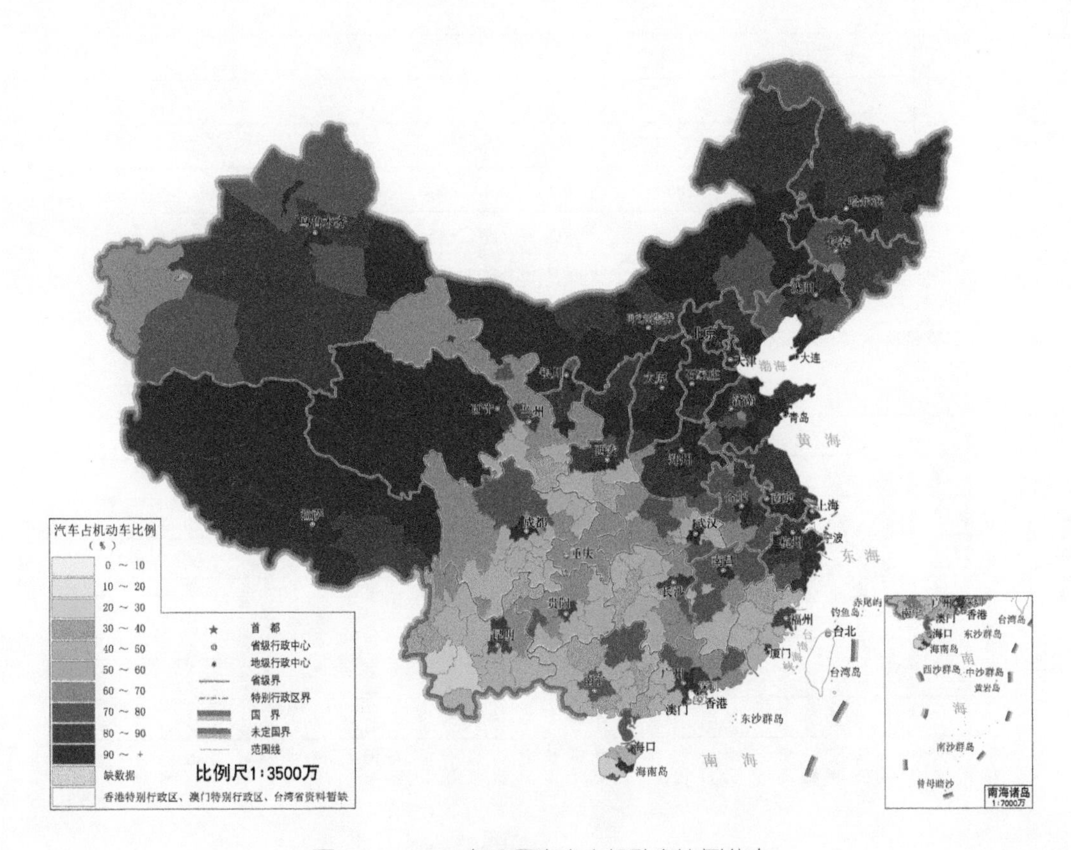

图3-18　2020年全国汽车占机动车比例分布

注：数据来源于公安部交通管理局。

我国36个大城市的汽车保有量占机动车保有量的比例为90.7%，高出全国平均水平12.3个百分点。由此可见，36个大城市的汽车保有量平均占比明显高于其他城市。其中，汽车保有量占机动车保有量比例超过95%的城市有17个，南昌的比例最高为98.8%，呼和浩特、乌鲁木齐、深圳3个城市的比例也超过了98%。但是，36个大城市中，南宁和重庆两个城市的汽车保有量占比低于全国平均水平，南宁为73.4%，重庆为66.0%。2020年我国36个大城市汽车保有量占机动车保有量比例如图3-19所示。

从2020年我国36个大城市汽车保有量占机动车保有量比例的增量来看，占比增量均未超过1.5%，超过0.5%的城市有6个。其中，长春占比增量最大，为1.5%，上海为0.9%，贵阳为0.9%。36个大城市中，有19个城市占比增幅有增长，还有17个城市占比略有下降，这一定程度上也说明，目前36个大城市汽车保有量占机动车保有量比例已逐步趋于平稳，如图3-20所示。

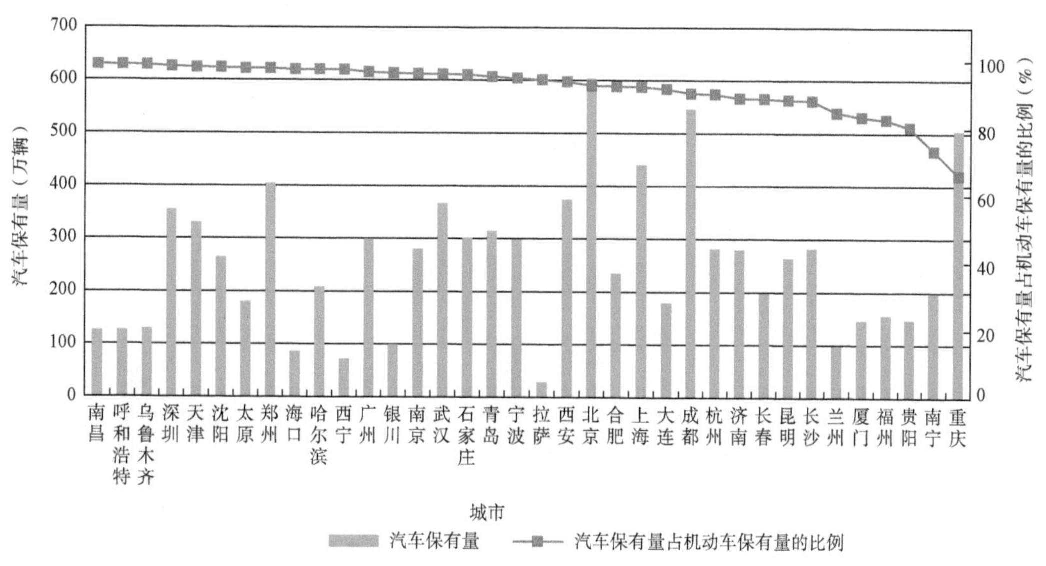

图3-19 2020年我国36个大城市汽车保有量占机动车保有量比例

注：数据来源于公安部交通管理局。

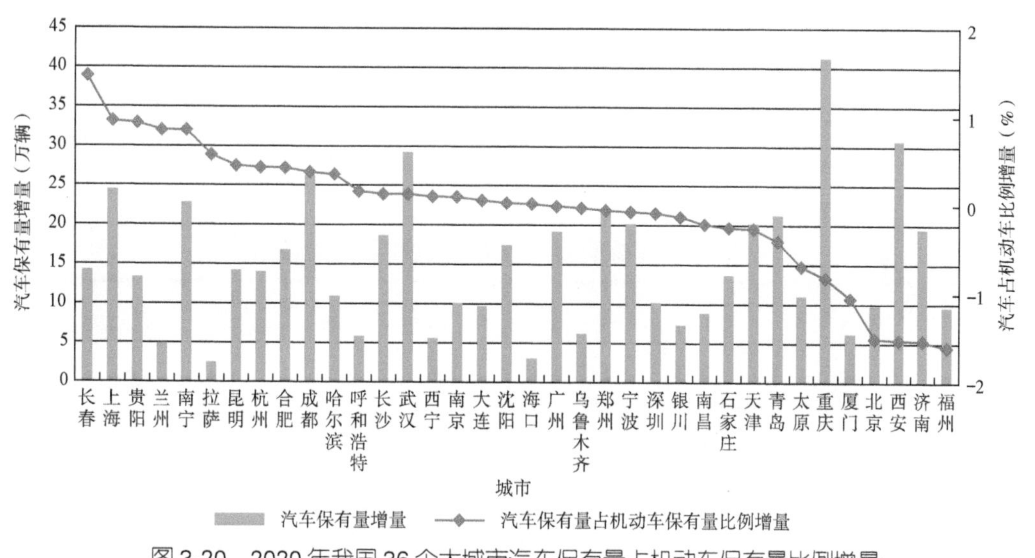

图3-20 2020年我国36个大城市汽车保有量占机动车保有量比例增量

注：数据来源于公安部交通管理局。

五、汽车保有量发展变化情况

2020年，我国全年汽车新注册登记2424万辆，与2019年相比减少153万辆，全年汽车实际增加1937万辆（扣除报废数量），同比减少185万辆。近5年来，我国汽车保有量共增长8646.4万辆，年均增长率为10.3%，明显高于机动车的年均增长率（5.9%）。近5年汽车保有量增长率呈逐年下降趋势，自2017年之后我国汽车保有量增量逐年下降，如图3-21所示。

2020年，我国汽车保有量增长量超过10万辆的城市有53个，与2019年相比减少了9个。增长量超过30万辆的城市有两个。重庆汽车保有量增量最大，为41.2万辆；西安以30.6万辆次之。从分布范围来看，增长量超过10万辆的城市中，地处西部的重庆、西安、成都等城市增长量最大，中部地区的武汉、郑州等城市增长量较大。特别是36个大城市中的重庆、西安、成都、武汉、郑州、南宁、太原、贵阳，昆明，沈阳、长春、哈尔滨等中西部及东北城市增长势头迅猛，增速甚至超过了东部城市。这与“一带一路”倡议，以及新一轮东北振兴、西部大开发、中部地区崛起等国家发展战略有密切关系。2020年我国汽车保有量年增量超过10万辆的城市和全国变化情况分布如表3-5和图3-22所示。

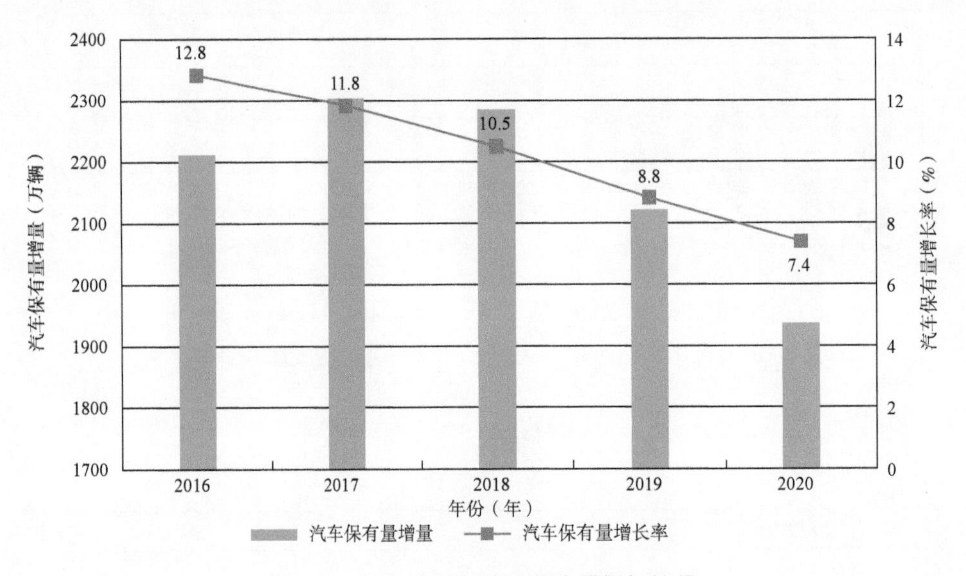

图3-21　近5年我国汽车保有量增长情况

注：数据来源于公安部交通管理局。

2020年汽车保有量年增量超过10万辆的城市　　**表3-5**

类　型	城　市
年增量超过30万辆（2个）	重庆、西安
年增量为20万~30万辆（10个）	武汉、成都、临沂、上海、苏州、南宁、郑州、青岛、天津、宁波
年增量为10万~20万辆（41个）	济南、广州、长沙、菏泽、潍坊、沈阳、佛山、东莞、济宁、金华、合肥、徐州、保定、长春、昆明、杭州、温州、石家庄、贵阳、邯郸、泉州、台州、商丘、南通、周口、烟台、聊城、无锡、南阳、嘉兴、太原、哈尔滨、邢台、沧州、惠州、赣州、新乡、茂名、深圳、唐山、南京

注：数据来源于公安部交通管理局。

2020年，我国36个大城市汽车保有量共增长538.9万辆，占全国汽车保有量增长量的26.8%，与2019年相比减少了92.9万辆。36个大城市平均增量为15.0万辆，与2019年相比下降了2.5万辆。36个大城市中，有10个城市增量超过20万辆，有2个城市增量超过30万辆。2020年我国36个大城市汽车增量及增长率如图3-23所示。

近5年来，我国36个大城市汽车保有量共增长2512万辆，年均增长率达到了8.3%。有7个城市5年增量超过了100万辆。其中，重庆位居首位，为176.3万辆；之后依次为郑州（136.2万辆）、武汉（135.3万辆）、成都（133.2万辆）、西安（129.4万辆）、上海（118.2万辆）、济南（105.4万辆）。近5年我国36

个大城市汽车保有量增量如图3-24所示。

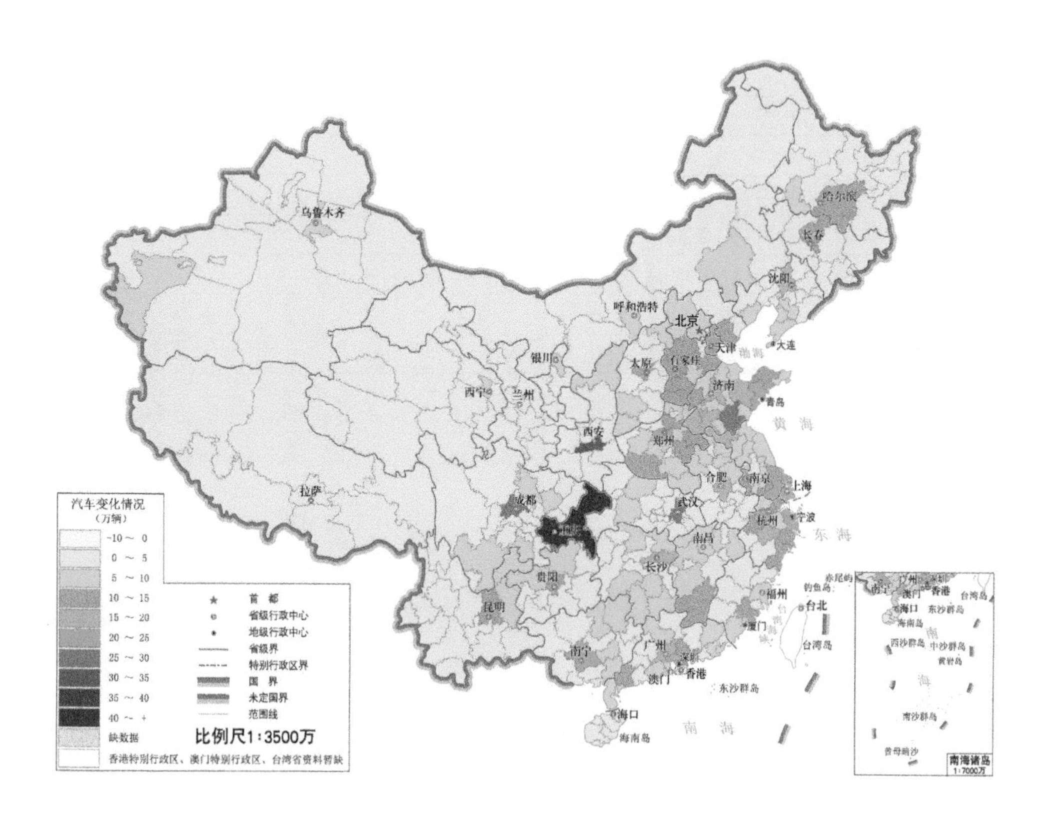

图3-22　2020年全国汽车保有量变化情况分布

注：数据来源于公安部交通管理局。

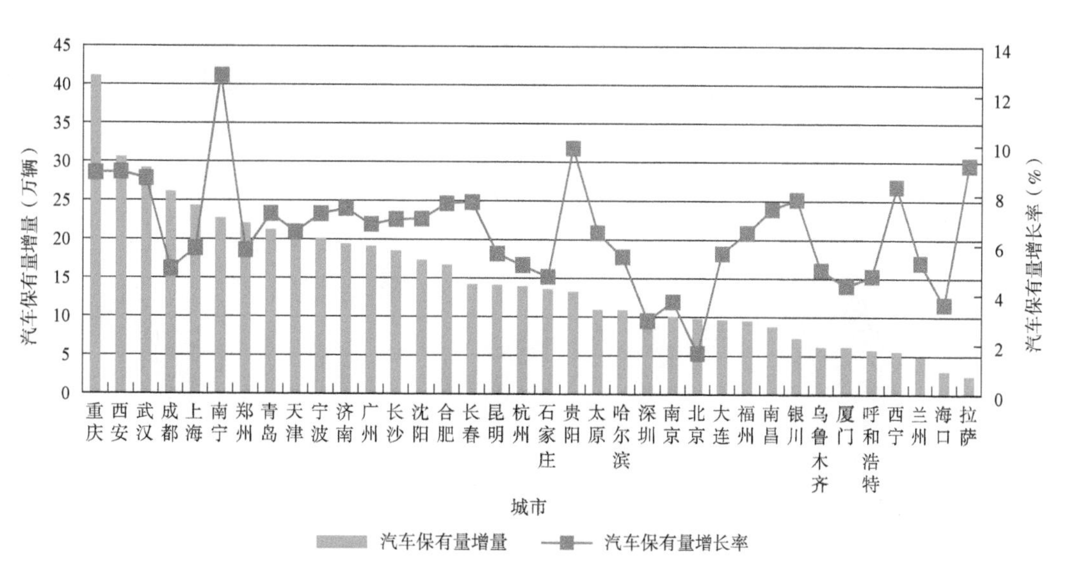

图3-23　2020年我国36个大城市汽车增量及增长率

注：数据来源于公安部交通管理局。

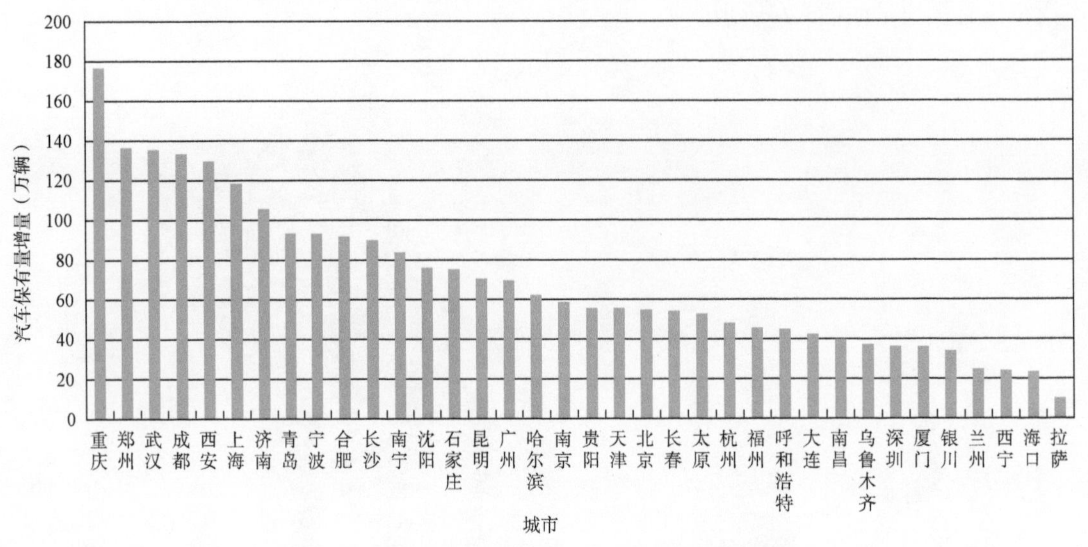

图3-24　近5年我国36个大城市汽车保有量增量

注：数据来源于公安部交通管理局。

第四节　摩托车保有情况

2020年，全国摩托车保有量为7147.1万辆，与2019年相比增加了381.5万辆，增幅为5.6%。近5年来，全国摩托车保有量总量减少了1097.1万辆，前4年都呈现逐渐减少趋势，仅2020年摩托车保有量有所回升。但摩托车保有量占机动车保有量的比例呈逐年下降态势，由2016年的28.0%逐步下降到2020年的19.2%。近5年我国摩托车保有量占机动车保有量比例如图3-25所示。

图3-25　近5年我国摩托车保有量占机动车保有量比例

注：数据来源于公安部交通管理局。

2020年，36个大城市摩托车保有量为863.0万辆，与2019年相比增长了71.6万辆，占36个大城市机动车保有量的8.5%，同比增长了0.2个百分点。近5年来，36个大城市摩托车保有量从2016年的704.4万辆，上升到2017年的780.8万辆，2018年略有下降，之后两年都有增长，但是36个大城市摩托车保有量占机动车保有量的比例呈现基本稳定的趋势。近5年我国36个大城市摩托车保有量变化情况如图3-26所示。

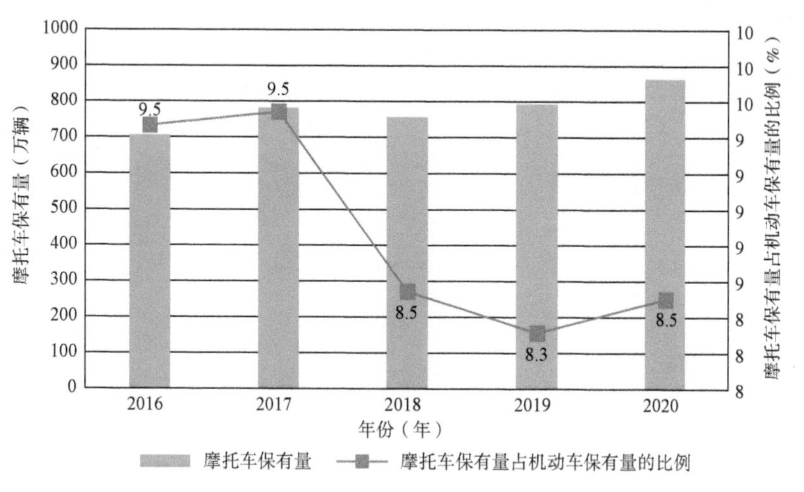

图3-26　近5年我国36个大城市摩托车保有量变化情况

注：数据来源于公安部交通管理局。

2020年，36个大城市中，有9个城市的摩托车保有量超过了30万辆。其中，重庆位居榜首，为255.0万辆；南宁次之，为71.3万辆；成都排名第3，为55.9万辆。从气候特征来看，这些城市普遍位于我国中部或南部地区，气候相对宜人，较为适合骑摩托车出行。从年度增长量变化来看，有两个城市年增量超过10万辆，重庆增量最大为29.2万辆，北京增加10.9万辆；有6个城市出现减少的情况，上海减少最多为3.7万辆，长春减少2.0万辆，杭州减少0.9万辆。2020年我国36个大城市摩托车保有量变化情况如图3-27所示。

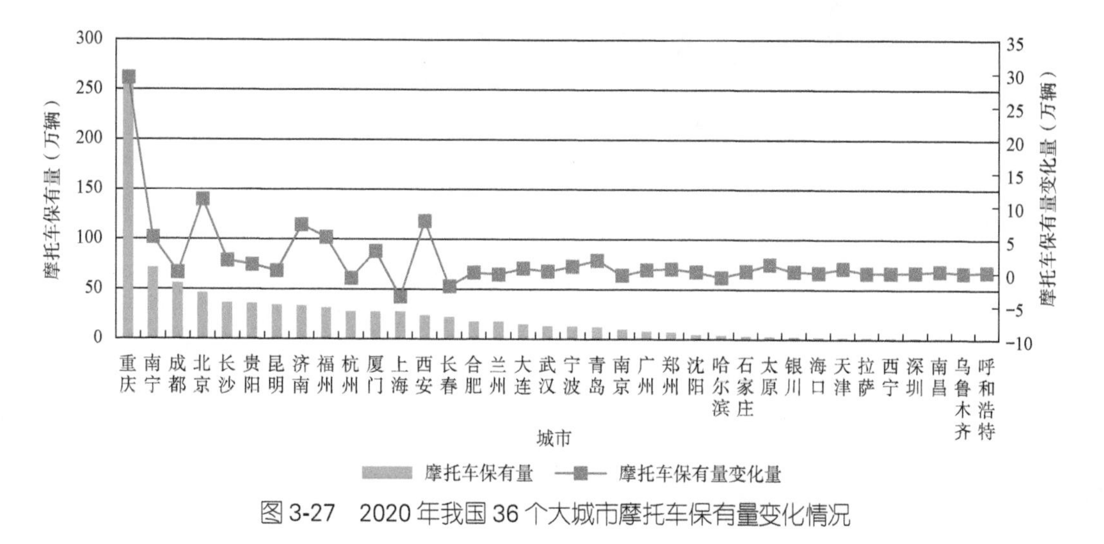

图3-27　2020年我国36个大城市摩托车保有量变化情况

注：数据来源于公安部交通管理局。

第四章　城市机动车驾驶人发展

2020年，我国36个大城市机动车驾驶人总量为1.34亿人，占全国机动车驾驶人总量的29.4%，高于36个大城市机动车保有量占全国机动车保有量总量的比例27.3%。我国36个大城市汽车驾驶人总量为1.3亿人，占全国汽车驾驶人总量的31.2%。36个大城市汽车驾驶人数量依然保持快速增长，但近5年来增长率呈现下降趋势。值得关注的是，2020年受新冠肺炎疫情影响，36个大城市机动车驾驶人总量的增长率下降了2.2个百分点，汽车驾驶人总量的增长率下降了2.4个百分点。

第一节　驾驶人总体发展情况

2020年，我国机动车驾驶人达到4.56亿人，同比增长2020.9万人，增长了4.6%。其中汽车驾驶人为4.18亿人，占机动车驾驶人总量的91.7%，同比增长2053万人，增长了5.2%。随着我国机动车保有量的快速增长，近5年，机动车驾驶人数量亦呈现大幅增长趋势，年均增量达2566.7万人，如图4-1所示。

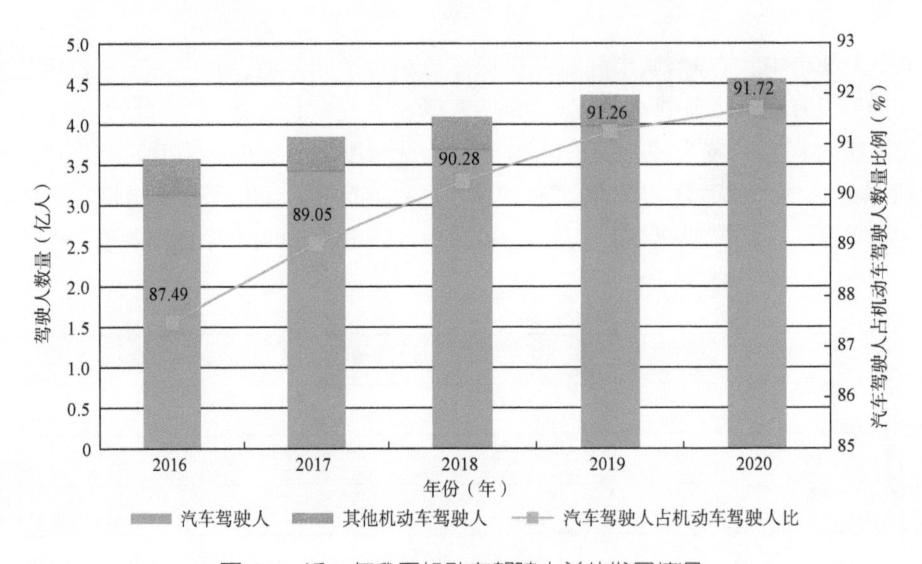

图4-1　近5年我国机动车驾驶人总体发展情况

注：数据来源于公安部交通管理局。

第二节　机动车驾驶人

一、大城市机动车驾驶人数量

2020年，全国机动车驾驶人数量占全国总人口数量的32.3%，与上年相比，提高了1.2个百分点。截至2020年底，我国已有59个城市的机动车驾驶人数量超过200万人，其中31个城市的机动车驾驶人数量超过300万人，有6个城市的机动车驾驶人数量超过了500万人，依次为：北京1168.8万人、重庆961.2万人、上海831.1万人、成都818.2万人、广州568.1万人、深圳533.7万人，见表4-1。总体来看，全国机动车驾驶人分布与人口分布保持相对一致，人口总量越大，机动车驾驶人数量相应越多，如图4-2所示。

我国机动车驾驶人超过200万人的城市　　**表4-1**

类　型	城　市
机动车驾驶人数量超过500万人（6个）	北京、重庆、上海、成都、广州、深圳
机动车驾驶人数量为300万～500万人（25个）	天津、苏州、西安、武汉、郑州、杭州、南京、青岛、佛山、石家庄、保定、宁波、昆明、潍坊、长沙、东莞、赣州、临沂、济南、泉州、沈阳、哈尔滨、温州、南阳、南通
机动车驾驶人数量为200万～300万人（28个）	长春、南宁、合肥、唐山、金华、徐州、无锡、周口、福州、邯郸、烟台、惠州、大连、商丘、贵阳、邢台、济宁、南昌、沧州、台州、洛阳、盐城、新乡、绍兴、常州、嘉兴、清远、茂名

注：数据来源于公安部交通管理局。

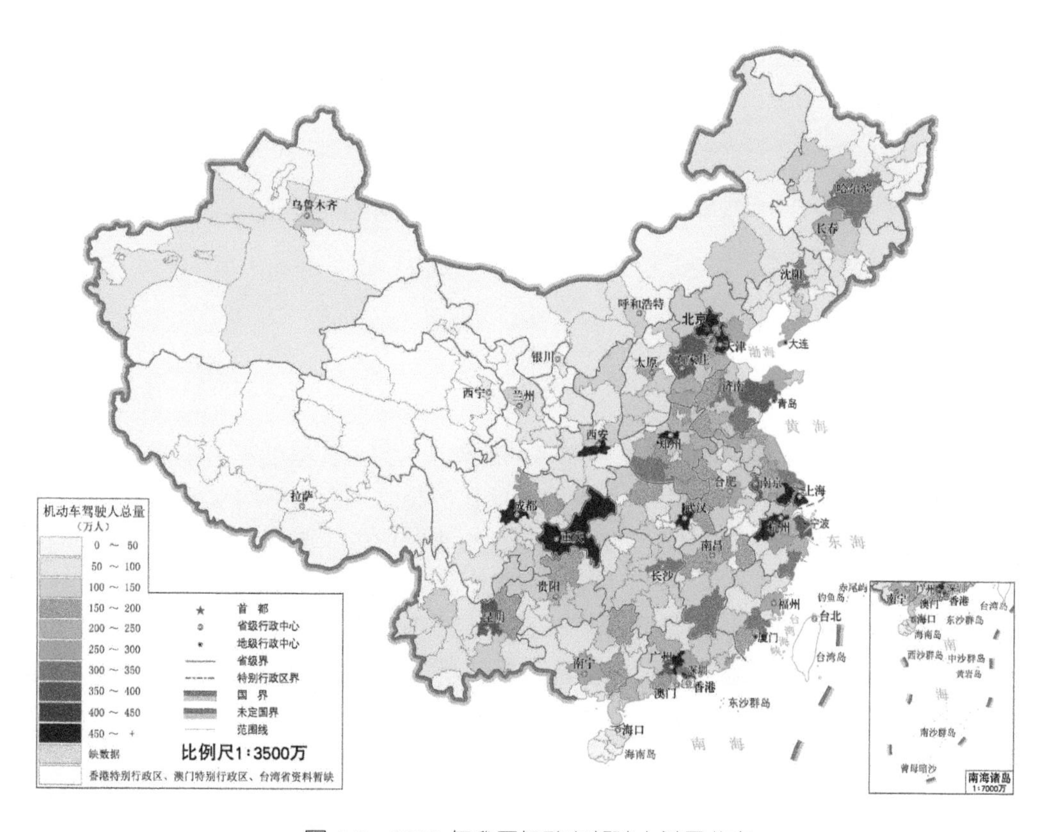

图4-2　2020年我国机动车驾驶人总量分布

注：数据来源于公安部交通管理局。

2020年，我国36个大城市的机动车驾驶人总量为1.34亿人，占全国机动车驾驶人总量的29.4%，与上年相比，下降了0.1个百分点，高于36个大城市机动车保有量占全国机动车保有量总量的比例27.3%。36个大城市中有32个城市机动车驾驶人数量超过了100万人，其中27个城市超过了200万人，与上年持平。从36个大城市机动车驾驶人数量占城市人口数量的比例来看，36个大城市机动车驾驶人总量占常住人口总量的36%，有5个城市的比例超过了40%，相比上年减少了10个城市，其中，北京最高为53.4%，昆明次之为43%，南京位居第3位为41.8%，之后为贵阳41.2%、呼和浩特40%，如图4-3所示。由于2020年进行了第七次全国人口普查，各地市常住人口数量较2019年有一定变化。

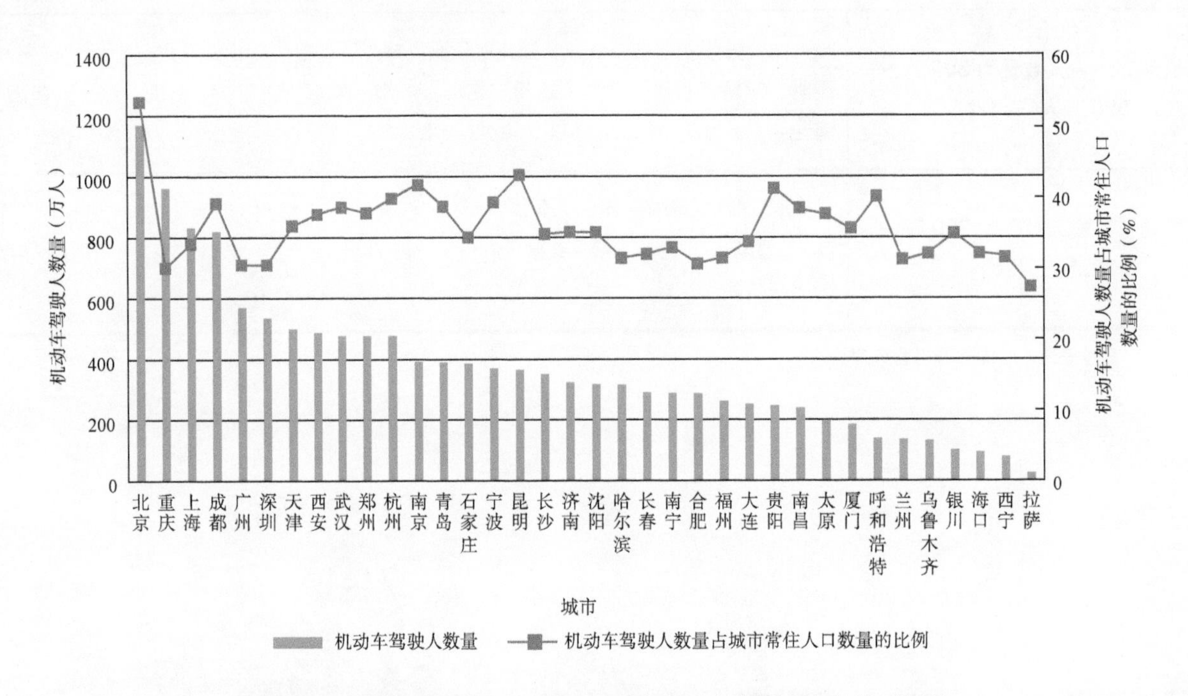

图4-3　2020年我国36个大城市机动车驾驶人数量与城市人口比例

注：数据来源于公安部交通管理局。

二、大城市机动车驾驶人与机动车保有量关系

2020年，我国机动车驾驶人数量与机动车保有量的比例为1.23∶1，略低于上年比例1.25∶1。从全国来看，有210个城市的机动车驾驶人数量与机动车保有量的比例超过了全国平均水平，与上年相比，减少了7个城市。其中6个城市的比例超过了2∶1，分别为垦区、绥化、咸阳、黑河、周口、伊春，与上年相比，减少了9个城市。这6个城市主要分布在西部地区、东北地区等，其驾驶人数量明显高于机动车保有量，一定程度上说明这些城市的机动化水平还有相对较大的发展空间，如图4-4所示。

2020年，我国36个大城市，机动车驾驶人总量与机动车保有量总量的比例为1.32∶1，有12个城市的比例超过了36个大城市的平均水平，分别为南昌、广州、北京、上海、杭州、深圳、天津、哈尔滨、福州、成都、贵阳、南京。如图4-5所示。

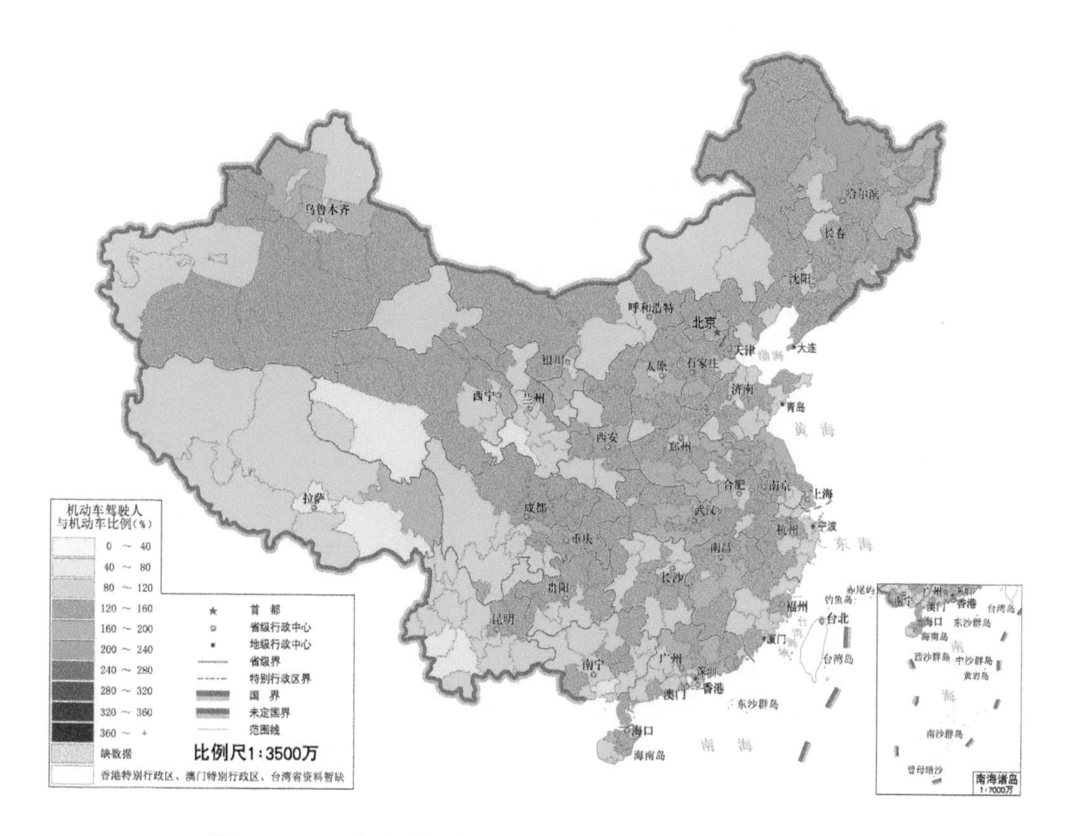

图 4-4　2020 年全国机动车驾驶人数量与机动车保有量比例分布

注：数据来源于公安部交通管理局。

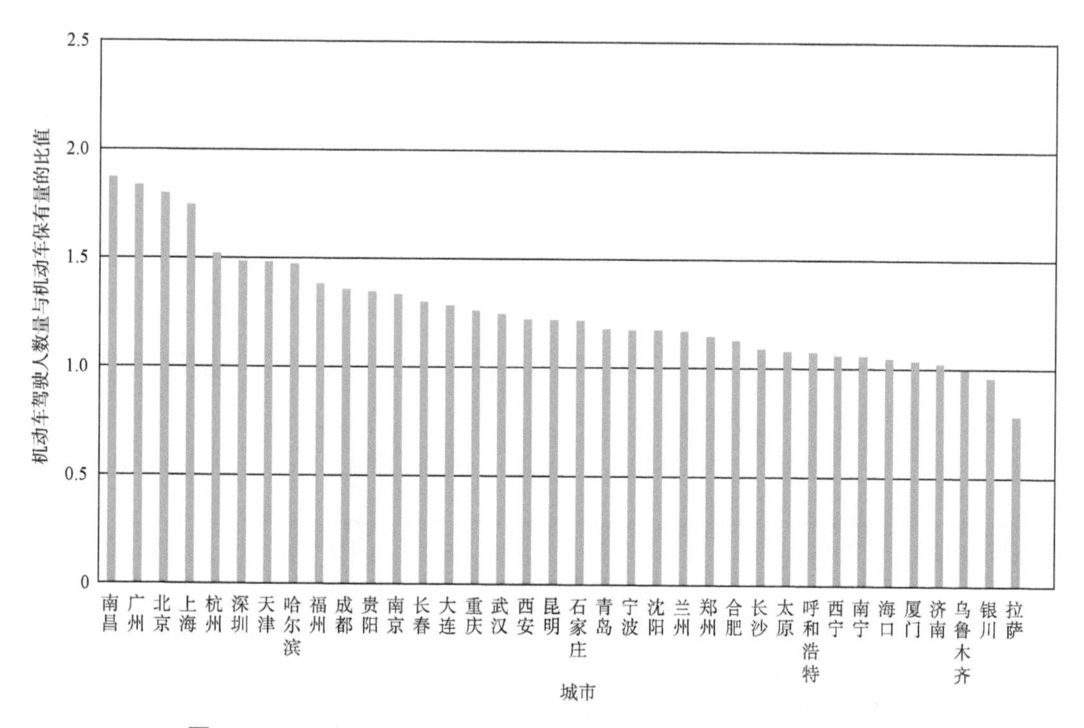

图 4-5　2020 年我国 36 个大城市机动车驾驶人与机动车保有量的比值

注：数据来源于公安部交通管理局。

三、大城市机动车驾驶人数量变化情况

2020年，全国机动车驾驶人数量达到4.56亿人，与2019年相比共计增加2020.9万人（扣除注销量），增长4.6%，低于2019年的6.4%，亦低于2020年的机动车保有量增速6.8%。近5年来，我国新增机动车驾驶人1.28亿人，总体增幅达到了39.2%。从每年增量的变化来看，2016—2018年增速总体量放缓趋势：2017年增速同比下降了1.7个百分点；2018年增速同比下降了1.2个百分点；2019年增速同比略有回升，上升了0.07个百分点；2020年增速再次放缓，同比下降了1.8个百分点，如图4-6所示。

图4-6　近5年全国机动车驾驶人年增长情况

注：数据来源于公安部交通管理局。

2020年，全国机动车驾驶人数量增长超过10万人的城市有56个，与上年相比减少了26个。增量超过20万人的城市有10个。如表4-2和图4-7所示。

2020年我国机动车驾驶人年度增量超过10万人的城市　　　　**表4-2**

类　型	城　市
机动车驾驶人数量年度增量超过20万人（10个）	成都、深圳、重庆、上海、苏州、广州、西安、郑州、长沙、杭州
机动车驾驶人数量年度增量为10万~20万人（46个）	青岛、合肥、清远、南宁、商丘、昆明、温州、周口、邢台、驻马店、天津、茂名、保定、新乡、邯郸、石家庄、济南、佛山、宁波、临沂、南阳、贵阳、菏泽、泉州、北京、济宁、遵义、无锡、湛江、武汉、沈阳、东莞、黄冈、徐州、昭通、南京、赣州、福州、肇庆、惠州、信阳、太原、金华、衡阳、中山、洛阳

注：数据来源于公安部交通管理局。

2020年，我国36个大城市机动车驾驶人数量共增长569.1万人，占全国总增长人数的28.2%，较上年的占比30.4%下降2.2个百分点。有9个城市机动车驾驶人增量超过了20万人，成都最高为41.1万人，深圳次之为39.8万人，重庆位居第3位为39.4万人，之后依次为上海38.9万人、广州30.5万人、西安25.8万人、郑州22.2万人、长沙21.9万人、杭州20.1万人，其中成都、重庆、西安和长沙等中西部城市增长势头迅猛，如图4-8所示。

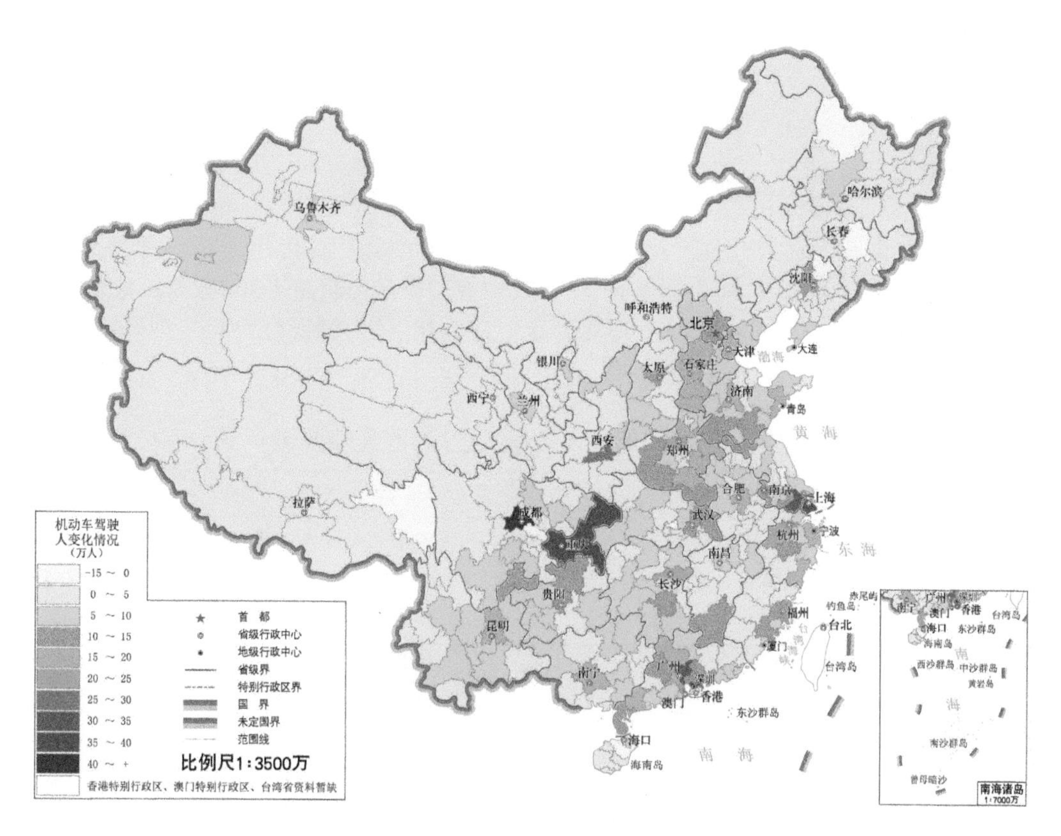

图 4-7　2020 年全国机动车驾驶人变化情况分布

注：数据来源于公安部交通管理局。

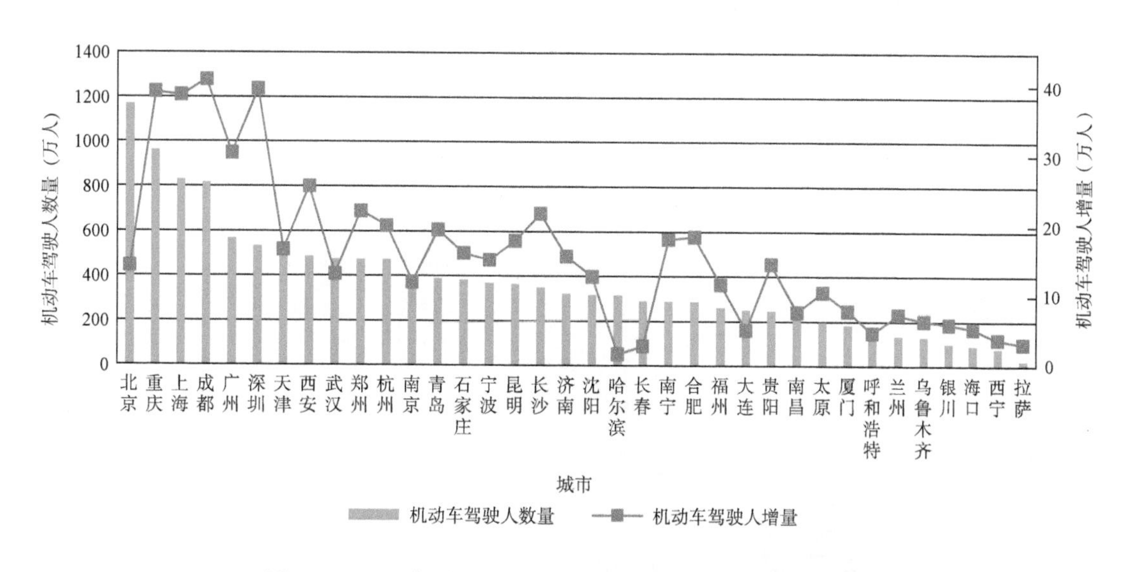

图 4-8　2020 年我国 36 个大城市机动车驾驶人数量及增量

注：数据来源于公安部交通管理局。

第三节　汽车驾驶人

一、大城市汽车驾驶人数量

2020年，我国汽车驾驶人总量占全国人口总量的比例为29.6%，相比上年增长1.2个百分点。有56个城市汽车驾驶人数量超过了200万人，较上年增长2个。其中有27个城市超过了300万人，见表4-3。从地域分布来看，与机动车驾驶人分布较为相似，中西部大城市及东部沿海区域城市汽车驾驶人数量更为密集一些，如图4-9所示。

2020年我国汽车驾驶人数量超过200万人的城市　　**表4-3**

类　型	城　市
汽车驾驶人数量超过300万人的城市（27个）	北京、重庆、上海、成都、广州、深圳、天津、西安、苏州、郑州、武汉、杭州、青岛、南京、石家庄、保定、宁波、佛山、昆明、潍坊、长沙、东莞、临沂、济南、沈阳、哈尔滨、温州
汽车驾驶人数量为200万～300万人的城市（29个）	合肥、唐山、南阳、长春、金华、徐州、南通、南宁、泉州、周口、无锡、邯郸、烟台、商丘、大连、福州、邢台、惠州、济宁、贵阳、南昌、沧州、赣州、台州、新乡、洛阳、绍兴、常州、盐城

注：数据来源于公安部交通管理局。

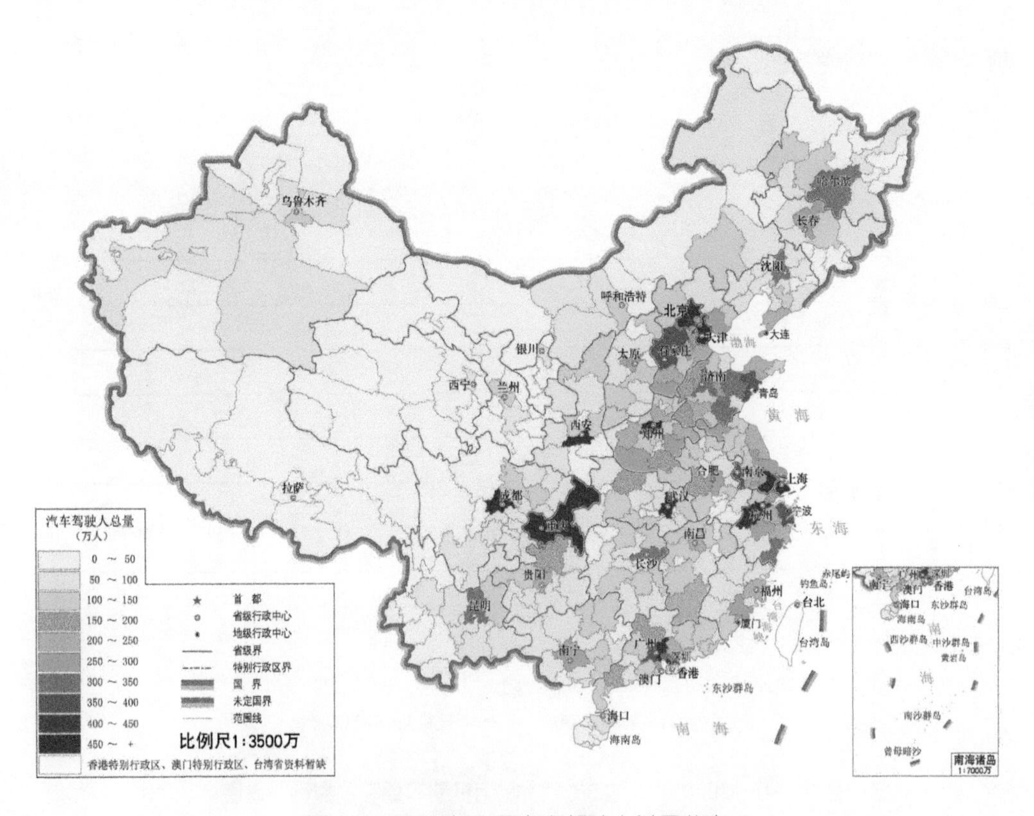

图4-9　2020年全国汽车驾驶人总量分布

注：数据来源于公安部交通管理局。

2020年，我国36个大城市汽车驾驶人总量为1.3亿人，占全国汽车驾驶人总量的31.2%。有27个城市的汽车驾驶人数量超过了300万人，分别是：北京最高为1162.6万人，重庆次之为842.5万人，上海排名第3位为817.2万人，之后依次为成都、广州、深圳、天津、西安、郑州、武汉、杭州、青岛、南京、石家庄、宁波、昆明、长沙、济南、沈阳、哈尔滨。从城市汽车驾驶人数量占城市人口数量的比例来看，有21个城市的比例超过了1/3，即城市人口中平均每3人至少就有1人取得了汽车驾驶证，其中有3个城市的比例超过40%，相比上年减少11个城市，与第七次全国人口普查中常住人口数据更新亦有关系，3个城市为：北京最高为53.1%，南京次之为41.2%，昆明位居第3位为40.9%，这些城市平均每5个人中至少就有两人取得汽车驾驶证，如图4-10所示。

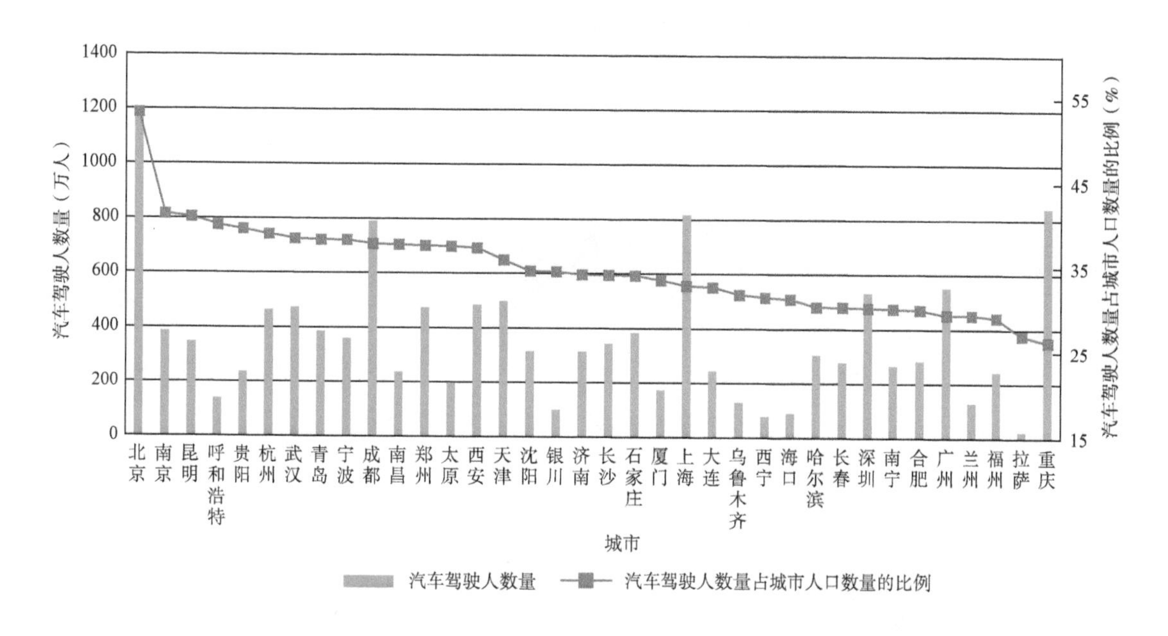

图4-10　2020年我国36个大城市汽车驾驶人数量与其占城市人口数量的比例

注：数据来源于公安部交通管理局。

二、大城市汽车驾驶人数量与汽车保有量关系

2020年，全国汽车驾驶人与汽车保有量的比例为1.49：1，有48个城市汽车驾驶人数量与汽车保有量的比例大于2：1，即汽车驾驶人的数量超出了汽车保有量的一倍以上，虽然城市数量相比上年有所减少，但仍在一定程度上表明，我国许多城市的汽车保有量还有较大的增长潜力，并未达到汽车保有量增长拐点。从地域分布来看，我国西部、中南部地区城市的汽车驾驶人数量与汽车保有量的比例，一般高于东部沿海地区的城市，如图4-11所示。

我国36个大城市汽车驾驶人总量与汽车保有量总量的比例为1.42：1。有26个城市的比例超过了36个大城市的平均值，这与相关城市限行限购政策及公共交通分担率较高有一定关系，北京最高为1.93：1，南昌次之为1.87：1，上海位居第3为1.86：1，之后依次为广州、重庆、杭州、贵阳、福州、天津、深圳、哈尔滨、成都、长春、南京、大连、南宁、兰州、昆明、西安、武汉、石家庄、青岛、长沙、宁波、合肥、沈阳，如图4-12所示。

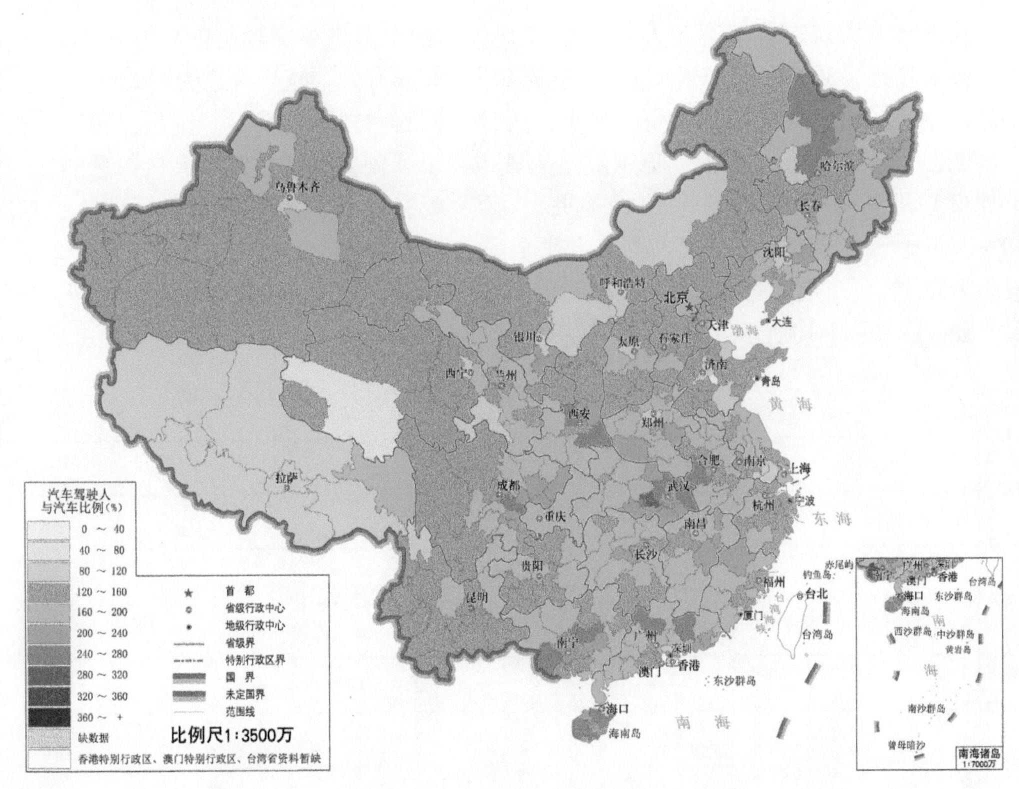

图4-11　2020年全国汽车驾驶人数量与汽车保有量比例分布

注：数据来源于公安部交通管理局。

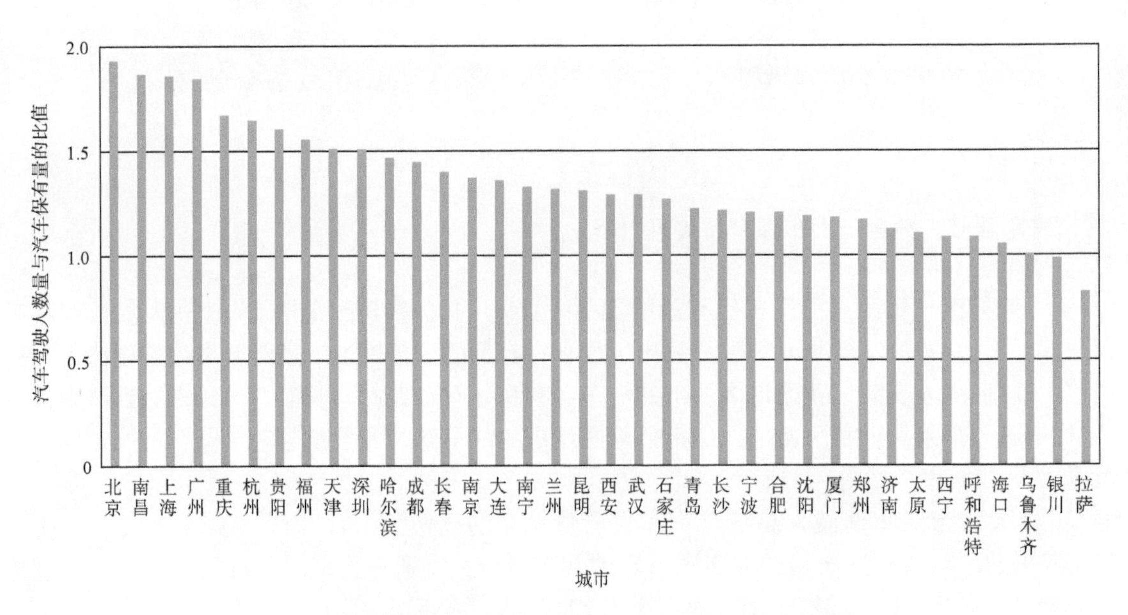

图4-12　2020年36个大城市汽车驾驶人数量与汽车保有量的比值

注：数据来源于公安部交通管理局。

三、大城市汽车驾驶人数量变化情况

2020年，全国新增汽车驾驶人2053万人，同比增长了5.2%。近5年来，我国汽车驾驶人增长了1.38亿人，总体增长率49%，高于机动车驾驶人近5年的增长率39%。从增长率的变化趋势来看，近5年来增长率持续走低，2020年增长率比上一年下降了2.4个百分点，这与新冠肺炎疫情影响以及机动车驾驶证考试政策实施等有一定关系，如图4-13所示。

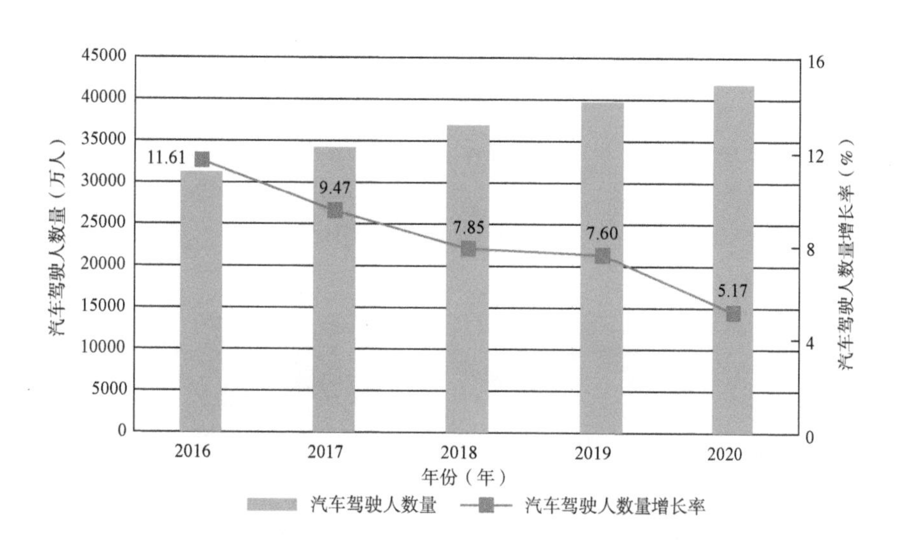

图4-13　近5年全国汽车驾驶人数量年增长情况

注：数据来源于公安部交通管理局。

2020年，全国共有57个城市的汽车驾驶人数量增长了超过10万人，与上年相比减少了30个城市；有9个城市的增量超过了20万人，与上年相比减少了22个城市；有6个城市的增量超过了30万人，与上年相比减少了4个城市，见表4-4。从地域分布来看，中西部及东部沿海区域的大城市汽车驾驶人增量相对高于西部地区城市，这与中西部大城市强势崛起及东部沿海区域人口密集等有一定关系，如图4-14所示。

2020年我国汽车驾驶人增量超过10万人的城市　　**表4-4**

类　型	城　市
增量超过30万人的城市（6个）	重庆、成都、深圳、上海、苏州、广州
增量为20万~30万人的城市（3个）	西安、长沙、郑州
增量为10万~20万人的城市（48个）	杭州、青岛、合肥、商丘、昆明、周口、驻马店、南宁、邢台、南阳、温州、邯郸、保定、天津、新乡、佛山、石家庄、菏泽、泉州、清远、济南、临沂、宁波、贵阳、茂名、无锡、济宁、北京、徐州、沈阳、武汉、遵义、东莞、南京、湛江、肇庆、信阳、福州、惠州、衡阳、南通、潍坊、太原、金华、阜阳、洛阳、运城、毕节

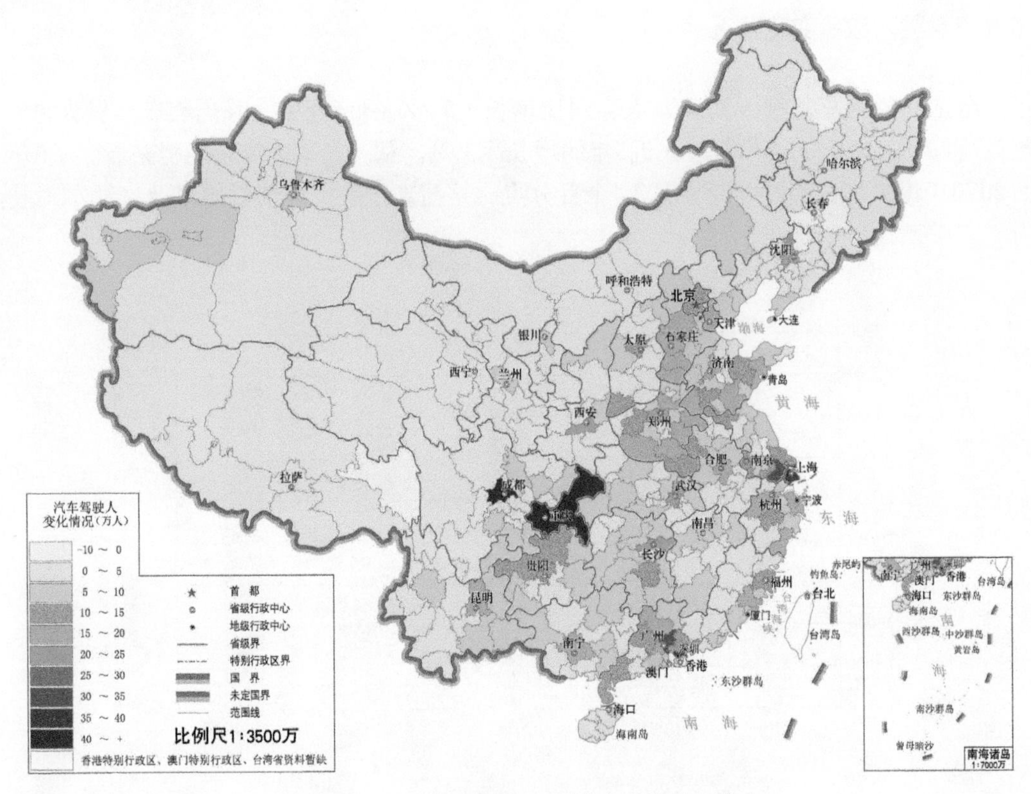

图 4-14　2020 年全国汽车驾驶人变化情况分布

注：数据来源于公安部交通管理局。

2020年，我国36个大城市中，有8个城市的汽车驾驶人数量增量超过20万人，与上年相比减少了11个城市；其中有5个城市的增量超过了30万人，分别是：重庆最高为48.9万人，成都次之为41.2万人，深圳位居第3位为39.6万人，之后依次为上海39.1万人、广州30.5万人、西安25万人、长沙22.5万人、郑州22.2万人，如图4-15所示。

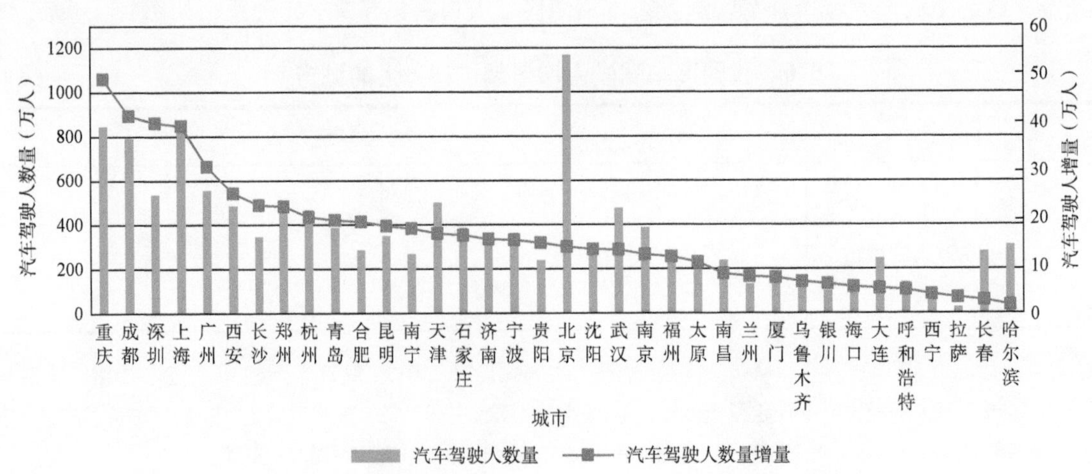

图 4-15　2020 年我国 36 个大城市汽车驾驶人数量及增量

注：数据来源于公安部交通管理局。

第五章　城市道路交通管理执法

2020年，全国公安交通管理部门围绕“减量控大”核心工作，以疫情防控和保障复工复产为主题主线，紧盯城市、农村、高速三个主要阵地，全力开展道路交通安全整治和交通违法查处。其中针对城市继续加大查处严重影响道路通行秩序和安全的交通违法行为，有力保障了道路交通安全畅通。

第一节　道路交通违法行为查处总体情况

2020年，全国道路交通违法行为查处总量同比下降了1.26%，现场与非现场查处比例分别为29.01%和70.99%，全国道路交通违法行为现场查处率上升2.71个百分点。其中，全国城市道路交通违法行为查处量占全国总量的69.2%，查处量同比上升0.1%，现场与非现场查处比例分别为20.6%和79.4%，城市道路交通违法行为现场查处率比2019年上升了2.5个百分点，如图5-1所示。

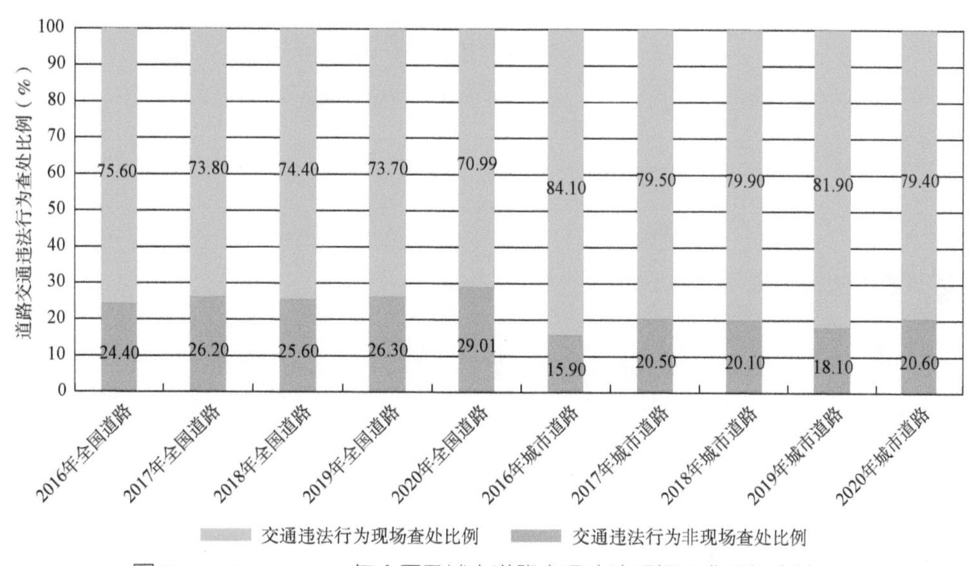

图5-1　2016—2020年全国及城市道路交通违法现场和非现场查处情况

注：数据来源于公安部交通管理局。

一、大城市道路交通违法行为查处总体情况

2020年，全国36个大城市道路交通违法行为查处量占全国总量的26.3%，查处量同比下降了1.41%。道路交通违法行为查处量排名前5的城市依次为北京、上海、成都、郑州和杭州。

二、大城市道路交通违法行为查处排名情况

2020年，全国36个大城市道路交通违法行为查处量排名前10的违法行为依次为：不按规定停车（27.68%），违反禁令标志指示（17.85%），违反禁止标线指示（10.20%），不按导向车道行驶

(5.65%)，违反道路交通信号灯通行(4.75%)，未按规定使用安全带(4.38%)，违反规定使用专用车道(2.37%)，遇行人正在通过人行横道时未停车让行(2.07%)，驾驶机动车在高速公路、城市快速路以外的道路上不按规定车道行驶(1.64%)，驾驶中型以上载客载货汽车、危险物品运输车辆以外的其他机动车行驶超过规定时速10%未达20%(1.03%)，如图5-2所示。

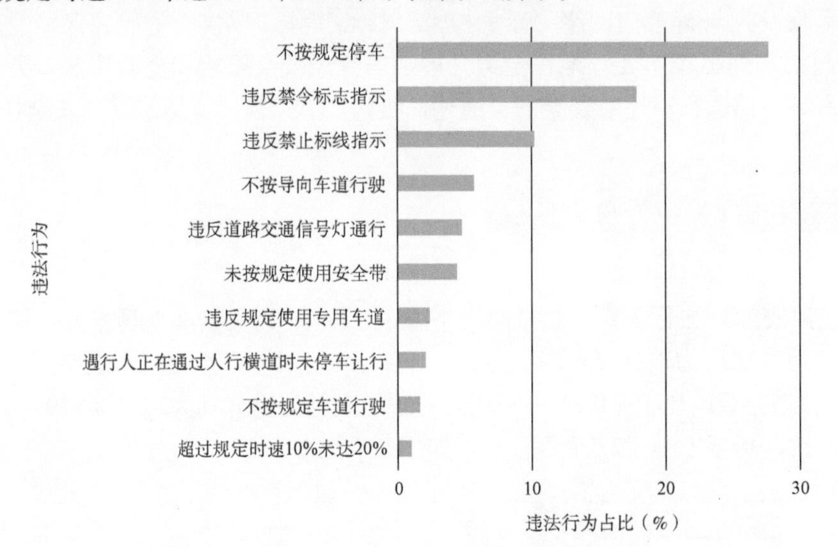

图5-2　2020年全国36个大城市查处的道路交通主要违法行为占比情况

注：数据来源于公安部交通管理局。

三、大城市道路交通违法行为现场及非现场查处情况

2020年，全国36个大城市道路交通违法行为现场与非现场查处比例分别为21.8%和78.2%，现场查处比例比2019年上升3.3个百分点，如图5-3所示。

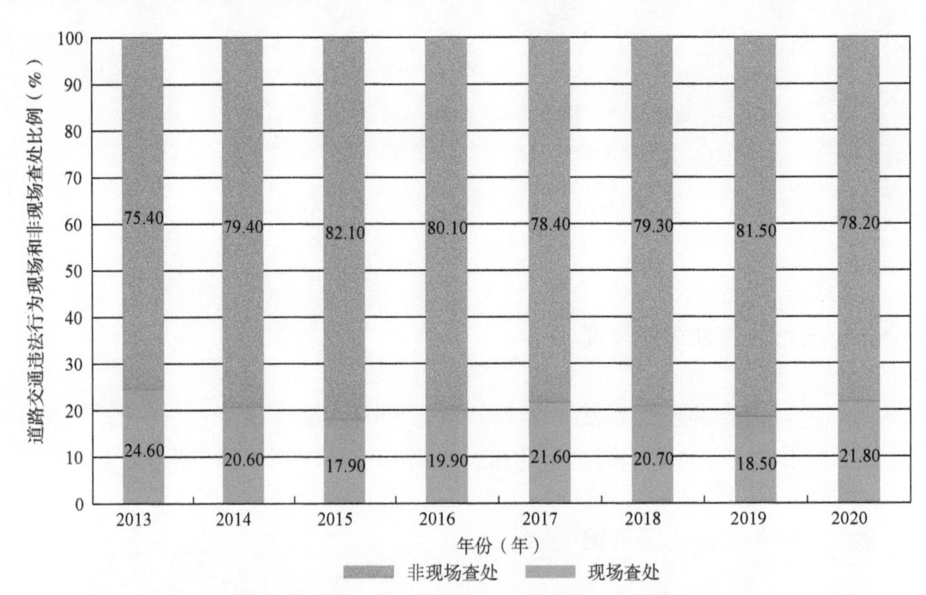

图5-3　2013年以来全国36个大城市道路交通违法行为现场和非现场查处情况

注：数据来源于公安部交通管理局。

道路交通违法行为现场查处比例位居前5位的城市依次为乌鲁木齐（57.72%）、上海（34.05%）、海口（30.13%）、长春（28.7%）、厦门（26.83%），而沈阳、福州、济南、武汉、拉萨、南昌、大连、太原等城市的现场查处比例不足10%，如图5-4所示。

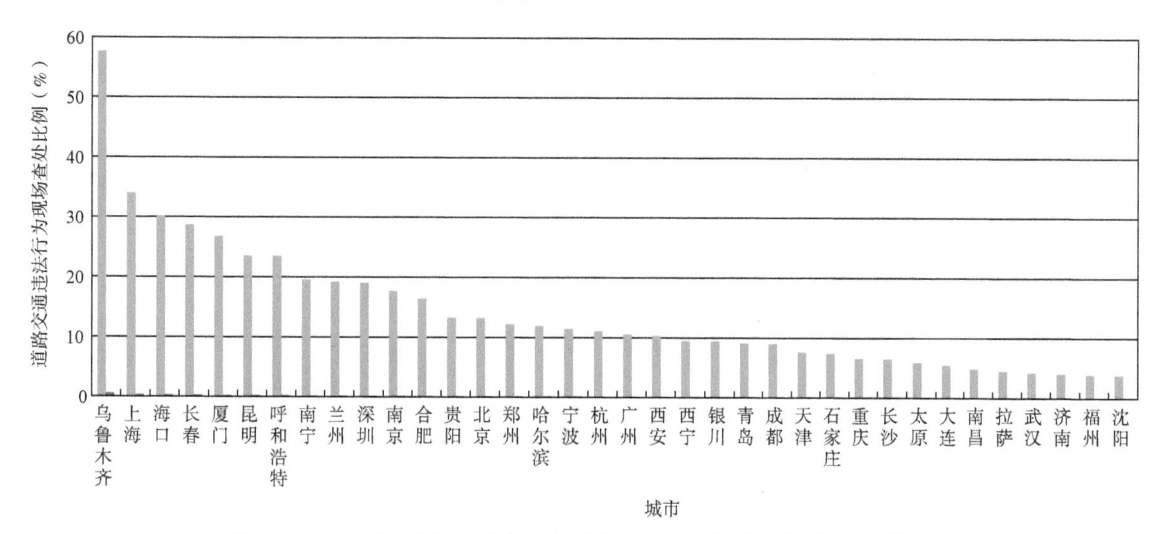

图 5-4　2020 年全国 36 个大城市道路交通违法行为现场查处比例情况

注：数据来源于公安部交通管理局。

2020年，全国36个大城市道路交通违法现场查处比例有12个城市同比在下降，其中海口、乌鲁木齐、南京、西安、杭州下降超过5个百分点，如图5-5所示。

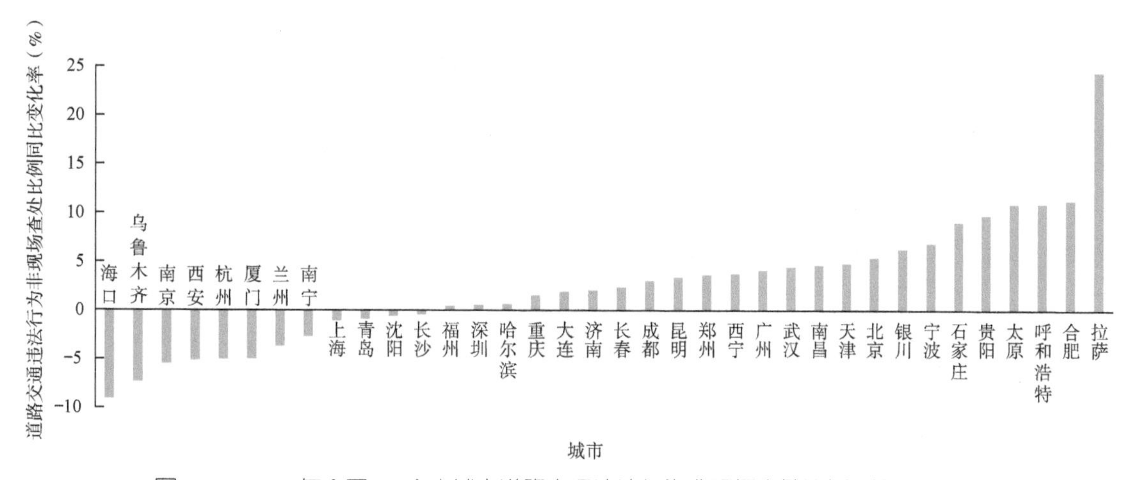

图 5-5　2020 年全国 36 个大城市道路交通违法行为非现场查处比例同比变化情况

注：数据来源于公安部交通管理局。

四、大城市各类交通参与者道路交通违法行为查处情况

2020年，全国36个大城市机动车交通违法行为查处量占全部查处量的82.4%，比上一年下降9.2个百分点；非机动车交通违法行为查处量占全部查处量的9.7%，比上一年增加3.7个百分点；行人交通违法行为查处量占全部查处量的1.9%，比上一年增加0.6个百分点；其他交通违法行为查处比例为6%。总的来看，

非机动车和其他交通违法行为查处量比例有明显上升，如图5-6所示。

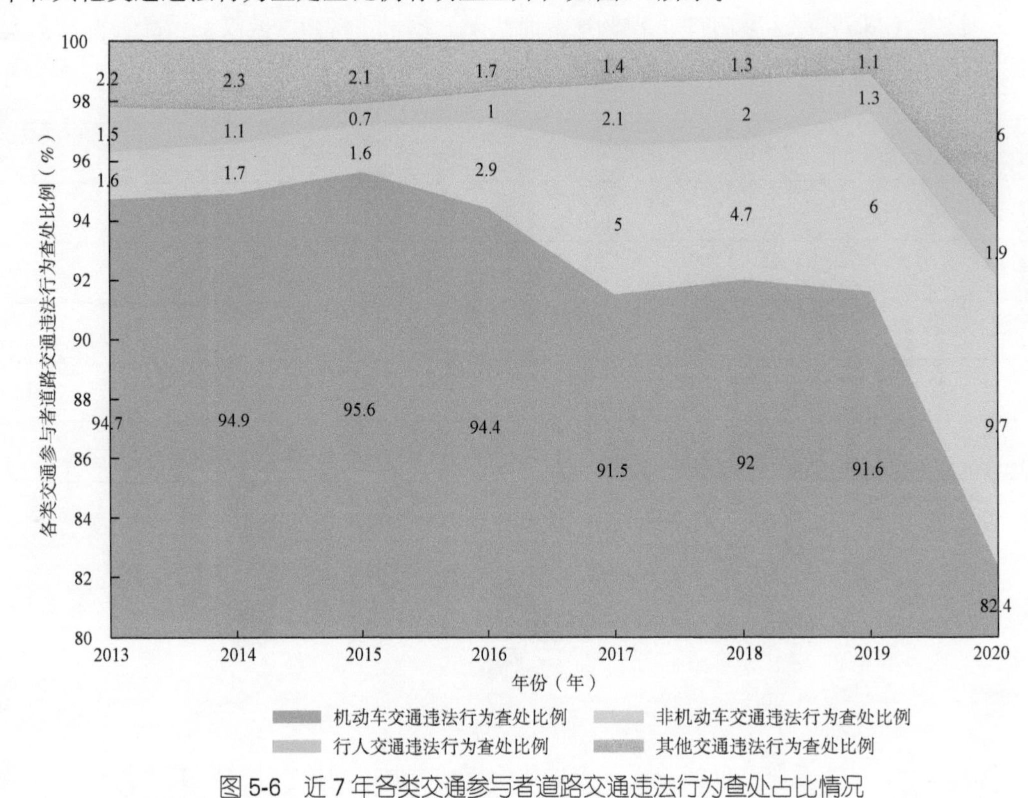

图 5-6　近 7 年各类交通参与者道路交通违法行为查处占比情况

注：数据来源于公安部交通管理局。

第二节　机动车道路交通违法行为查处情况

2020年，全国36个大城市机动车交通违法行为查处量位列前5位的城市依次为北京、上海、成都、杭州、郑州。

2020年，全国36个大城市道路交通违法行为车均查处次数与2019年相比下降了0.1个百分点。车均违法行为查处次数位列前5的城市依次为大连、南昌、上海、福州和贵阳。

2020年，全国36个大城市机动车道路交通违法行为人均查处次数与2019年相比上升了0.2个百分点。道路交通违法行为人均查处次数[1]位列前5的城市依次为拉萨、南昌、沈阳、福州和贵阳。

一、机动车常见道路交通违法行为查处情况

2020年，全国36个大城市机动车道路交通违法行为查处比例最高的是不按规定停车，占所有查处总量的27.68%，比上一年增加3.08个百分点。其后依次为违反禁令标志指示（17.85%）、违反禁止标线指示（10.20%）、不按导向车道行驶（5.65%）、机动车违反信号灯通行（4.75%）。

36个大城市中，对机动车道路交通违法行为查处的重点也不尽相同。如查处比例最高的不按规定停车

[1] 人均查处次数的计算方法为该城市查处机动车违法次数与该城市机动车驾驶人数量的比值。

违法行为，武汉对此违法行为查处比例高达51.75%，西宁、重庆等城市也超过了40%，而兰州、长春、昆明、厦门、深圳等城市的比例不足10%，如图5-7所示，由此也可以发现不同城市不同的执法特点与倾向。

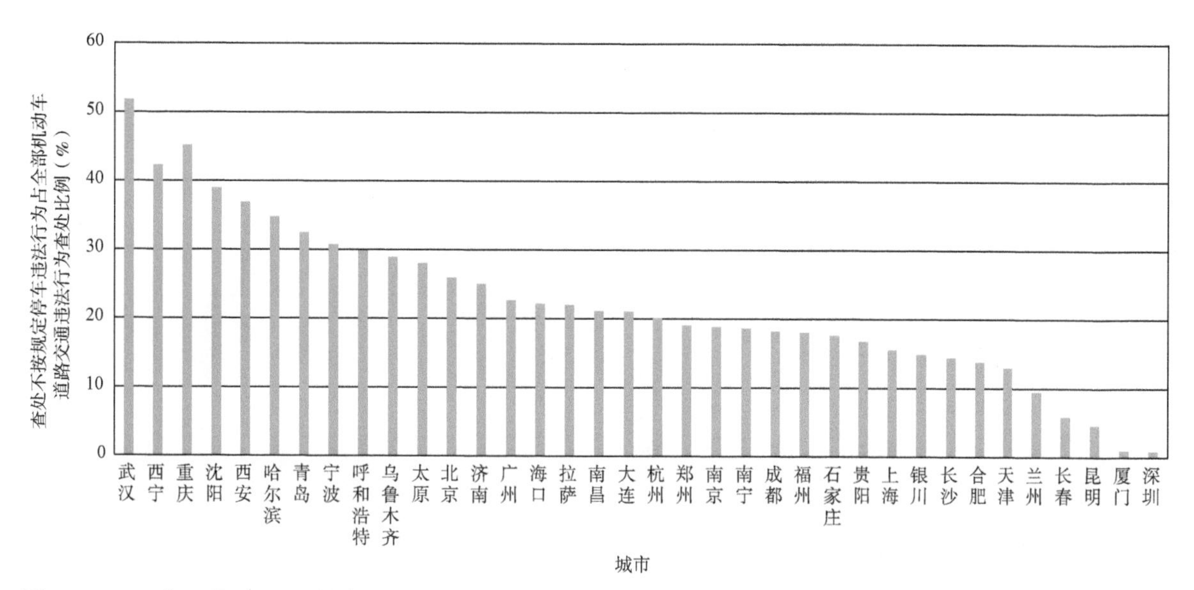

图 5-7　2020 年全国 36 个大城市不按规定停车违法行为查处量占全部机动车道路交通违法行为查处量的比例情况

注：数据来源于公安部交通管理局。

在违反禁令标志指示违法行为查处量方面，福州、广州、兰州、合肥的比例超过30%，而重庆、海口、厦门、长春、乌鲁木齐、太原、大连、贵阳、沈阳、深圳等城市的比例不足5%，如图5-8所示。

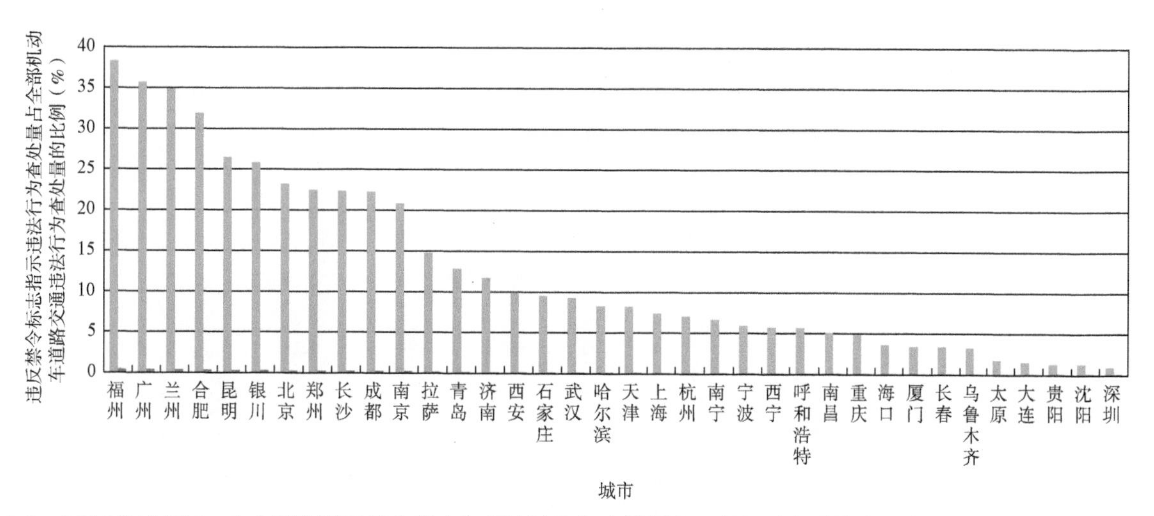

图 5-8　2020 年全国 36 个大城市违反禁令标志指示违法行为查处量占全部机动车道路交通违法行为查处量的比例情况

注：数据来源于公安部交通管理局。

在机动车违反信号灯通行违法行为查处量方面，南京的比例超过10%，而沈阳、西安、厦门、深圳等城市的比例不足1%，如图5-9所示。

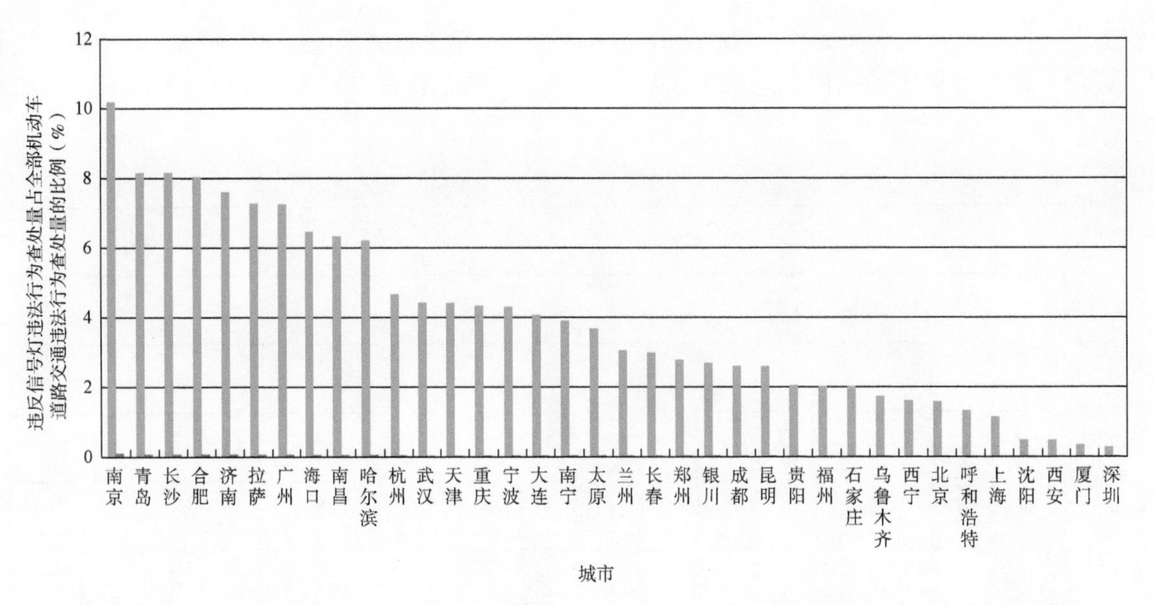

图 5-9 2020 年全国 36 个大城市机动车违反信号灯违法行为查处量占全部机动车道路交通违法行为查处量的比例情况

注：数据来源于公安部交通管理局。

二、机动车道路交通违法行为记分情况

2020年，全国非现场道路交通违法行为记分率89.4%，比上一年增加4.6个百分点，如图5-10所示。

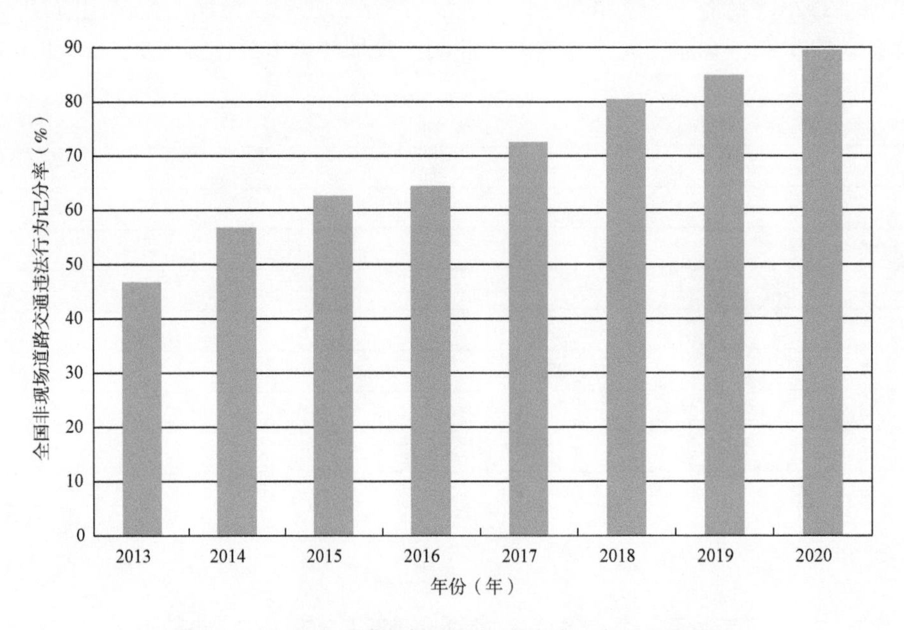

图 5-10 近年全国非现场道路交通违法行为记分率情况

注：数据来源于公安部交通管理局。

2020年，全国36个大城市非现场道路交通违法行为记分率为89%，其中记分率达95%以上的城市有24个，同比增加两个，南昌、福州等城市的非现场道路交通违法行为记分率不足50%，如图5-11所示。

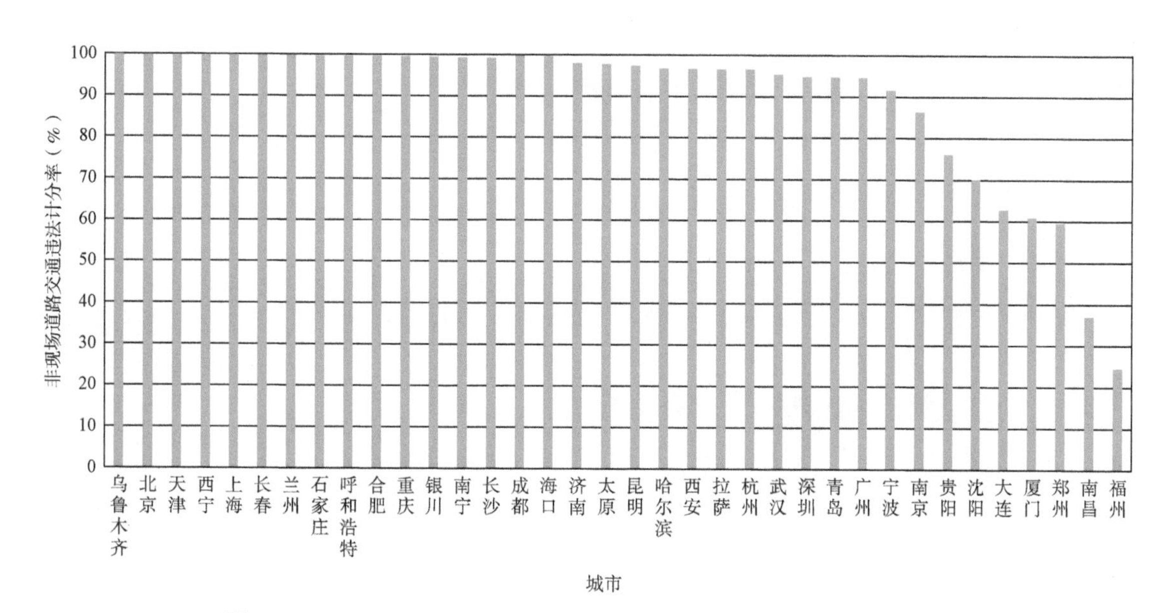

图 5-11　2020 年全国 36 个大城市非现场道路交通违法行为记分率情况

注：数据来源于公安部交通管理局。

2020年，全国36个大城市机动车交通违法行为车均记分量为0.62分/辆，其中排名前5位的城市分别为上海、广州、拉萨、成都、南京。

三、重点道路机动车交通违法行为查处情况

1. 酒驾、醉驾违法行为查处情况

2020年全国36个大城市酒驾违法行为查处量与2019年相比上升了50%，其中，醉驾比例为30.9%，西宁、石家庄、深圳、乌鲁木齐、银川、广州、沈阳、北京的醉驾比例高于40%，西宁更是接近70%，如图5-12所示。在车均酒驾违法行为查处量方面，昆明、哈尔滨、广州、沈阳万车酒驾违法行为查处量最高。

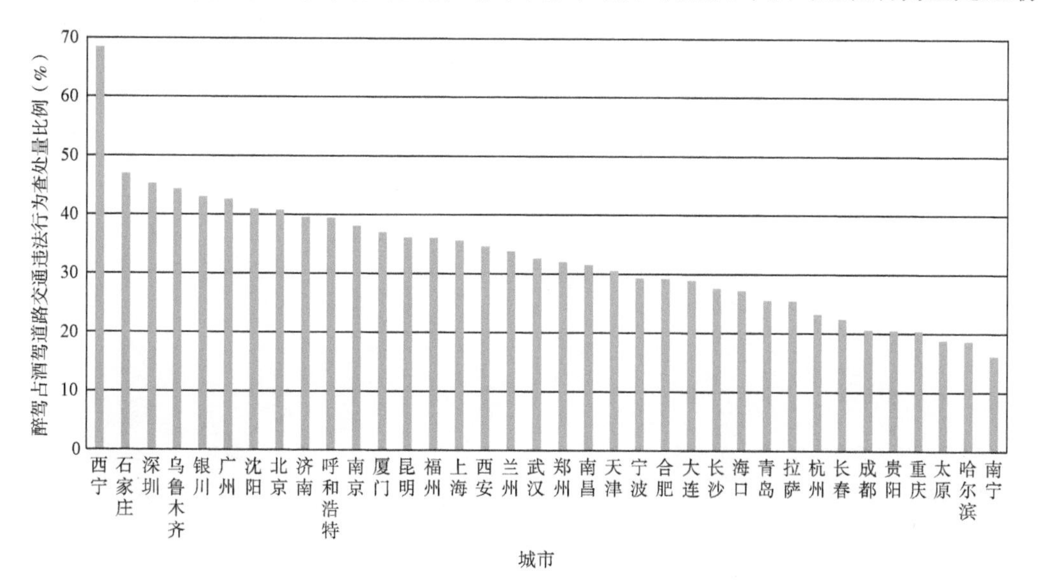

图 5-12　2020 年全国 36 个大城市醉驾占酒驾道路交通违法行为查处量比例情况

注：数据来源于公安部交通管理局。

2. 不礼让行人违法行为查处情况

2020年，全国36个大城市不礼让行人交通违法行为查处量占机动车违法行为总量的0.16%。在车均不礼让行人交通违法行为查处量方面，上海的万车查处量最高。

3. 假套牌违法行为查处情况

2020年，全国36个大城市假套牌违法行为查处量占机动车违法行为查处总量的0.03%。在车均假套牌查处方面，广州、福州、成都的万车查处量排名前3，拉萨、乌鲁木齐、深圳、厦门等城市的万车查处量较少。

第三节 非机动车道路交通违法行为查处情况

2020年，全国36个大城市查处非机动车道路交通违法行为与2019年相比增长了35%。在全国36个大城市查处的非机动车交通违法行为中，不走非机动车车道违法行为占比最大（24.9%），其余查处量占比超过10%的非机动车交通违法行为依次为非机动车违反交通信号指示（14.2%）和非机动车逆向行驶（13.3%）。

2020年，全国36个大城市非机动车交通违法行为查处量位列前5位的城市依次为上海、深圳、杭州、南京、昆明。

第四节 行人交通违法行为查处情况

2020年，全国36个大城市行人交通违法行为查处量与2019年相比增长了42.2%。在全国36个大城市查处的行人交通违法行为中，行人违反交通信号灯违法行为占比最大（32%）。

2020年，全国36个大城市行人交通违法查处量位列前5位的城市依次为西安、重庆、石家庄、上海、兰州。

第六章　城市道路交通安全

2020年是极不寻常的一年，受新冠肺炎疫情影响，我国城市道路交通安全形势出现了巨大波动。在疫情暴发期，个体居民出行次数迅速减少，部分城市道路交通流量有明显的缩减，甚至出现停摆。在复工复产阶段，城市道路交通流量快速增长，甚至超过疫情之前。为服务疫情防控和复工复产，2020年公安部继续坚持道路交通事故“减量控大”工作总基调。开展城市道路交通事故数据分析，能够帮助深化对疫情影响下城市道路交通变化规律性的认识，准确识别影响城市道路交通安全的关键性因素，为提升城市道路交通安全水平、减少全国道路交通事故数量提供基本支撑。

第一节　道路交通事故分布

一、大城市道路交通事故量

新冠肺炎疫情对城市交通的影响是多重而深远的，不仅对居民个体出行产生了阶段性的影响，而且对道路客货运输产生了区域性的影响。一方面，疫情暴发期，城市居民迅速减少出行次数，个体出行交通量随之骤降，同时城市公共交通客运量出现了历史低点；疫情过后，城市道路交通逐渐恢复，个体出行更多偏向私人汽车、电动自行车、自行车、步行等方式，城市公共交通客运量经历了漫长的复苏过程。另一方面，区域间的道路客货运分布也受疫情影响产生了明显变化。特别是各地抗疫物资向疫情暴发的地区、城市集中，城市进出道路交通量相应快速增长。同时，在社会经济恢复增长后，道路货运需求出现了反弹，城际道路货运量快速攀升。

2020年，虽然道路交通经历了复杂、深刻变化，但全国道路交通安全形势始终保持着平稳态势，不仅为抗疫物资运输保障创造了良好的道路环境，而且为社会经济复苏提供了重要支撑。2020年，全国共发生道路交通事故24.47万起，同比减少了2972起，降低1.20%，如图6-1所示。

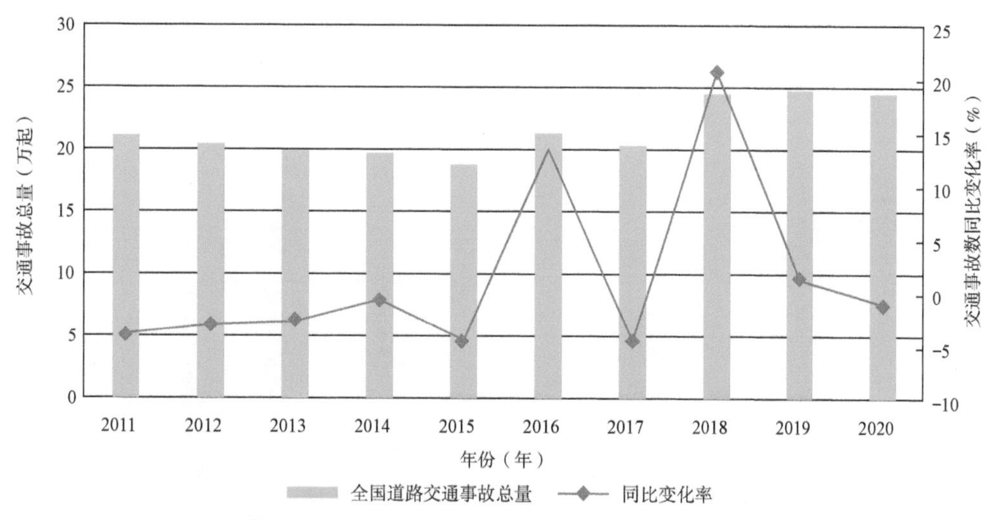

图6-1　2011—2020年我国道路交通事故数量情况

注：数据来源于公安部交通管理局。

与全国道路交通事故数变化情况一致，36个大城市道路交通事故数与去年基本持平。2020年，全国36个大城市共发生道路交通事故6.41万起，同比下降了0.81%，如图6-2所示。同时，36个大城市道路交通事故数在全国事故总量中的占比达到26.18%，出现了自2017年以来的首次同比上升，相比2019年的占比增加了0.1个百分点。

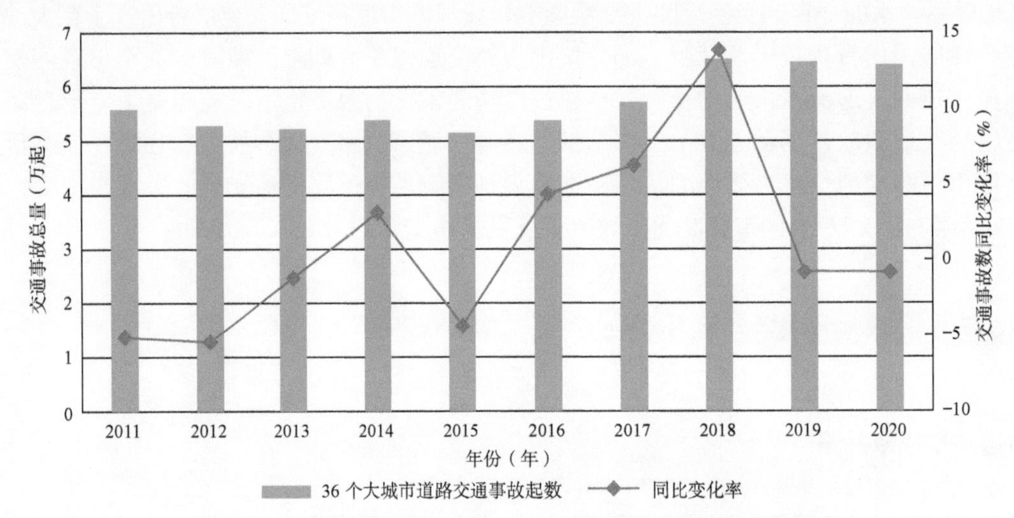

图6-2　2011—2020年我国36个大城市道路交通事故起数情况

注：数据来源于公安部交通管理局。

36个大城市平均发生道路交通事故1779起。其中，11个城市发生道路交通事故数高于1779起，按照道路交通事故起数排列由高到低依次为天津、重庆、北京、贵阳、广州、长春、济南、南宁、西安、杭州、武汉。13个城市发生道路交通事故数低于1000起。其中，拉萨、南昌、乌鲁木齐、呼和浩特、石家庄道路交通事故数低于500起，海口、大连、西宁、兰州、上海、郑州、沈阳、南京道路交通事故数低于1000起，如图6-3所示。

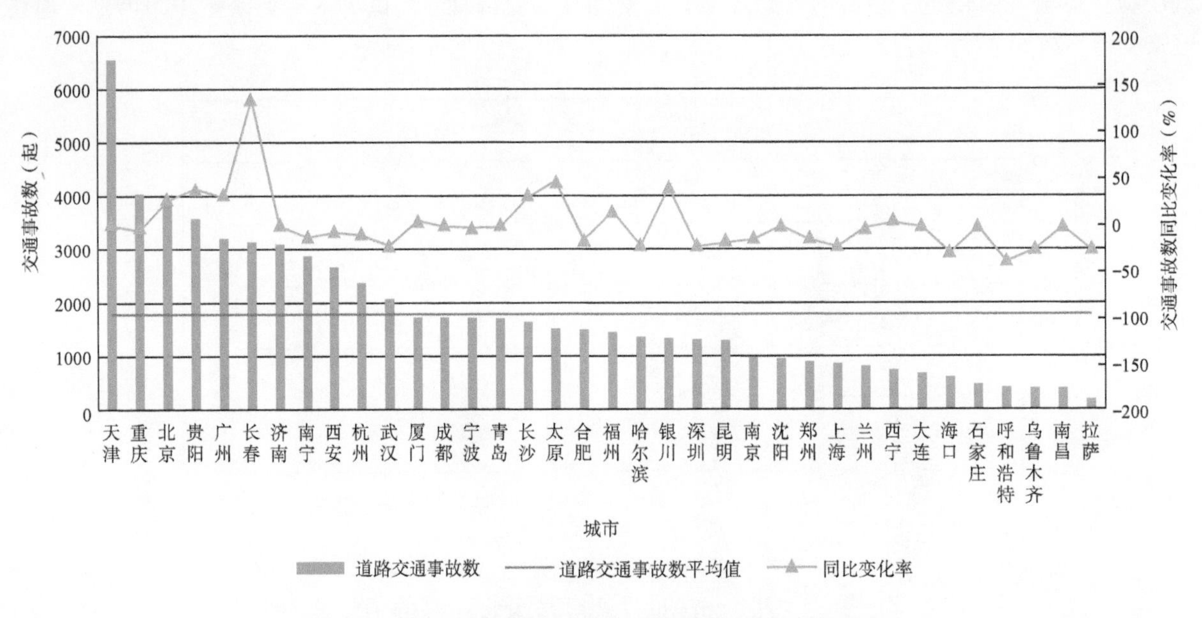

图6-3　2020年我国36个大城市道路交通事故总体情况

注：数据来源于公安部交通管理局。

36个大城市中，9个城市的道路交通事故数同比上升，26个城市的道路交通事故数同比下降，还有1个城市与上年持平。其中，长春、太原、银川、贵阳4个城市的道路交通事故数同比增长超过30%，长沙、广州、北京同比增长超过20%，福州同比增长超过10%。呼和浩特、海口、拉萨、乌鲁木齐、深圳、上海、哈尔滨、武汉、昆明、合肥、郑州、南京、南宁、杭州、西安15个城市的道路交通事故数同比减少超过10%。西宁道路交通事故数与去年基本持平。呼和浩特道路交通事故数同比下降41.69%，在36个大城市中降幅最大；其次是海口，同比下降32.18%；第3是拉萨，同比下降29.07%。

值得关注的是，武汉、哈尔滨、深圳等受疫情影响较大的城市，采取了“封城”、私人汽车禁/限行、公交停运等阶段性的城市交通管控措施，城市道路交通出现了较长时间的低流量状态。相应地，城市道路交通事故数也明显减少。2020年，武汉道路交通事故数同比减少了24.21%，哈尔滨同比减少了25.07%，深圳同比减少了25.44%。

二、大城市的城市道路交通事故数量

城市道路交通事故数占比超过全国道路交通事故的一半，且城市道路交通事故数近年来持续出现了小幅增长，“减量”的空间仍然很大。2020年，全国城市道路发生交通事故12.76万起，同比增长0.85%；全国公路发生交通事故12.34万起，同比下降3.34%。同时，城市道路交通事故数在全国道路交通事故数中的占比达到52.16%，延续了自2013年以来持续上升的趋势，如图6-4所示。

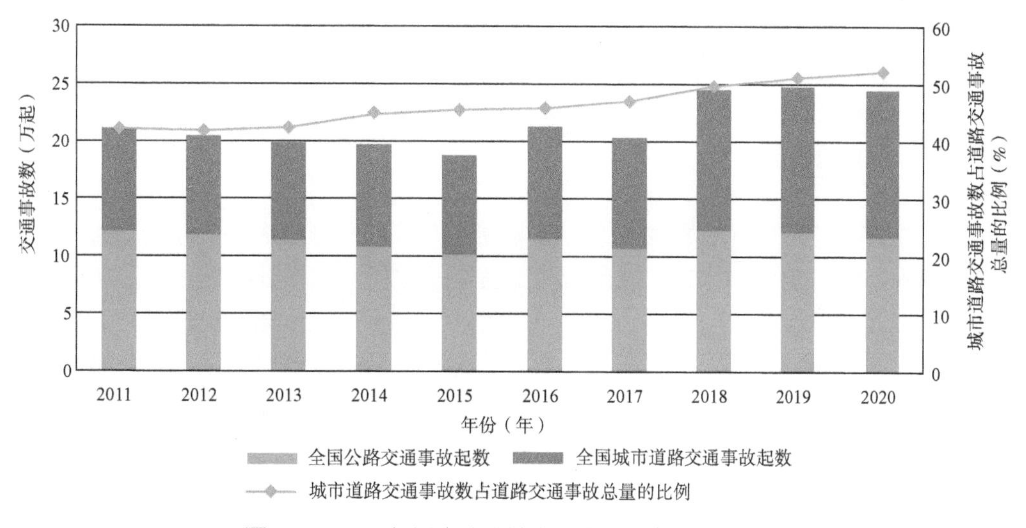

图6-4　2011年以来我国城市道路交通事故起数情况

注：数据来源于公安部交通管理局。

36个大城市的城市道路交通事故数出现反弹，与全国城市道路交通事故数走势一致。2020年，36个大城市的城市道路交通事故数超过4.6万起，同比增加4.9%。同时，36个大城市的城市道路交通事故数在全国城市道路交通事故总量中的占比为36.36%，比上年增加1.42个百分点。

2020年，36个大城市平均发生城市道路交通事故1289起。其中，19个城市的城市道路交通事故数超过1000起，按照城市道路交通事故数排列由高到低依次为天津、北京、贵阳、重庆、广州、济南、长春、武汉、西安、南宁、长沙、杭州、成都、厦门、深圳、太原、哈尔滨、银川、昆明。9个城市的城市道路交通事故数低于500起，按照城市道路交通事故数排列由低到高依次为拉萨、南昌、石家庄、呼和浩特、乌鲁木齐、大连、上海、西宁、海口。2020年我国36个大城市的城市道路交通事故数如图6-5所示。

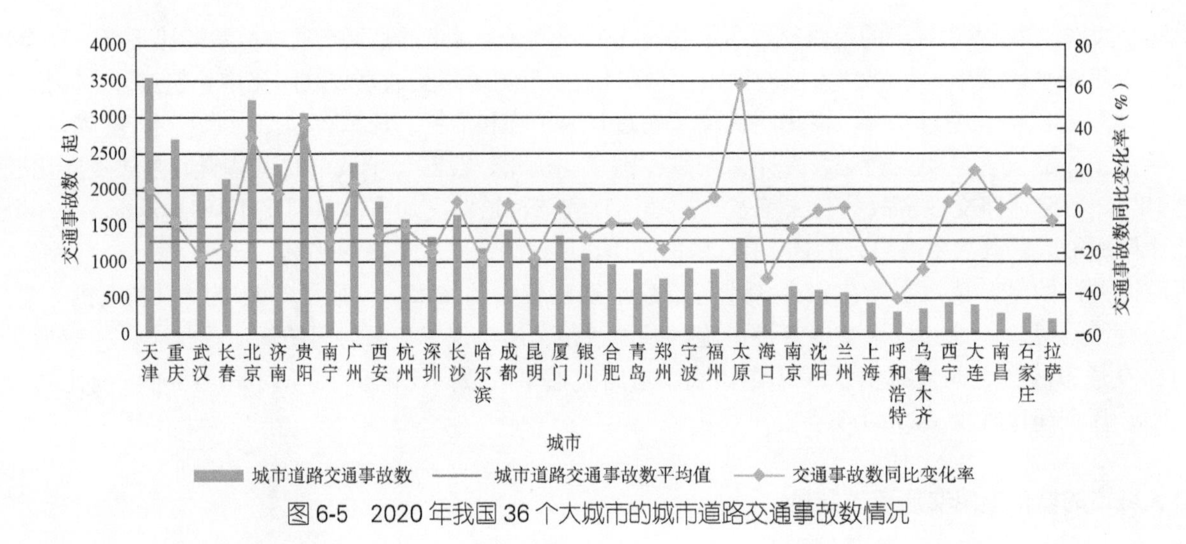

图 6-5　2020 年我国 36 个大城市的城市道路交通事故数情况

注：数据来源于公安部交通管理局。

36个大城市中，15个城市的城市道路交通事故数同比上升，21个城市的城市道路交通事故数同比下降。其中，太原、贵阳、北京、大连、广州分别同比增长60.64%、41.45%、35.12%、19.10%、12.52%，增幅位列36个大城市的前5位。呼和浩特城市道路交通事故数同比下降42.69%，在36个大城市中降幅最大；其次是海口，同比下降33.15%；第三是乌鲁木齐，同比下降28.87%。哈尔滨、上海、昆明、武汉、深圳、郑州、长春、南宁、银川、西安10个城市的城市道路交通事故数同比降幅超过10%。

三、大城市的城市道路交通事故时间分布

从36个大城市的城市道路交通事故每周分布情况看，工作日中周三是城市道路交通事故高发日，周五城市道路交通事故数相对较少。休息日城市道路交通事故数相对工作日明显减少。2020年，36个大城市平均每天发生城市道路交通事故9675起。按照一周统计，周三是城市道路交通事故数最多的一天，事故量占比达14.83%；周日是城市道路交通事故数最少的一天，事故量占比为13.76%，事故数远低于平均每天的事故数。同时，周一、周四发生的交通事故数相对较多，事故量占比分别为14.38%、14.55%；周五、周六发生的交通事故数低于平均每天的事故数，如图6-6所示。

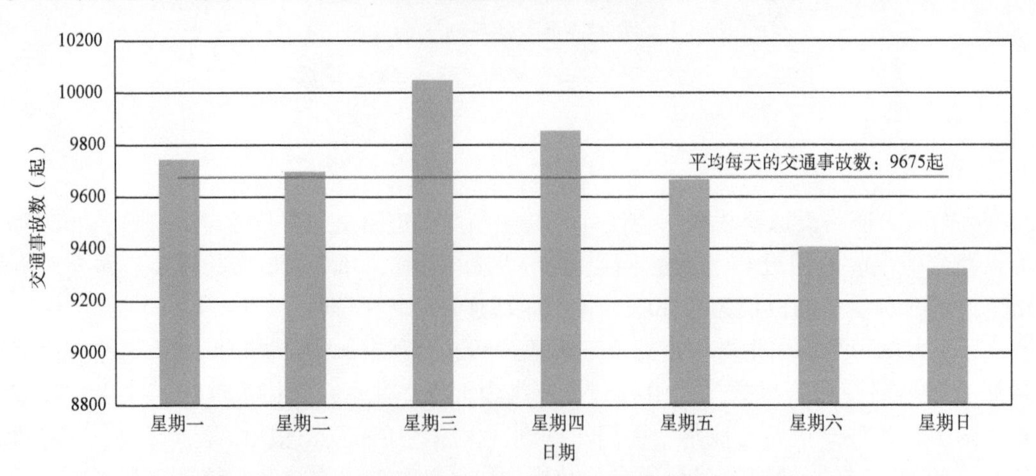

图 6-6　2020 年我国 36 个大城市道路交通事故数一周分布情况

注：数据来源于公安部交通管理局。

四、大城市的城市道路交通事故空间分布

1. 近 1/3 的城市道路交通事故发生在交叉口内

36个大城市的城市道路交通事故中，发生在路段的占71.20%、发生在交叉口的占28.80%。2020年，各类型道路路口路段中，发生在普通路段的城市道路交通事故数占比最高，为66.08%；其次是十字交叉口、T形交叉口，城市道路交通事故数占比分别为16.02%、11.34%。从各类型城市道路交通事故数占比变化趋势看，2020年T形交叉口的交通事故数占比相比2019年上升了0.46个百分点，匝道口的交通事故数占比与2019年基本持平。

36个大城市的交叉口道路交通事故数占比逐年攀升，超过1/4的城市道路交通事故发生在交叉口内。从2011—2020年的变化情况看，城市交叉口的道路交通事故数占比从24.55%上升至28.80%，增加了4.25个百分点；而路段的道路交通事故数占比从75.45%下降至71.20%。其中，十字交叉口城市道路交通事故占比升幅最大，上升2.34%；其次是T形交叉口，上升了1.76%；普通路段城市道路交通事故数占比降幅最大，下降3.62%，如图6-7所示。随着交通方式的多样化、复杂化，既有汽车交通量的快速增长，又有电动自行车、自行车出行比例的逐渐提升，同时城市配送的小型货车、电动三轮车等交通工具增多，城市道路交叉口通行情况越发复杂、通行冲突越发明显，交叉口的交通组织、交通安全管理需要更具有针对性、更加专业化。

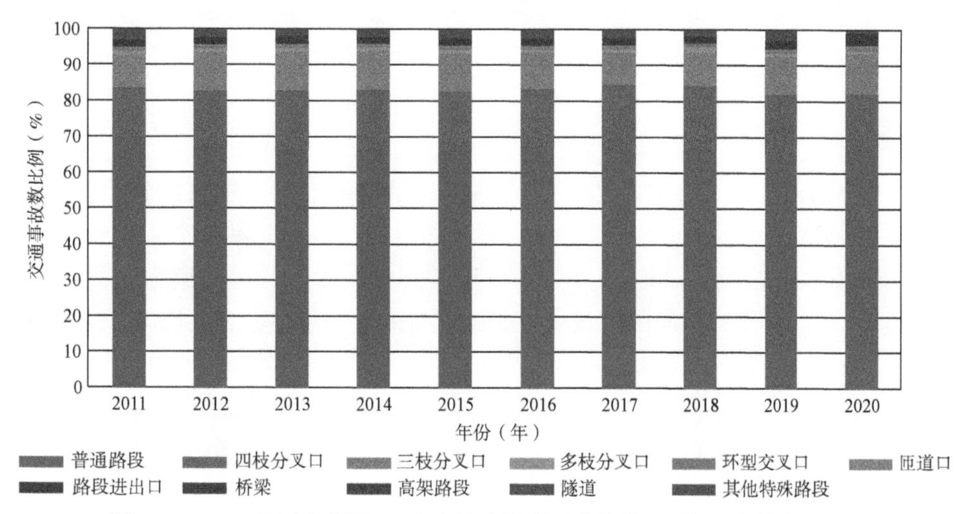

图6-7　2011 年以来我国 36 个大城市各类型道路路口 / 路段交通事故分布

注：数据来源于公安部交通管理局。

2. 超过 2/3 的城市道路交通事故发生在机动车道上

机动车道是36个大城市道路交通事故最多发的道路区域。2020年，发生在机动车道上的道路交通事故数占比达到66.99%，相比2019年，占比下降了0.98个百分点；发生在机非混行道上的道路交通事故数占比达到16.87%，相比2019年，占比上升了3.47个百分点；发生在人行过街横道上的道路交通事故数占比达到0.91%，相比2019年，占比下降了2.90个百分点。同时，发生在非机动车道上的道路交通事故数占比达到7.75%，相比2019年，占比下降了0.64个百分点；发生在人行道上的道路交通事故数占比达到2.70%，相比2019年，占比下降了1.61个百分点。从各类型道路横断面交通事故数占比变化趋势看，2011—2020年发生在机非混行道的城市道路交通事故数占比下降幅度最大，从18.45%下降至16.87%，下降1.58%。发生在机动车道的城市道路交通事故数占比上升幅度最大，从66.35%上升至66.99%，上升0.64%；其次是发生在非机动车道的城市道路交通事故数，占比由6.86%上升至7.75%，上升0.89%。随着汽车保有量、非机动车

保有量的增加，机动车道、非机动车道上交通量快速增长，机动车道、非机动车道聚集了3/4的城市道路交通事故。而随着城市道路交通设施不断改进，机非混行状态得到明显改善，机非混行道路明显减少，机非混行道上的交通事故量则逐年降低。2011年以来我国36个大城市各类型道路上发生的交通事故数分布情况如图6-8所示。

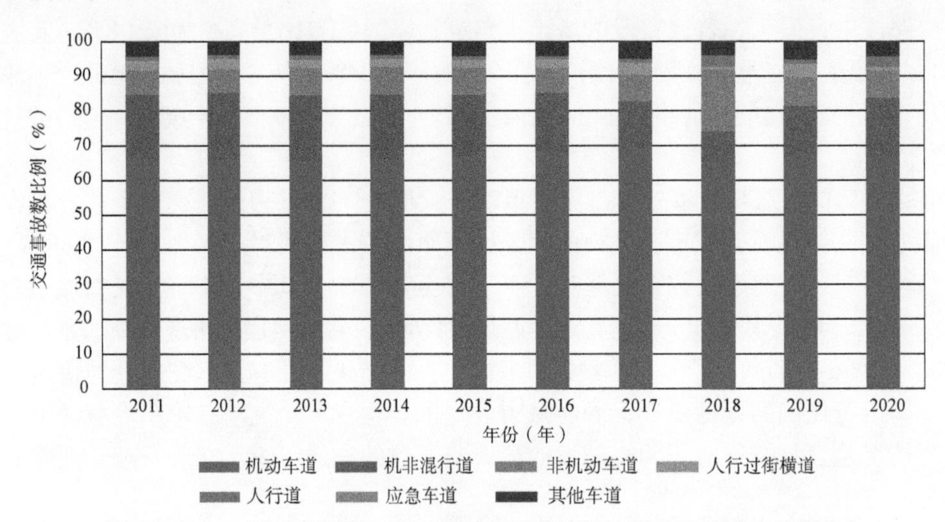

图 6-8　2011 年以来我国 36 个大城市各类型道路上发生的交通事故数分布

注：数据来源于公安部交通管理局。

3. 超 1/2 的城市道路交通事故发生在无隔离设施的道路上

36个大城市各类型物理隔离道路中，发生在无隔离设施道路上的交通事故数占比56.07%，占比最高；其次是仅有中央隔离设施道路，占比32.50%；第三是同时设有中央隔离设施和机非隔离设施道路，占比8.60%；第四是设有机非隔离设施道路，占比4.83%。从各类型物理隔离道路上发生的交通事故数占比变化趋势看，2011—2020年设有机非隔离设施道路上发生的交通事故数占比降幅最大，从8.65%下降至4.83%，降低3.82个百分点；无隔离设施道路交通事故数占比下降了3.07%；同时设有中央隔离设施和机非隔离设施道路交通事故数占比下降了1.33%。仅设有中央隔离设施道路上发生的交通事故数占比上升了8.22%。2011年以来我国36个大城市各类型物理隔离设施道路交通事故数分布情况如图6-9所示。

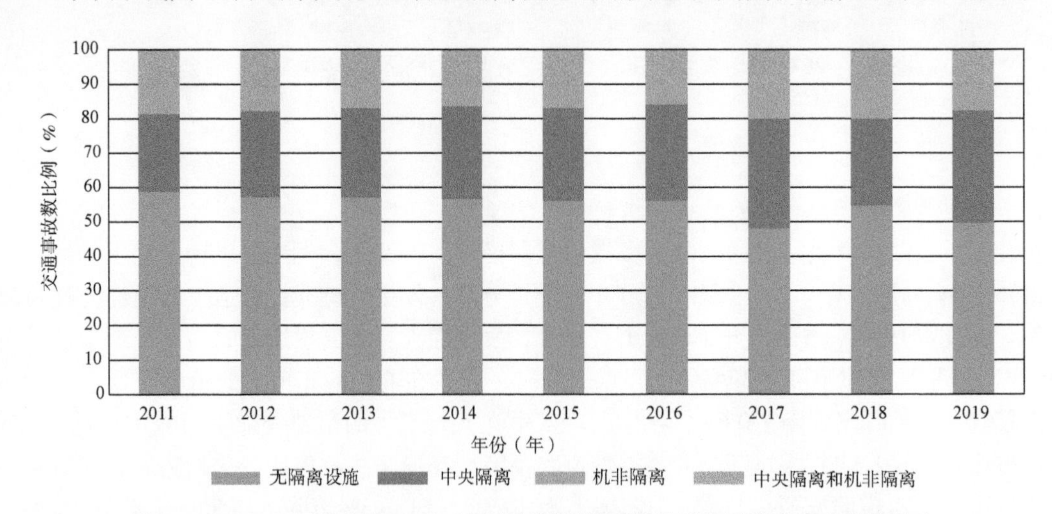

图 6-9　2011 年以来我国 36 个大城市各类型物理隔离设施道路交通事故数分布

注：数据来源于公安部交通管理局。

第二节 道路交通事故伤亡分布

一、大城市道路交通事故伤亡人数

全国道路交通事故死亡人数、受伤人数同比均出现了下降。2020年，全国道路交通事故死亡人数为6.17万人，与2019年相比，在道路交通事故数同比减少1.20%的情况下，道路交通事故死亡人数同比减少了106人，下降了1.69%；全国道路交通事故受伤人数为25.07万人，与2019年相比，同比减少了5378人，下降了2.10%，如图6-10所示。

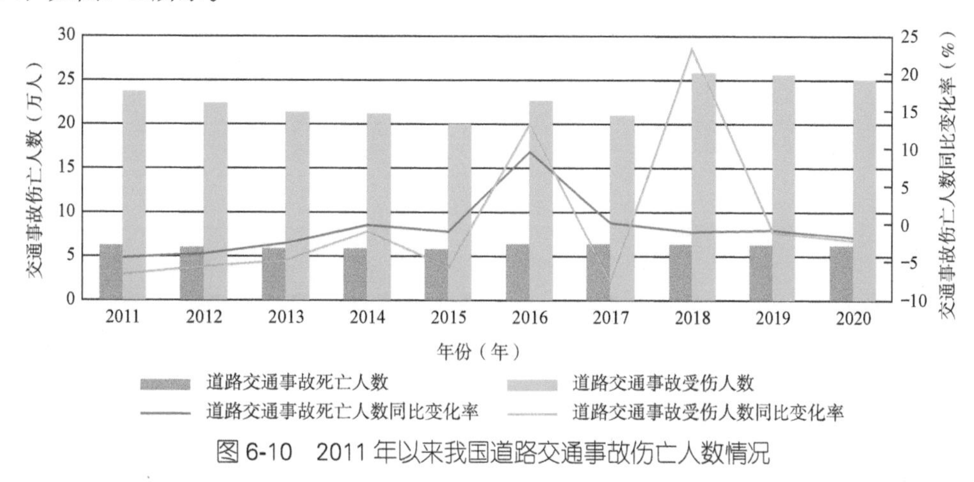

图6-10 2011年以来我国道路交通事故伤亡人数情况

注：数据来源于公安部交通管理局。

36个大城市道路交通事故伤亡人数占全国道路交通事故伤亡人数的24.19%。2020年，全国36个大城市道路交通事故死亡人数为1.35万人，与2019年相比，减少了780人，同比下降了5.47%。从在全国道路交通事故死亡人数中的占比情况看，36个大城市道路交通事故死亡人数占比21.85%，相比2019年下降了1.40个百分点。2020年，全国36个大城市道路交通事故受伤人数为6.21万人，与2019年相比增加了214人，同比上升了0.35%。从在全国道路交通事故受伤人数中的占比情况看，36个大城市道路交通事故受伤人数占比24.76%，相比2019年下降了0.76个百分点，如图6-11所示。

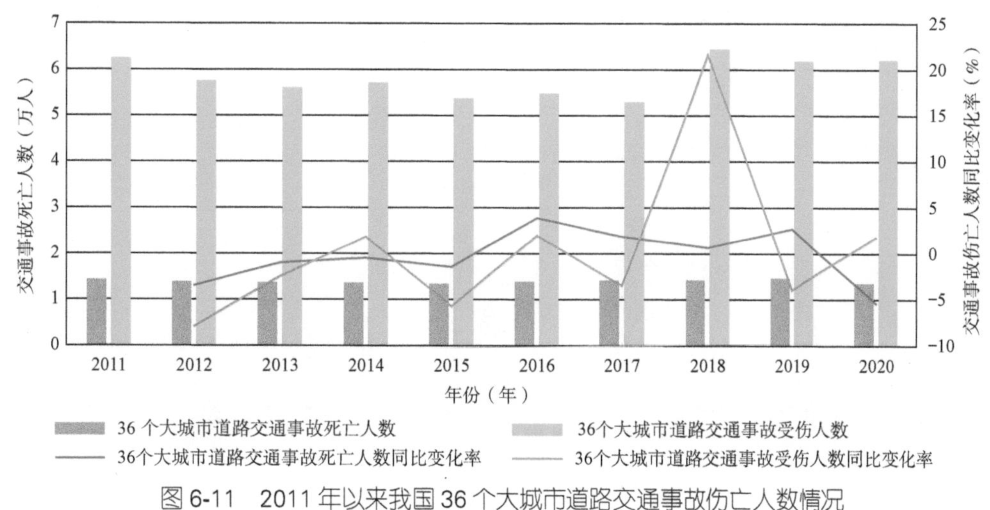

图6-11 2011年以来我国36个大城市道路交通事故伤亡人数情况

注：数据来源于公安部交通管理局。

36个大城市2020年道路交通事故平均导致375人死亡、1725人受伤。从道路交通事故导致的死亡人数情况看，8个城市道路交通事故死亡人数超过500人，由高到低排列依次为北京、重庆、天津、上海、广州、成都、长春、南宁。7个城市道路交通事故死亡人数低于200人，由低到高排列依次为拉萨、呼和浩特、海口、乌鲁木齐、西宁、郑州、厦门。从道路交通事故导致的受伤人数情况看，10个城市道路交通事故受伤人数超过2000人，由高到低排列依次为天津、重庆、贵阳、长春、北京、济南、南宁、西安、广州、厦门。6个城市道路交通事故受伤人数低于500人，由低到高排列依次为拉萨、上海、石家庄、南昌、乌鲁木齐、呼和浩特，如图6-12所示。

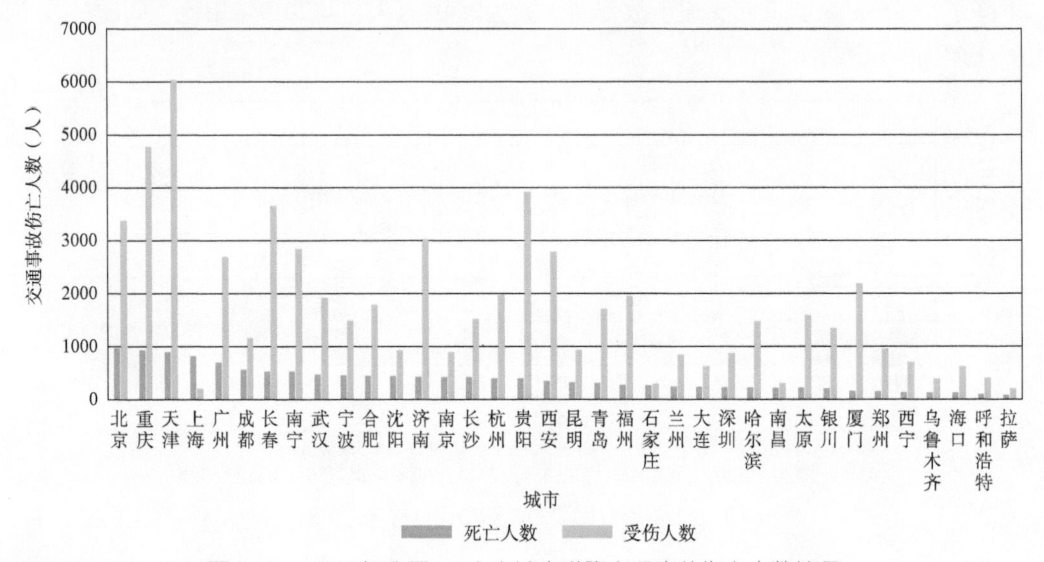

图6-12　2020年我国36个大城市道路交通事故伤亡人数情况

注：数据来源于公安部交通管理局。

二、大城市的城市道路交通事故伤亡人数

2020年，全国城市道路交通事故死亡人数为2.40万人，与2019年相比，增加了470人，同比增长了2.00%。全国城市道路交通事故受伤人数为12.42万人，与2019年相比，减少了110人，同比减少了0.09%，在2018年出现了快速反弹后逐渐回落，如图6-13所示。

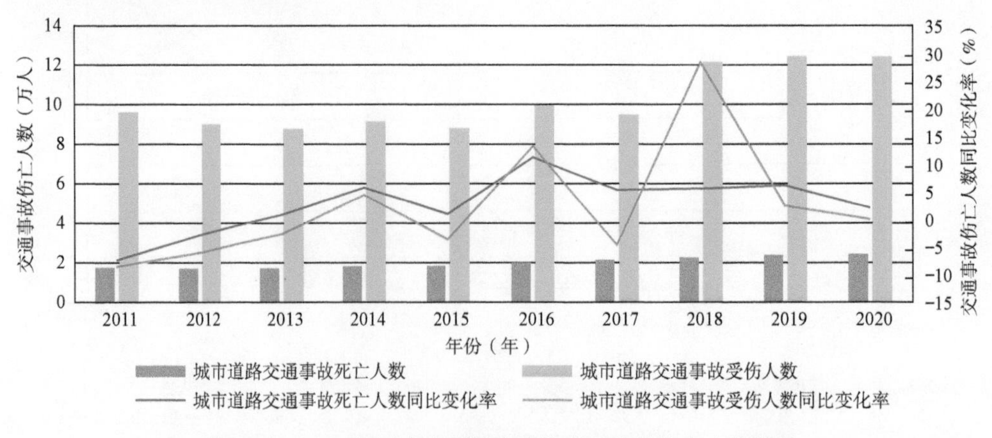

图6-13　2011年以来我国城市道路交通事故伤亡人数情况

注：数据来源于公安部交通管理局。

2020年，一半以上有人员伤亡的交通事故发生在城市道路上。全国城市道路交通事故伤亡人数在全国道路交通事故伤亡人数总量中占52.16%，相比2019年，占比上升了1.06个百分点。其中，全国城市道路交通事故死亡人数占全国道路交通事故死亡人数总量的38.90%，相比2019年，占比上升了1.41个百分点；城市道路交通事故受伤人数占全国道路交通事故受伤人数总量的49.55%，相比2019年，占比上升了1个百分点。数据显示，2011—2020年，城市道路交通事故死亡人数占比呈现持续升高的趋势，在10年间升高了11.19个百分点，特别是近3年内占比年均升高超过3个百分点；城市道路交通事故受伤人数占比波动增长，在10年间升高了9.13个百分点，近3年占比年均升高超过2个百分点。如图6-14所示。

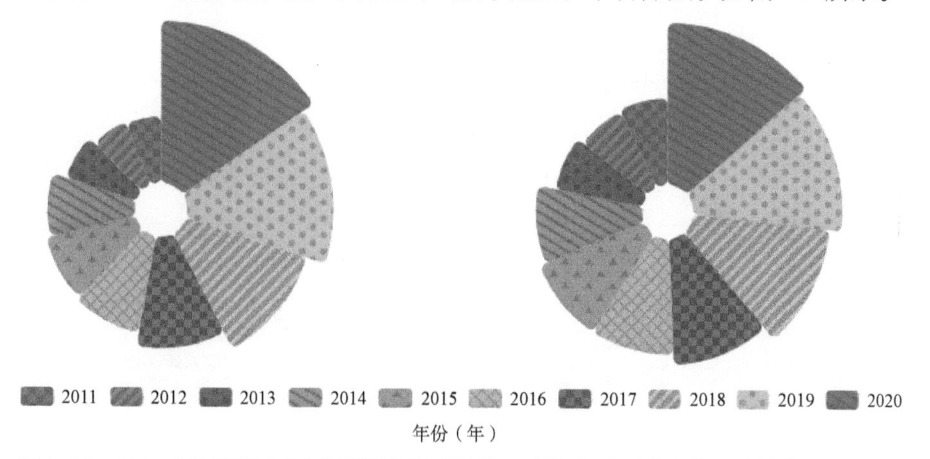

图6-14　2011年以来我国城市道路交通事故伤亡人数占全国道路交通事故伤亡总量的情况

注：数据来源于公安部交通管理局。

36个大城市的城市道路交通事故伤亡人数出现了同比上升。2020年，36个大城市的城市道路交通事故死亡人数为7879人，与2019年相比减少了327人，同比下降了4.00%，出现了自2014年以来的首次同比下降；36个大城市的城市道路交通事故受伤人数为4.34万人，与2019年相比增加了2291人，同比上升了5.57%，如图6-15所示。同时，36个大城市的城市道路交通事故伤亡人数已经超过全国城市道路交通事故伤亡人数总量的1/3。2020年，36个大城市的城市道路交通事故死亡人数在全国城市道路交通事故死亡人数总量中的占比为32.83%，相比2019年，占比回落了2.05个百分点；36个大城市的城市道路交通事故受伤人数在全国城市道路交通事故受伤人数总量中的占比达到34.93%，相比2019年，占比上升了1.87个百分点。

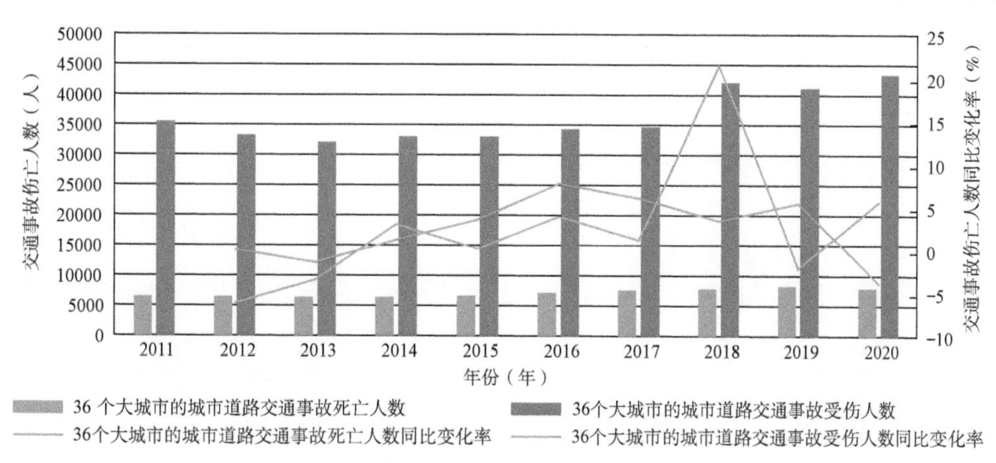

图6-15　2011年以来我国36个大城市的城市道路交通事故伤亡人数情况

注：数据来源于公安部交通管理局。

2020年，36个大城市发生的城市道路交通事故平均导致219人死亡、1205人受伤。从城市道路交通事故导致的死亡人数情况看，8个城市的城市道路交通事故死亡人数超过300人，由高到低排列依次为北京、重庆、武汉、广州、长沙、成都、上海、天津。5个城市的城市道路交通事故死亡人数低于100人，由低到高排列依次为呼和浩特、拉萨、西宁、海口、乌鲁木齐。从城市道路交通事故导致受伤人数情况看，11个城市的城市道路交通事故受伤人数超过1500人，由高到低排列依次为天津、贵阳、重庆、北京、长春、济南、广州、西安、武汉、厦门、南宁。9个城市的城市道路交通事故受伤人数低于500人，由低到高排列依次为上海、拉萨、石家庄、南昌、呼和浩特、西宁、乌鲁木齐、大连、海口，如图6-16所示。

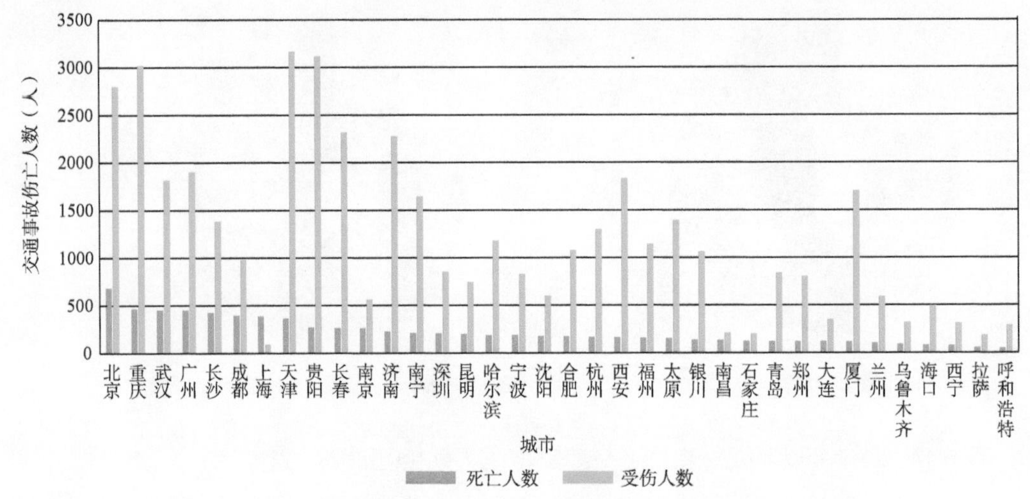

图6-16 2020年我国36个大城市的城市道路交通事故伤亡人数情况

注：数据来源于公安部交通管理局。

三、大城市道路交通事故平均伤亡人数分布

为科学、直观地反映36个大城市道路交通安全情况，通过10万人口死亡率、万车死亡率等相对评价指标，将道路交通事故的伤亡情况和人口、机动车保有量等相对参照量联系起来进行比较，以客观反映36个大城市的道路交通安全水平。

1. 大城市10万人口死亡率

考虑不同城市的人口密度差异，采用10万人口死亡率指标，反映在统计时空范围内的每10万人口的道路交通事故死亡人数。计算公式如下：

$$R_{pd}=10^5 D/P$$

式中：R_{pd}——每10万人口的交通死亡率（人/10万人口）；

D——统计时空范围内道路交通事故死亡人数（人）；

P——统计时空范围内人口数（人）。

2020年，全国道路交通事故的10万人口死亡率为4.37人/10万人，相比2019年的4.48人/10万人，下降了2.46%。

2020年，36个大城市的道路交通事故10万人口死亡率的平均值为3.99人/10万人，低于全国总体平均值，与2019年相比有所下降。其中，4个城市的10万人口死亡率超过6人/10万人，由高到低排列依次为拉萨、银川、贵阳、天津。20个城市的10万人口死亡率低于4人/10万人，由低到高排列依次为郑州、深圳、哈尔滨、石家庄、呼和浩特、西安、成都、重庆、厦门、乌鲁木齐、青岛、大连、福州、杭州、上海、南昌、昆明、广州、武汉、太原。值得注意的是，36个大城市中14个城市的10万人口死亡率高于全国平均水平，既包括北京、天津两个超大型城市，也有南京、济南等特大城市，还有拉萨、银川等城区人口数量小于500万人的城市。超大型城市中，深圳的10万人口死亡率最低，为1.28人/10万人，不足全国平均值的一半，体现了较高的城市道路交通安全水平。特大型城市中，郑州、青岛、沈阳、西安、武汉、杭州的10万人口死亡率均低于全国平均水平。郑州、深圳、哈尔滨、石家庄的10万人口死亡率不足2.0人/10万人，城市道路交通安全水平较高，如图6-17所示。

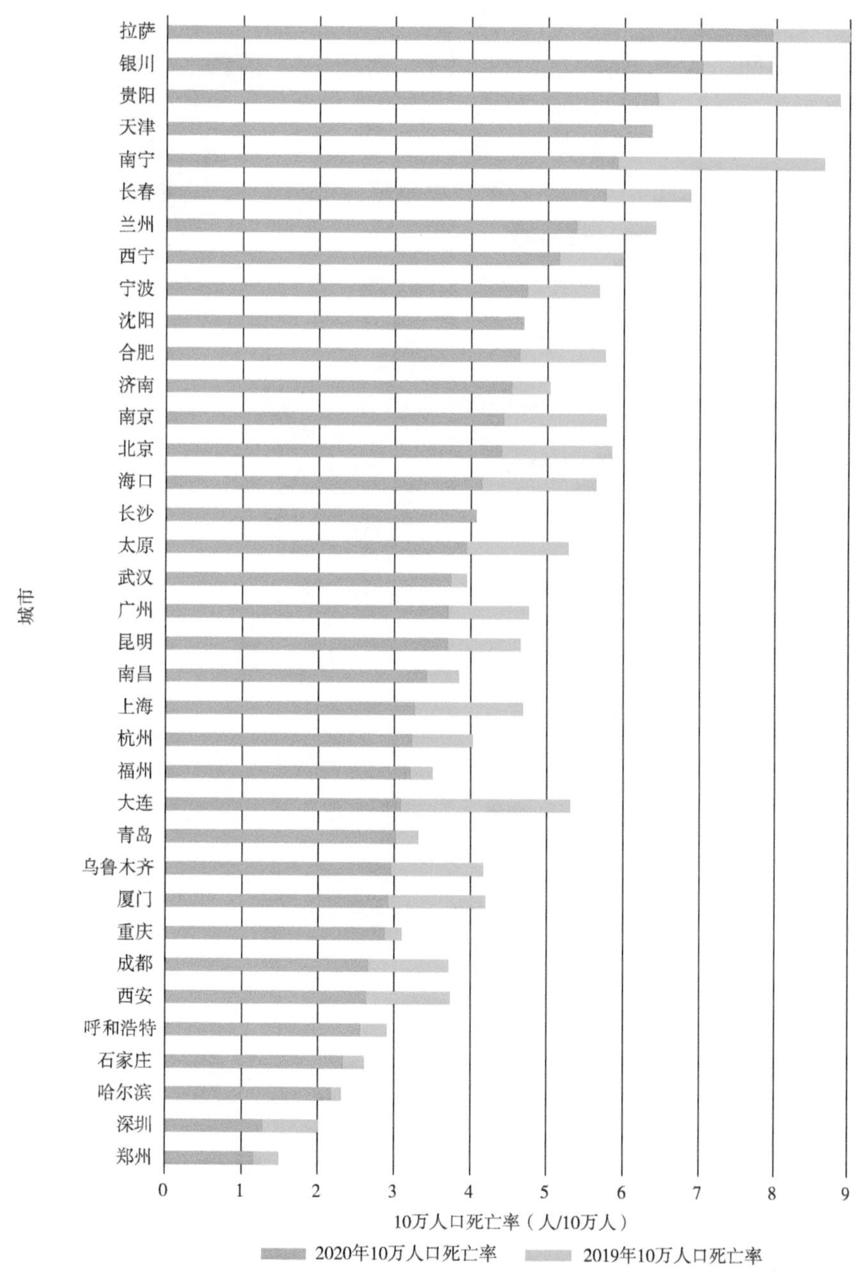

图6-17　2020年我国36个大城市道路交通事故10万人口死亡率情况

注：数据来源于公安部交通管理局。

2. 大城市万车死亡率

考虑不同城市的机动车密度差异，采用万车死亡率指标，反映在统计时空范围内的每1万辆机动车的平均交通事故死亡人数。计算公式如下：

$$R_{nd}=10^4 D/N$$

式中：R_{nd}——每1万辆机动车的交通死亡率（人/万辆）；

D——统计时空范围内道路交通事故死亡人数（人）；

N——统计时空范围内机动车保有量（辆）。

2020年，全国道路交通事故的万车死亡率为1.66人/万辆，相比2019年的1.80人/万辆有明显下降。

36个大城市的道路交通事故万车死亡率的平均值为1.40人/万辆，低于全国总体平均值，与2019年的1.54人/万辆相比有明显下降。其中，6个城市的万车死亡率超过2人/万辆，由高到低排列依次为天津、长春、拉萨、广州、贵阳、兰州。9个城市的万车死亡率低于1人/万辆，由低到高排列依次为郑州、深圳、呼和浩特、石家庄、西安、厦门、乌鲁木齐、青岛、成都，如图6-18所示。值得注意的是，在36个大城市中，有1/2的大城市道路交通事故万车死亡率同比降幅超过10%，其中，哈尔滨、武汉、厦门、杭州、西安的道路交通事故万车死亡率同比降幅超过30%。

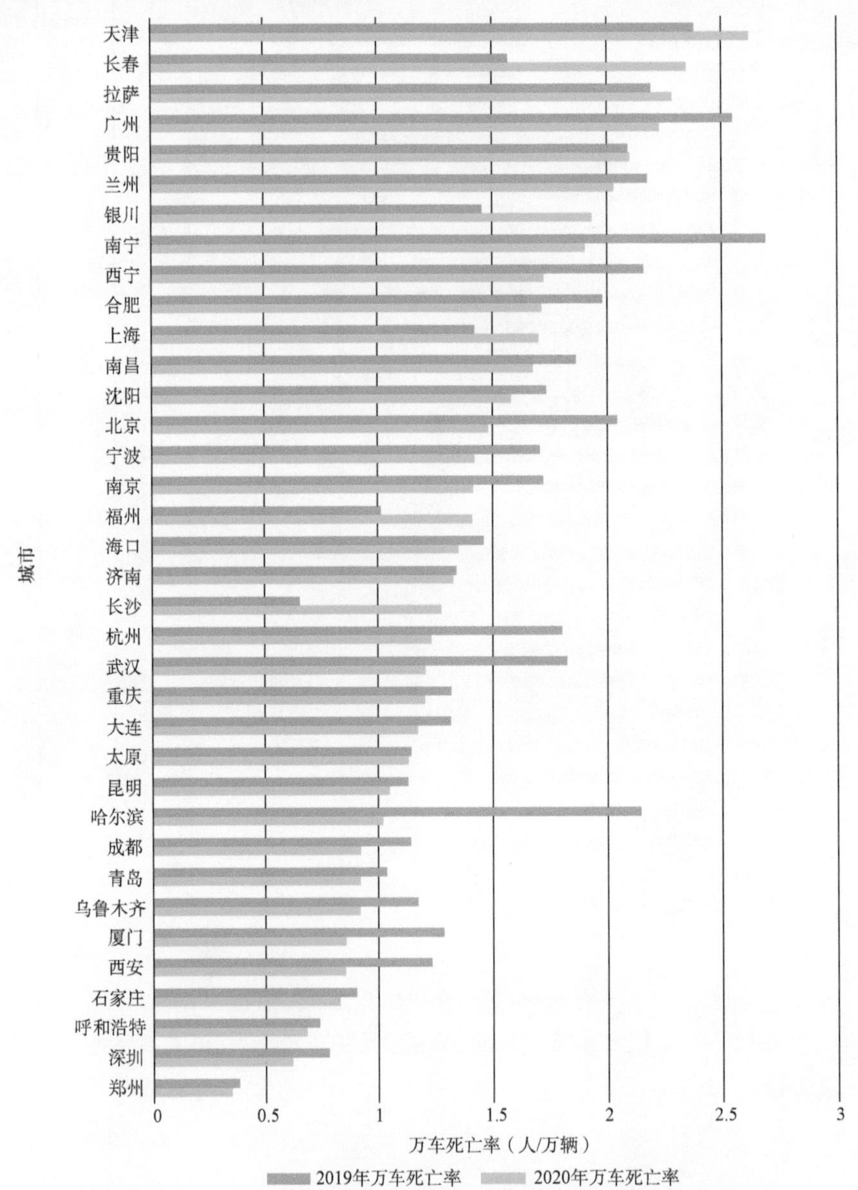

图6-18 2020年我国36个大城市道路交通事故万车死亡率情况

注：数据来源于公安部交通管理局。

3. 大城市道路交通安全状况

1）横向比较

通过道路交通事故10万人口死亡率、万车死亡率两个指标，综合考虑城市人口密度、机动车密度，横向比较区分各个城市的道路交通安全现状。

以全国36个大城市的道路交通事故10万人口死亡率、万车死亡率的平均值为阈值，将36个大城市划分为四类：10万人口死亡率、万车死亡率均低于36个大城市的总体平均水平的城市；10万人口死亡率低于36个大城市的总体平均水平的城市，万车死亡率高于36个大城市的总体平均水平的城市；10万人口死亡率高于36个大城市的总体平均水平，万车死亡率低于36个大城市的总体平均水平的城市；10万人口死亡率、万车死亡率均高于36个大城市的总体平均水平的城市。36个大城市在坐标系中的分布如图6-19和表6-1所示。图中圆圈面积大小代表死亡人数，越大的圆圈代表死亡人数越多。

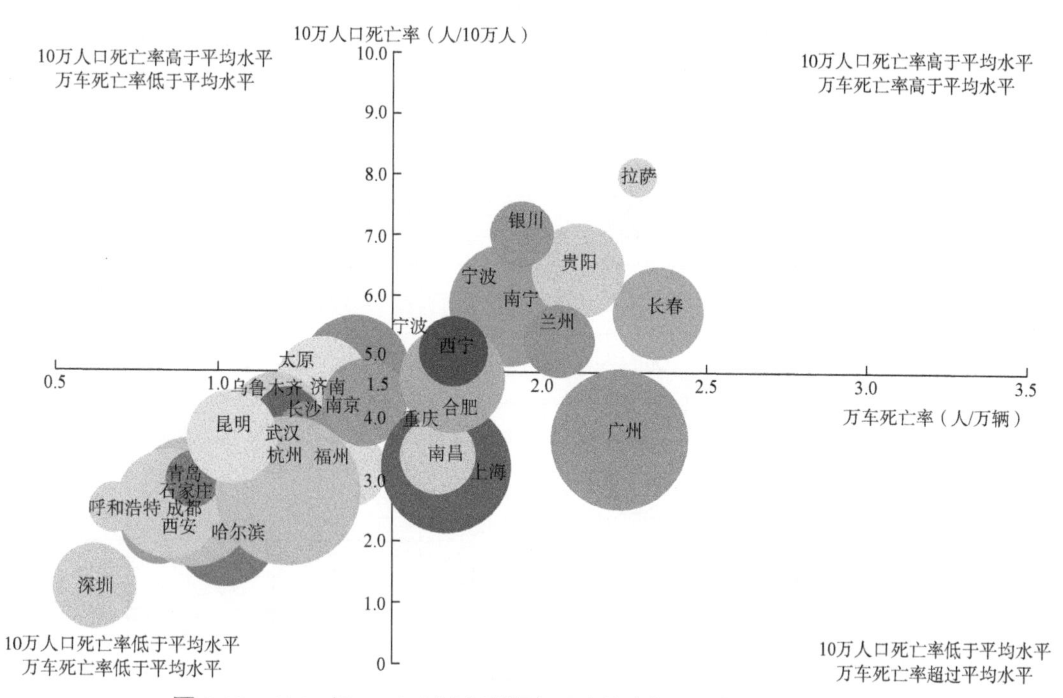

图6-19　2020年36个大城市道路交通事故人均、车均死亡率分布情况

注：数据来源于公安部交通管理局。

2020年36个大城市道路交通事故人均、车均死亡率分类分布　　表6-1

类　型	城市（按道路交通事故死亡人数由高至低排序）
10万人口死亡率低于平均值；万车死亡率低于平均值	重庆、成都、武汉、杭州、西安、昆明、青岛、石家庄、大连、深圳、哈尔滨、太原、厦门、郑州、乌鲁木齐、呼和浩特
10万人口死亡率低于平均值；万车死亡率高于平均值	上海、广州、福州、南昌
10万人口死亡率高于平均值；万车死亡率低于平均值	济南、长沙、海口
10万人口死亡率高于平均值；万车死亡率高于平均值	北京、天津、长春、南宁、宁波、合肥、沈阳、南京、贵阳、兰州、银川、西宁、拉萨

2）纵向比较

在2015—2020年的6年时间内，通过道路交通事故10万人口死亡率、万车死亡率两个指标，纵向比较区分各个城市的道路交通安全发展趋势。

以近6年36个大城市的道路交通事故10万人口死亡率变化趋势为依据，各大城市主要呈现四类变化趋势：第一类是10万人口死亡率呈逐年增长趋势的城市，主要包括天津、银川、拉萨3个城市；第二类是10万人口死亡率在近几年出现反弹上升趋势的城市，主要包括北京、合肥、长沙、南宁、重庆、贵阳等6个城市；第三类是10万人口死亡率呈逐年下降趋势的城市，主要包括呼和浩特、大连、南京、杭州、宁波、厦门、南昌、济南、青岛、郑州、广州、深圳、海口、成都、昆明、西安、西宁、乌鲁木齐等18个城市；第四类是10万人口死亡率期间出现波动但总体呈下降趋势的城市，主要包括石家庄、太原、福州、武汉、沈阳、长春、哈尔滨、上海、兰州等9个城市，见表6-2。

2015—2020年36个大城市道路交通事故10万人口死亡率变化情况（单位：人/10万人）　**表6-2**

城　市	2015年	2016年	2017年	2018年	2019年	2020年	变化趋势
北京	3.92	5.61	5.78	5.98	5.84	4.40	
天津	3.98	4.02	3.95	4.81	5.12	6.35	
石家庄	2.61	2.53	2.50	2.47	2.61	2.33	
太原	5.07	5.02	4.91	4.46	5.27	3.94	
呼和浩特	3.40	3.37	3.21	2.91	2.90	2.55	
沈阳	5.36	5.33	5.33	5.25	5.30	4.70	
大连	4.00	3.35	3.51	3.49	3.49	3.09	
长春	6.94	9.08	7.32	4.38	6.87	5.76	
哈尔滨	3.47	3.44	3.40	4.00	2.30	2.18	
上海	3.43	2.98	2.69	2.67	4.69	3.26	
南京	6.11	6.07	6.01	5.75	5.76	4.43	
杭州	6.75	6.41	5.93	5.49	4.03	3.23	
宁波	7.53	7.30	6.85	6.08	5.67	4.74	
合肥	4.90	5.55	5.88	5.79	5.75	4.64	
福州	2.80	2.15	1.93	2.27	3.50	3.21	
厦门	5.78	6.22	5.91	5.21	4.20	2.92	
南昌	4.34	4.30	4.21	3.99	3.84	3.42	

续上表

城　　市	2015年	2016年	2017年	2018年	2019年	2020年	变化趋势
济南	6.16	5.57	5.75	5.17	5.03	4.54	
青岛	3.44	3.35	3.49	3.38	3.32	3.02	
郑州	2.12	2.22	2.18	1.49	1.49	1.16	
武汉	3.24	5.04	7.40	5.78	3.94	3.74	
长沙	2.97	2.85	2.59	2.42	2.23	4.07	
广州	6.30	5.75	5.48	4.96	4.76	3.71	
深圳	3.79	3.42	2.89	2.10	2.01	1.28	
南宁	5.21	5.15	4.86	9.03	8.66	5.91	
海口	5.85	5.92	5.94	5.39	5.63	4.14	
重庆	1.93	2.00	1.90	2.95	3.10	2.88	
成都	4.22	4.20	4.03	4.05	3.71	2.66	
贵阳	3.03	2.96	7.56	7.23	8.87	6.43	
昆明	4.93	4.85	4.78	4.70	4.66	3.70	
拉萨	0.18	1.32	3.21	8.86	9.73	7.95	
西安	5.53	5.40	3.94	4.44	3.73	2.63	
兰州	6.07	6.05	6.70	6.42	6.41	5.37	
西宁	6.58	5.91	5.90	6.20	5.99	5.15	
银川	4.76	4.61	4.67	6.22	7.94	7.03	
乌鲁木齐	6.27	4.89	5.28	4.16	4.16	2.96	

以近6年36个大城市的道路交通事故万车死亡率变化趋势为依据，各大城市主要呈现四类变化趋势：第一类是万车死亡率呈逐年增长趋势的城市，主要包括天津和拉萨2个城市；第二类是万车死亡率在近几年出现反弹上升趋势的城市，主要包括北京、贵阳、银川、长沙等4个城市；第三类是万车死亡率呈逐年下降趋势的城市，主要包括石家庄、太原、呼和浩特、长春、哈尔滨、上海、南京、杭州、宁波、合肥、福州、济南、青岛、郑州、广州、深圳、海口、成都、昆明、西安、兰州、西宁、乌鲁木齐等23个

城市；第四类是万车死亡率出现波动但总体呈下降趋势的城市，主要包括南宁、重庆、沈阳、大连、厦门、南昌、武汉等7个城市，见表6-3。

2015—2020年36个大城市道路交通事故万车死亡率变化情况（单位：人/万辆） **表6-3**

城　市	2015年	2016年	2017年	2018年	2019年	2020年	变化趋势
北京	1.56	2.17	2.16	2.14	2.04	1.48	
天津	2.18	2.24	2.10	2.47	2.38	2.62	
石家庄	1.22	1.10	1.03	0.96	0.90	0.83	
太原	1.92	1.70	1.48	1.25	1.15	1.14	
呼和浩特	1.43	1.24	0.97	0.79	0.74	0.69	
沈阳	2.53	2.30	2.06	2.51	1.74	1.58	
大连	1.66	1.54	1.48	1.03	1.32	1.18	
长春	3.38	4.20	2.92	1.65	1.57	2.35	
哈尔滨	2.54	2.19	2.15	2.28	2.15	1.02	
上海	2.51	2.01	1.59	1.48	1.42	1.70	
南京	2.26	2.12	1.95	1.78	1.72	1.42	
杭州	2.25	2.24	2.01	1.87	1.80	1.24	
宁波	2.41	2.42	2.21	1.86	1.71	1.42	
合肥	2.74	2.74	2.45	2.19	1.98	1.72	
福州	1.67	1.19	0.99	1.09	1.01	1.41	
厦门	1.60	1.73	1.62	1.36	1.29	0.86	
南昌	2.29	2.66	2.36	2.04	1.86	1.68	
济南	2.59	2.21	2.04	1.67	1.34	1.33	
青岛	1.36	1.32	1.24	1.12	1.04	0.92	
郑州	0.76	0.77	0.68	0.43	0.39	0.35	
武汉	1.58	2.26	2.93	2.05	1.83	1.21	

续上表

城市	2015年	2016年	2017年	2018年	2019年	2020年	变化趋势
长沙	1.06	0.99	0.82	0.71	0.66	1.28	
广州	3.51	3.33	3.19	2.76	2.55	2.23	
深圳	1.35	1.26	1.11	0.81	0.78	0.62	
南宁	2.08	2.09	1.74	3.03	2.69	1.90	
海口	2.09	1.97	1.72	1.50	1.46	1.35	
重庆	1.26	1.20	1.03	1.45	1.32	1.21	
成都	1.45	1.44	1.26	1.21	1.15	0.92	
贵阳	1.17	1.17	2.76	2.36	2.09	2.10	
昆明	1.55	1.44	1.29	1.20	1.13	1.05	
拉萨	0.05	0.35	1.31	2.43	2.20	2.29	
西安	2.01	1.86	1.65	1.37	1.23	0.86	
兰州	2.65	2.48	2.45	2.25	2.18	2.03	
西宁	3.01	2.81	2.49	2.36	2.16	1.72	
银川	1.53	1.42	1.26	1.58	1.45	1.93	
乌鲁木齐	2.46	1.84	1.77	1.27	1.18	0.92	

第三节 道路交通事故形态

一、车辆与车辆之间事故仍是最主要的事故形态

车辆与车辆之间的事故仍是我国36个大城市道路最主要的事故形态。2020年，36个大城市的道路交通事故中，车辆与车辆之间的事故数占比为68.76%，相比2019年上升了2.92%；车辆与行人之间的事故数占比21.99%，相比2019年下降了3.92%；单车事故数占比9.25%，相比2019年上升了1.00%。数据显示，2011—2020年，车辆与车辆之间的事故数在36个大城市道路交通事故总量中的占比由2011年的73.62%下降至2020年的68.76%；车辆与行人之间的事故数占比由2011年的21.07%上升至2020年的21.99%；单车事故数占比由2011年的5.31%上升至2020年的9.25%，如图6-20所示。

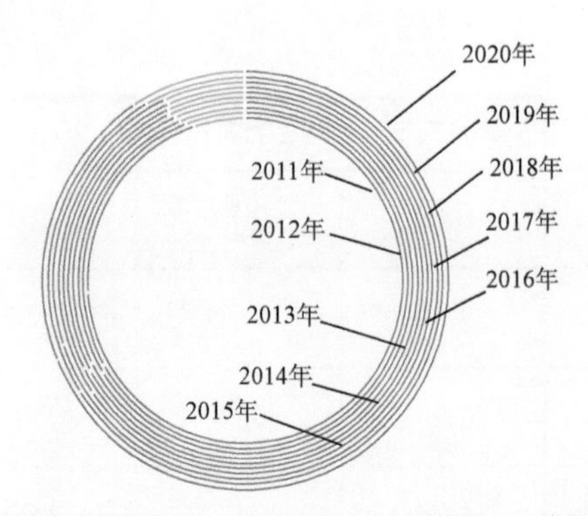

图 6-20 2011 年以来 36 个大城市的道路交通事故形态占比分布情况

注：数据来源于公安部交通管理局。

二、行驶状态下碰撞是车辆之间事故的主要形态

36个大城市道路交通事故中，行驶状态下车辆的碰撞导致的交通事故数占车辆间事故总量的近九成，是车辆间事故的主要形态。2020年，行驶状态下车辆碰撞事故数占车辆间事故数的87.13%，与2019年相比下降了0.32%；碰撞静止车辆事故数占比10.86%，与2019年相比上升了0.46%；其他车辆间事故数占比2.01%。数据显示，2011—2020年，车辆间事故中，行驶状态下车辆碰撞事故数占比整体呈下降趋势，由96.23%下降至87. 13%，但仍占据车辆事故形态主体地位；碰撞静止车辆事故数占比呈逐年上升趋势，由2.28%上升至10.86%，如图6-21所示。

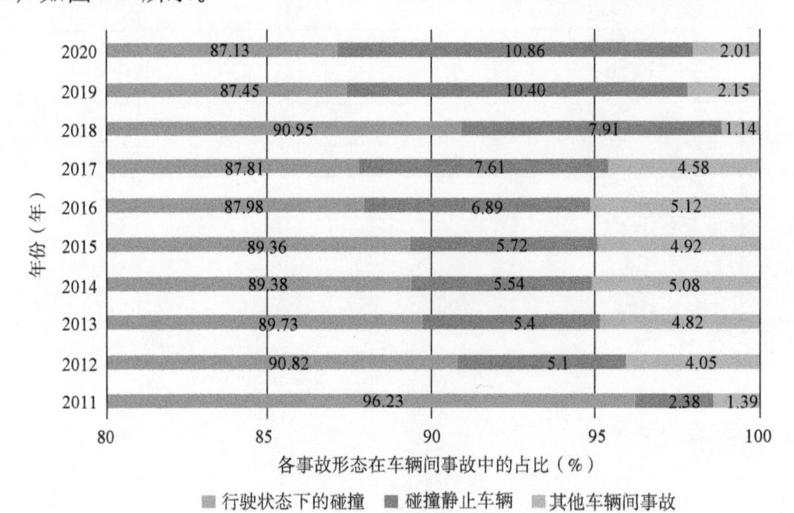

图 6-21 2011 年以来 36 个大城市车辆间各交通事故形态占比分布情况

注：数据来源于公安部交通管理局。

三、刷撞行人是车辆与行人之间事故的主要形态

36个大城市道路交通事故中，刷撞行人导致的交通事故数在车辆与行人之间事故总量的占比超九成，是车辆与行人之间的主要事故形态。2020年，刷撞行人事故数占车辆与行人之间事故总量的93.34%，碾

压行人事故数占比4.20%，碰撞后碾压行人事故数占比1.67%，其他车辆与行人事故数占比0.80%。数据显示，2011—2020年，车辆与行人之间事故中，刮撞行人事故数占比呈逐年上升趋势，由89.73%上升至93.34%，如图6-22所示。

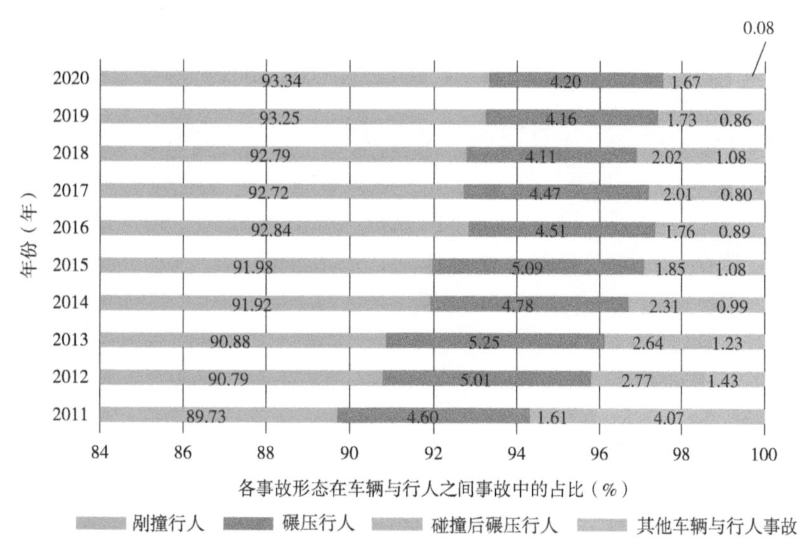

图6-22　2011年以来36个大城市车辆与行人之间各交通事故形态占比分布情况

注：数据来源于公安部交通管理局。

四、撞固定物是单车事故的主要形态

36个大城市道路交通事故中，撞固定物导致的交通事故数超过单车事故总量的60%，是单车事故的主要事故形态。2020年，撞固定物事故数占单车事故总量的58.44%，侧翻事故数占比14.63%，乘客跌落或抛出事故数占比1.69%，撞非固定物事故数占比2.36%，坠车事故数占比2.27%，翻滚事故数占比1.26%，自身摺叠事故数占比0.51%。数据显示，2011—2020年，单车事故中，侧翻事故数占比由22.24%下降至14.63%；坠车事故数占比由4.46%下降至2.27%；翻滚事故数占比由7.55%下降至1.26%，如图6-23所示。

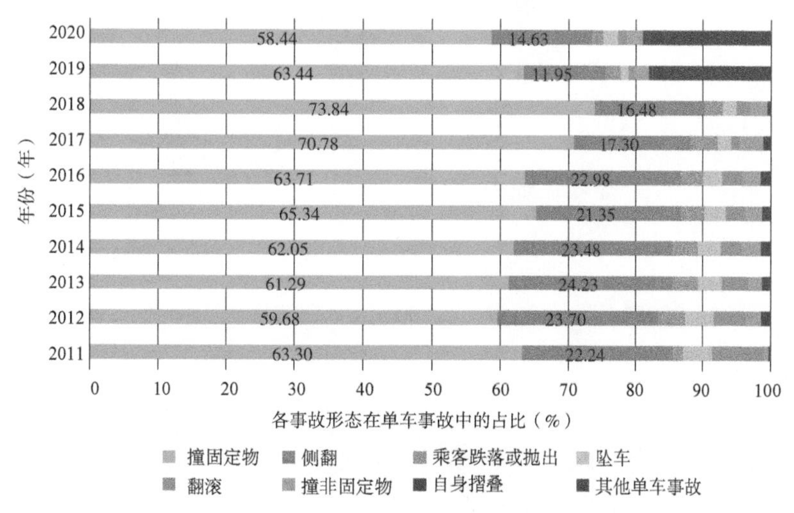

图6-23　2011年以来36个大城市单车各交通事故形态占比分布情况

注：数据来源于公安部交通管理局。

第四节　道路交通事故成因

一、交通违法是道路交通事故最主要成因

通过对36个大城市城市道路交通事故进行调查发现，交通违法行为是道路交通事故的主要成因。2011—2020年，交通参与者交通违法行为导致的交通事故数均超过交通事故总量的92%，并且近5年总体呈现上升趋势。2020年，道路交通事故成因中，交通违法行为占比达94.93%，其中机动车违法行为占77.21%，非机动车违法行为占15.64%，行人违法行为占2.08%，非违法过错、道路设施原因、意外事故等其他原因占比达5.07%。数据显示，在交通违法主体中，虽然机动车违法是36个大城市道路交通事故最主要的成因，但其占比已由86.54%下降至77.21%，下降了9.33个百分点。同时，非机动车交通违法行为导致的交通事故数占比逐年升高，由6.30%上升至15.64%，升高了9.34个百分点，比因机动车违法导致的交通事故下降量还多了0.01个百分点，这说明我们应加强对非机动车通行秩序和安全管理的重视。行人违法行为导致的道路交通事故数占比有小幅上升，由1.6%上升至2.08%。2011年以来36个大城市道路交通事故各成因占比分布情况如图6-24所示。

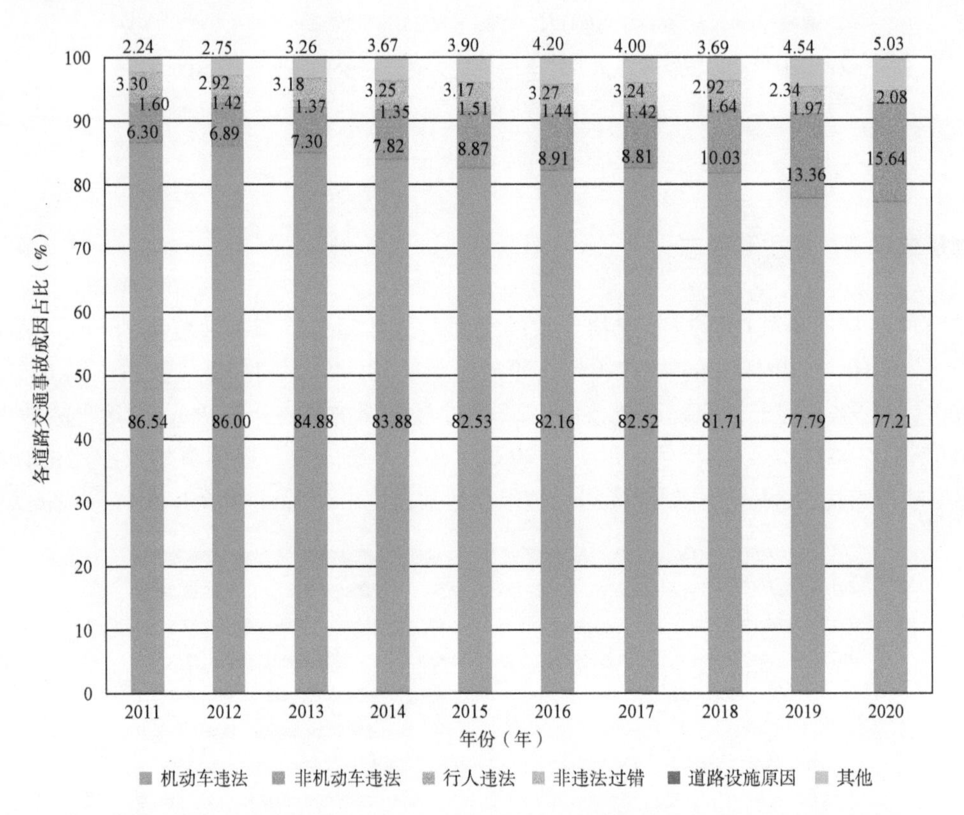

图6-24　2011年以来36个大城市道路交通事故各成因占比分布情况

注：数据来源于公安部交通管理局。

城市道路交通事故违法成因占比分布在不同地区间呈现较大的差异性。与其他地区相比，东部、中西部城市机动车违法行为导致的城市道路交通事故数占比相对较高。大连、哈尔滨、拉萨、重庆、西宁等城市机动车违法行为导致的道路交通事故数占比超过90%；广州、深圳、长春、西安等城市机动车违法行为导致的道路交通事故数占比达到80%以上。因非机动车违法行为导致的城市道路交通事故数占比较高的

城市则主要集中在南方地区，南京、杭州、福州等城市超过1/5的城市道路交通事故是由非机动车交通违法行为导致的，其中，合肥、上海的非机动车交通违法事故更是达到了交通事故总量的三成以上，相比之下，其由机动车交通违法行为导致的交通事故数占比仅为50%左右，远低于其他城市。从行人交通违法行为导致的交通事故数来看，36个城市中12个城市的行人交通违法行为导致的道路交通事故数占比不足1%，由行人交通违法行为导致的道路交通事故数占比超过4%的城市有3个，其中上海由行人交通违法行为导致的事故数占比最高，为4.97%。2020年36个大城市道路交通事故各成因占比分布情况如图6-25所示。

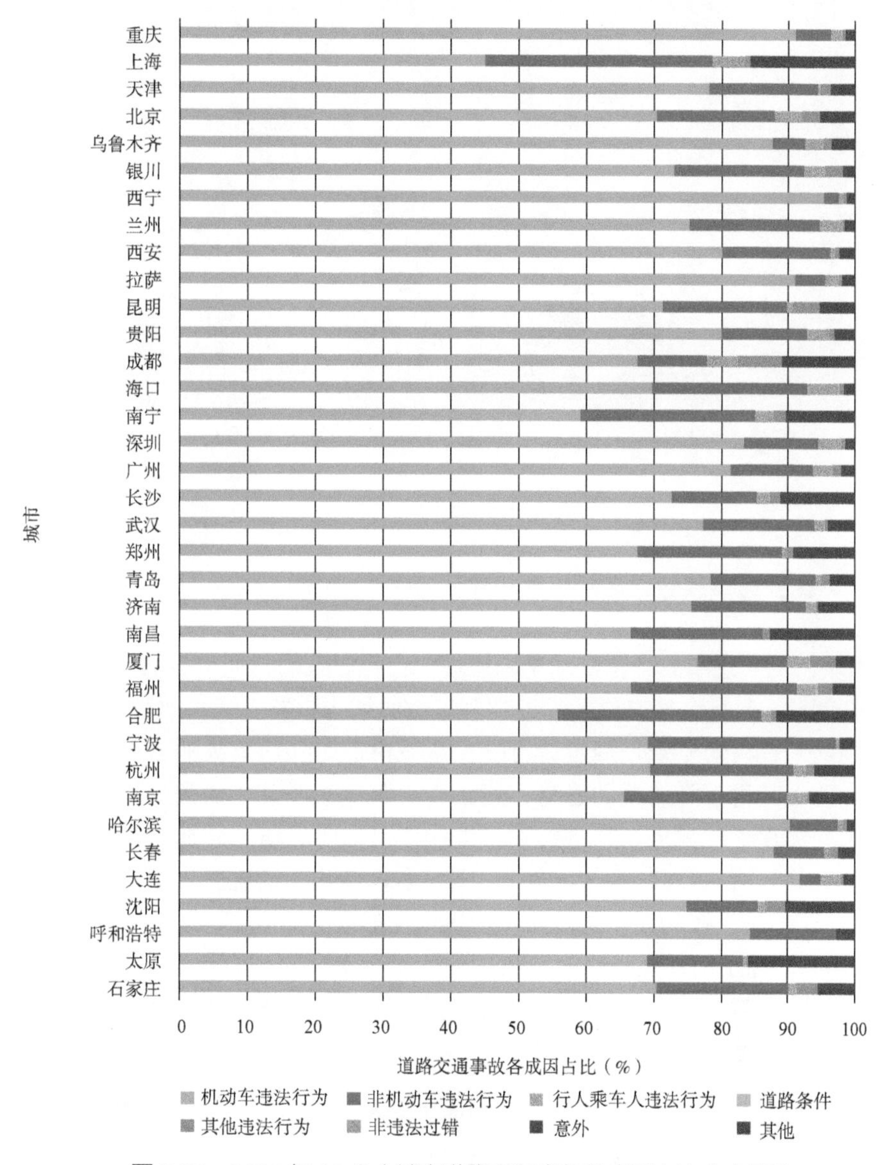

图6-25 2020年36个大城市道路交通事故各成因占比分布情况

注：数据来源于公安部交通管理局。

36个大城市2020年道路交通事故排名前10位的成因中，机动车违法行为有8项，非机动车违法行为有2项，如图6-26所示，按照导致交通事故数的占比由高至低排列依次为：未按规定让行（12.24%）、醉酒驾驶（12.05%）、非机动车违反交通信号（3.79%）、违反交通信号（3.74%）、无证驾驶（3.71%）、非机动车逆行（2.75%）、未按规定与前车保持安全距离（2.66%）、违法变更车道（2.30%）、酒后驾驶（2.17%）、超速行驶（2.09%）。与2019年相比，有6种违法行为占比上升，分别是醉酒驾驶、非机动车违反交通信号、违反交通信号、非机动车逆行、违法变更车道、酒后驾驶，其中醉酒驾驶上升幅度最大，比2019年增加了2.85%，其他5种违法行为占比增加幅度均不超过1%。由此可见，对醉酒驾驶等违法行为的严厉查处仍将是重点。同时，未按规定让行、无证驾驶、未按规定与前车保持安全距离、超速行驶导致的城市道路交通事故数下降幅度相似，比上一年分别下降了1.10、0.39、0.03、0.18个百分点。

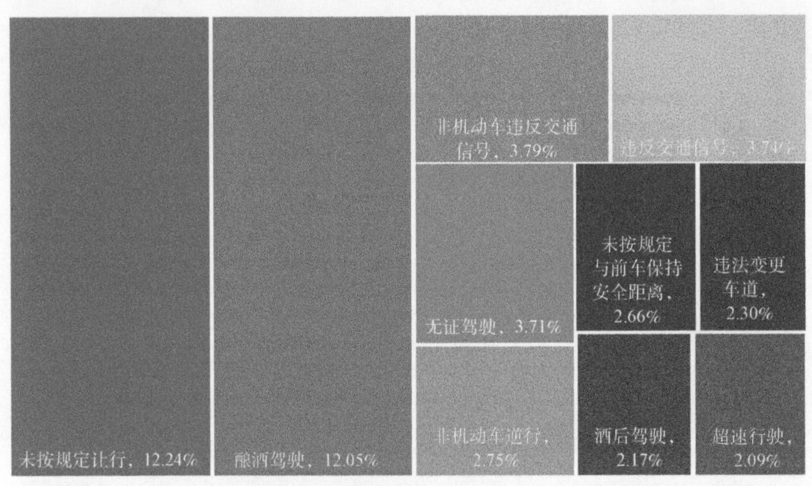

图6-26　2020年36个大城市道路交通事故违法成因前10位分布情况

注：数据来源于公安部交通管理局。

二、未按规定让行是导致交通事故数最多的机动车违法行为

2020年，36个大城市的交通事故中，机动车未按规定让行导致的交通事故数在城市道路交通事故总量中占比最大，高达12.24%，是排名第二位的无证驾驶导致的城市道路交通事故数占比的3.3倍，见表6-4。数据显示，从2011年以来，机动车未按规定让行一直是城市道路交通事故的首要原因，其导致的交通事故数占比呈现先下降后上升再下降的波动趋势；违法变更车道、违反交通信号、违法倒车等交通行为导致的交通事故数占比均出现了反弹势头，且达到了近10年以来的峰值。超速行驶导致的交通事故数占比自2013年下降至2.25%以来，往后每年均控制在2.20%左右，变化浮动轻微；酒后驾驶导致交通事故数占比由2011年的2.26%逐年增长，在2016年达到峰值4.58%，之后逐年下降，2020年相比2019年稍有增长，但涨幅不大，仅为0.07%。除了前述几种交通事故数占比有所反弹的违法行为外，其余成因导致的交通事故量占比近几年均呈下降趋势，其中逆行、违法占道、违法超车、违法装载等交通违法行为导致交通事故数占比从2011年开始，一直保持逐年下降趋势。

2011年以来36个大城市机动车交通违法行为导致的道路交通事故数占比变化情况（单位：%）　　**表6-4**

机动车交通违法行为	交通违法行为导致交通事故数占比及变化趋势										
	2011年	2012年	2013年	2014年	2015年	2016年	2017年	2018年	2019年	2020年	变化趋势
未按规定让行	15.79	14.88	13.64	12.73	12.16	12.29	11.83	15.79	13.15	12.24	
无证驾驶	4.93	5.85	5.86	5.87	5.71	5.18	5.23	5.78	4.10	3.71	

续上表

机动车交通违法行为	交通违法行为导致交通事故数占比及变化趋势										
	2011 年	2012 年	2013 年	2014 年	2015 年	2016 年	2017 年	2018 年	2019 年	2020 年	变化趋势
酒后驾驶	2.26	3.09	2.96	3.43	4.08	4.58	3.57	2.43	2.10	2.17	
违反交通信号	2.93	3.08	2.42	2.60	2.99	2.98	2.97	3.55	3.71	3.74	
逆行	3.10	2.87	2.74	2.55	2.49	2.41	2.26	2.42	1.92	1.53	
超速行驶	6.12	5.68	2.25	2.20	2.26	2.10	1.88	2.03	2.27	2.09	
违法变更车道	2.27	1.53	1.56	1.68	1.98	1.80	1.64	2.58	2.15	2.30	
违法上道路行驶	1.37	1.67	1.68	1.81	1.80	1.77	1.73	0.85	0.61	0.50	
违法占道行驶	2.37	2.85	2.05	1.89	1.44	1.56	1.24	0.79	0.60	0.60	
违法倒车	1.50	1.37	1.46	1.43	1.25	1.27	1.33	1.66	1.94	1.94	
违法掉头	1.19	1.23	1.19	1.05	1.06	1.06	0.90	1.54	1.04	1.07	
违法超车	1.69	1.24	1.18	1.05	0.97	0.96	0.98	1.08	0.70	0.56	
违法会车	1.86	1.28	1.26	1.11	1.11	0.95	1.20	0.98	0.53	0.33	
违法抢行	0.34	0.48	0.62	0.55	0.49	0.66	0.68	0.37	0.17	0.12	
违法装载	0.65	0.65	0.62	0.52	0.43	0.51	0.29	0.14	0.15	0.10	
违法停车	0.44	0.49	0.52	0.54	0.57	0.50	0.46	0.72	0.65	0.59	
疲劳驾驶	0.33	0.20	0.40	0.48	0.37	0.32	0.29	0.23	0.29	0.17	
违法装载超限及危险品运输	0.01	0.01	0.10	0.07	0.05	0.12	0.05	0.01	0.01	0.00	
不按规定使用灯光	0.40	0.35	0.13	0.09	0.07	0.05	0.08	0.27	0.23	0.25	
违法牵引	0.03	0.03	0.02	0.02	0.02	0.02	0.01	0.01	0.00	0.01	

三、违反交通信号是导致交通事故最多的非机动车违法行为

从前述分析可知，非机动车违法行为导致的道路交通事故数占比自2011年以来逐年递增，非机动车交通违法行为已经逐渐成为影响道路交通安全的重要因素，需要引起足够重视。2020年，36个大城市中，在城市道路交通事故中占比超过1%的非机动车违法行为有5种，占比从高到低分别是违反交通信号、逆行、违法占道行驶、未按规定让行与酒后驾驶，其中违反交通信号是导致城市道路交通事故数占比最高

的非机动车违法行为，达到3.79%。

数据显示，2011—2020年，非机动车违反交通信号是唯一一种自2011年开始占比逐年递增的非机动车违法行为，2020年，其占比已从0.92%上升至3.79%，升高了2.87个百分点；逆行、违法占道行驶、酒后驾驶、违法超车等违法行为导致的道路交通事故数占比近10年变化趋势相似，均是中间个别年份占比下降，但总体呈现逐年上升趋势，其中逆行占比由2011年的1.46%上升至2.75%，升高了1.29个百分点，违法占道行驶占比由2011年的1.09%上升至2.00%，升高了0.91个百分点，酒后驾驶占比由2011年的0.14%上升至1.08%，上升了0.94个百分点，违法超车占比由2011年的0.22上升至0.92，上升了0.7个百分点。同时，违法上道路行驶、违法停车、未按规定让行以及无证驾驶等非机动车违法行为占比近几年开始呈现下降趋势，见表6-5。

2011年以来36个大城市非机动车交通违法行为导致的道路交通事故数占比变化情况（单位：%） **表6-5**

非机动车交通违法行为	交通违法行为导致交通事故数占比及变化趋势										
	2011年	2012年	2013年	2014年	2015年	2016年	2017年	2018年	2019年	2020年	变化趋势
逆行	1.46	1.67	1.69	1.78	1.85	1.77	1.65	2.11	2.24	3.79	
违法占道行驶	1.09	1.21	1.36	1.28	1.69	1.74	1.68	1.54	1.61	2.75	
违反交通信号	0.92	1.09	1.14	1.22	1.54	1.62	1.82	2.42	3.09	2.00	
违法上道路行驶	0.39	0.62	0.73	0.91	1.02	1.03	0.97	0.53	0.48	0.37	
未按规定让行	0.76	0.79	0.80	0.93	0.85	0.89	0.90	1.72	1.57	1.38	
超速行驶	0.46	0.39	0.41	0.44	0.50	0.48	0.39	0.47	0.64	0.82	
酒后驾驶	0.14	0.18	0.22	0.29	0.37	0.34	0.38	0.66	0.94	1.08	
违法超车	0.22	0.21	0.26	0.25	0.23	0.22	0.24	0.49	0.67	0.92	
违法抢行	0.12	0.10	0.08	0.13	0.15	0.12	0.15	0.22	0.21	0.29	
违法装载	0.06	0.05	0.07	0.07	0.06	0.07	0.05	0.06	0.07	0.07	
违法停车	0.04	0.04	0.03	0.04	0.04	0.04	0.03	0.03	0.01	0.02	
无证驾驶	0.02	0.02	0.02	0.02	0.04	0.02	0.04	0.09	0.05	0.05	

四、违反交通信号是导致交通事故最多的行人违法行为

因行人交通违法行为导致的城市道路交通事故总体较少。2020年，36个大城市中，行人交通违法行为在城市道路交通事故成因中的占比在2%左右，其中行人不按规定横过机动车道的交通违法行为导致的交通事故数占行人交通违法行为导致的城市道路交通事故总量的一半，是行人交通违法事故中的主要类型。从表6-6可以看出，2016年之前，行人不按规定横过机动车道导致的道路交通事故数占比一直处于极低水平，接近0，而从2017年开始，行人不按规定横过机动车道导致的道路交通事故数占比逐年上升，2020年已升至1.01%，这说明行人过街安全问题需要引起相关部门的足够重视。其他造成城市道路交通事故的行人违法行为分别是违反交通信号、行人违法上道路、行人违法占道，占比分别为0.6%、0.04%、0.14%。

2011年以来36个大城市行人交通违法行为导致的道路交通事故数占比变化情况（单位：%）　　**表6-6**

行人交通违法行为	交通违法行为导致交通事故数占比及变化趋势										
	2011年	2012年	2013年	2014年	2015年	2016年	2017年	2018年	2019年	2020年	变化趋势
违反交通信号	0.83	0.78	0.75	0.75	0.85	0.83	0.82	0.38	0.57	0.60	
行人违法上道路	0.22	0.22	0.23	0.23	0.25	0.19	0.15	0.03	0.04	0.04	
行人违法占道	0.15	0.13	0.11	0.11	0.14	0.15	0.13	0.07	0.15	0.14	
行人不按规定横过机动车道	0.00	0.00	0.00	0.00	0.00	0.00	0.06	0.51	0.98	1.01	
其他影响安全行为	0.40	0.30	0.28	0.26	0.26	0.27	0.25	0.17	0.23	0.26	

第五节 引发道路交通事故的交通方式

一、超过2/3的城市道路交通事故由汽车肇事导致

2020年，36个大城市中，由汽车肇事导致的城市道路交通事故数占比最高，达到67.11%，超过城市道路交通事故总量的2/3，由电动自行车、摩托车肇事导致的城市道路交通事故数占比也相对较大，分别为13.61%、11.57%，其余交通方式导致的城市道路交通事故数占比较小，均低于3%，如图6-27所示。与2019年相比，汽车肇事、电动自行车肇事占比均有不同程度的增加，汽车肇事占比增加了3.95个百分点，电动自行车肇事占比增加了0.43个百分点；同时摩托车肇事导致的城市道路交通事故数占比减少了0.36个百分点。值得注意的是，近几年来电动自行车肇事导致的城市道路交通事故数占比已经超过摩托车，成为仅次于汽车排名第2的肇事交通方式。

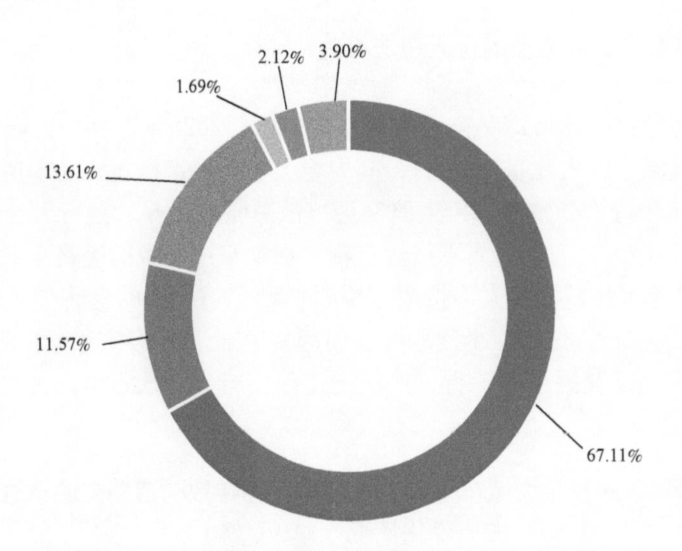

图 6-27　2020 年 36 个大城市道路交通事故肇事交通方式分布情况

注：数据来源于公安部交通管理局。

36个大城市汽车肇事事故中，超过一半的城市道路交通事故是由小型客车肇事导致。2020年，小型客车、重型货车、轻型货车、大型客车是肇事汽车的主要车型，它们肇事导致的城市道路交通事故数量在城市道路交通事故总量中的占比分别为54.82%、5.69%、4.31%、1.33%。如图6-28所示，从城市道路交通事故同比变化情况看，除驾驶汽车列车、微型货车导致的城市道路交通事故数同比上升外，其他种类的汽车导致的城市道路交通事故数同比均下降，其中驾驶大型客车导致的交通事故数同比下降幅度最大，为32%。值得注意的是，虽然由小型客车导致的交通事故数同比下降4%，但其导致的城市道路交通事故数在事故总量中的占比与2019年相比增加了5.05%。

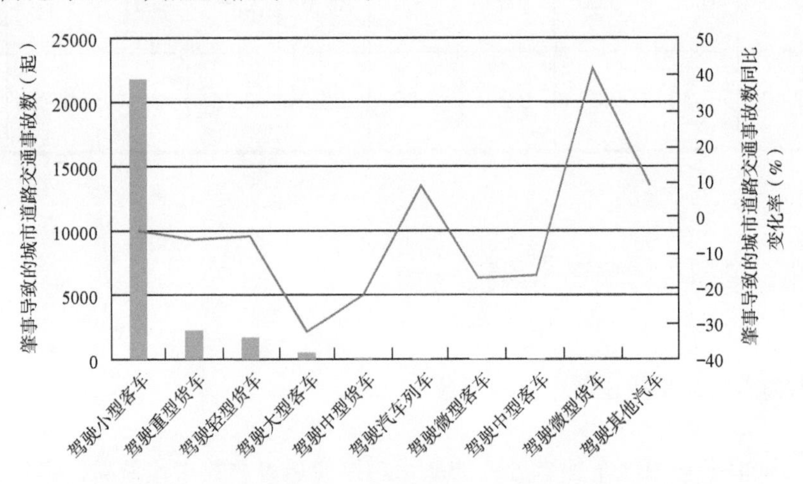

图 6-28　2020 年 36 个大城市道路交通事故汽车肇事交通方式分布情况

注：数据来源于公安部交通管理局。

从36个大城市非机动车肇事情况看，骑电动自行车肇事是城市道路交通事故中主要的非机动肇事方式。2020年，骑电动自行车、自行车肇事导致的城市道路交通事故数在城市道路交通事故总量中的占比分别为13.61%、1.69%，与2019年相比，电动自行车肇事导致的城市道路交通事故数占比增加了0.43个百分点，自行车肇事导致的城市道路交通事故数占比减少了0.41个百分点。如图6-29所示，在各种非机动车交通方式肇事导致的事故数同比变化中，骑电动自行车、自行车以及共享单车导致的城市道路交通事故数同比有所上升，且上升幅度均较大，分别为10.99%、11.63%、61.04%。值得注意的是，虽然共享单车肇事导致的城市道路交通事故总数不大，但其同比增幅高达电动自行车的6倍，这需要引起相关部门的重视。

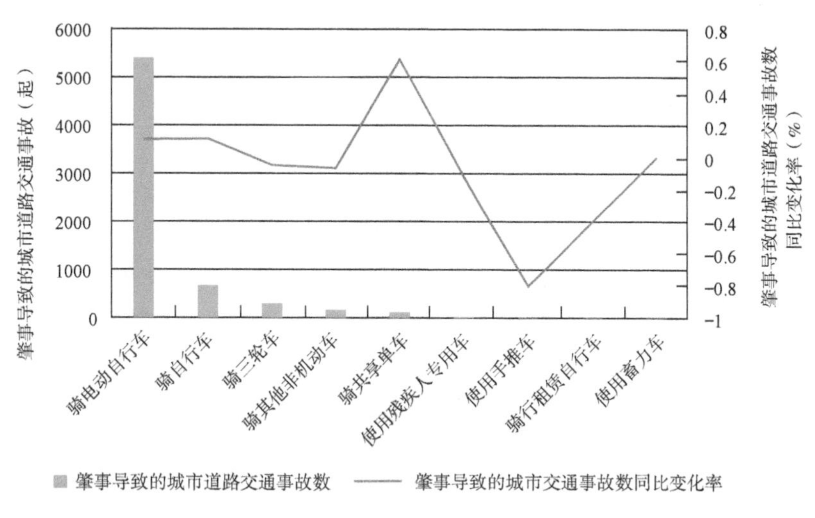

图6-29　2020年36个大城市道路交通事故非机动车肇事交通方式分布情况

注：数据来源于公安部交通管理局。

二、行人死亡人数占比最高，电动自行车骑行者受伤人数占比最高

数据显示，在36个大城市中，城市道路交通事故伤亡人员主要为摩托车骑行者、电动自行车骑行者以及行人。2020年，摩托车驾驶人、电动自行车驾驶人以及行人的死亡人数占比分别为15.12%、20.61%、32.72%，受伤人数占比分别为14.19%、24.35%、22.10%。2020年，36个大城市的城市道路交通事故伤亡人数交通方式分布情况如图6-30所示。

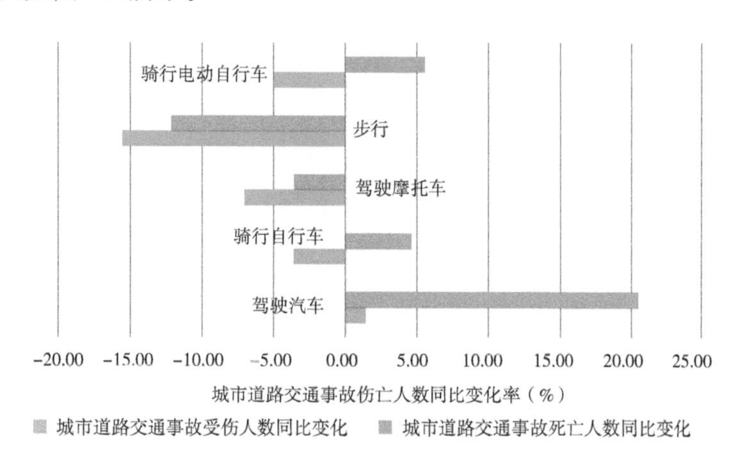

图6-30　2020年36个大城市的城市道路交通事故伤亡人数交通方式分布情况

注：数据来源于公安部交通管理局。

摩托车驾驶人仍然是城市交通事故的高危群体，虽然近年来我国城市摩托车保有量不断下降，摩托车肇事导致的城市道路交通事故数年均降幅在10%左右，但是摩托车驾驶人的交通事故伤亡情况仍然较为严重。2020年，在36个大城市的城市道路交通事故中，摩托车驾驶人死亡人数同比减少7.03%，摩托车驾驶人死亡人数占比仅次于电动自行车骑行者和行人，达到15.12%，比上年增加0.27个百分点；摩托车驾驶人受伤人数同比减少3.56%，受伤人数占比为14.19%，比上年减少0.26个百分点。

2020年，36个大城市的城市道路交通事故中电动自行车骑行者的死亡人数占比和受伤人数占比继续增加。36个大城市城市道路交通事故中因骑行电动自行车死亡的人数同比下降4.98%，电动自行车骑行者死亡人数占比为20.61%，比上年增加0.8个百分点；同时，因骑行电动自行车受伤的人数同比增加5.56%，电动自行车骑行者受伤人数占比高达24.35%，比上年增加1.7个百分点。电动自行车骑行者受伤人数已经超过行人受伤人数，成为城市道路交通事故受伤人数占比最高的群体。

2020年，36个大城市的城市道路交通事故中自行车骑行者死亡人数和受伤人数占比均增加。自行车骑行者死亡人数同比下降3.59%，自行车骑行者死亡人数占总死亡人数的7.41%，比上年增加0.39个百分点；自行车骑行者受伤人数同比增长4.61%，占总受伤人数的5.29%，比上年增加0.32个百分点。

2020年，36个大城市的城市道路交通事故中行人死亡人数和受伤人数均同比下降，但行人伤亡人数占比依旧处于高位。36个大城市中行人死亡人数同比下降15.53%，行人死亡人数占比达32.72%，比上年减少2.7个百分点，行人依然是死亡人数占比最高的交通群体；行人受伤人数同比下降12.12%，行人受伤人数占比为22.10%，比上年减少2.59个百分点。

第七章　城市道路交通运行

通过道路平均运行速度这一指标，结合36个大城市2020年主城区道路运行速度数据，探究不同时段、不同时期城市道路交通的运行规律；同时，通过对不同区域、不同类型城市道路运行速度的比较分析，探究城市道路交通运行的共性与特性，以期为道路交通管理决策提供数据支持和研判依据。

根据《国务院关于调整城市规模划分标准的通知》（国发〔2014〕51号）和第七次全国人口普查数据，将36个大城市按照城区人口数分为超大城市、特大城市、Ⅰ型大城市和Ⅱ型大城市4大类，具体分类情况见表7-1。

2020年36个大城市分类　　**表7-1**

类　型	城市（按城区人口数由高至低排序）
超大城市（城区人口为1000万人以上）	上海、北京、深圳、重庆、广州、成都、天津
特大城市（城区人口为500万~1000万人）	武汉、西安、杭州、南京、沈阳、青岛、济南、长沙、哈尔滨、郑州、昆明、大连
Ⅰ型大城市（城区人口为300万~500万人）	长春、石家庄、太原、南宁、合肥、福州、厦门、乌鲁木齐、宁波
Ⅱ型大城市（城区人口为100万~300万人）	南昌、贵阳、兰州、呼和浩特、西宁、海口、银川、拉萨

注：1. 第七次全国人口普查标准时点为2020年11月1日零时。城市规模按照《国务院关于调整城市规模划分标准的通知》（国发〔2014〕51号）进行划分，城区常住人口为100万人以上300万人以下的城市为Ⅱ型大城市，城区常住人口为300万人以上500万人以下的城市为Ⅰ型大城市，城区常住人口为500万人以上1000万人以下的城市为特大城市，城区常住人口为1000万人以上的城市为超大城市。（以上包括本数，以下不包括本数）。

2. 城区人口是指城区常住人口。城区是指市辖区和不设区的市，区、市政府驻地的实际建设连接到的居民委员会所辖区域和其他区域，不包括镇区和乡村。

第一节　城市道路24h车辆平均运行速度

2020年，36个大城市道路早高峰最拥堵的时段是8:00—9:00，晚高峰最拥堵的时段是18:00—19:00，并且晚高峰时段城市道路交通相比早高峰时段更加拥堵（图7-1）。36个大城市在早高峰8:00—9:00时段主城区道路车辆平均运行速度为34.0km/h。其中，特大城市道路车辆平均运行速度最低，为31.2km/h；Ⅰ型大城市道路车辆平均运行速度最高，为37.3km/h；超大城市、Ⅱ型大城市道路车辆平均运行速度分别为32.7km/h、34.7km/h。36个大城市在晚高峰18:00—19:00时段主城区道路车辆平均运行速度为29.6km/h。其中，超大城市、特大城市道路车辆平均运行速度最低，均为28.6km/h，Ⅰ型大城市道路车辆平均运行速度最高，为32.1km/h，Ⅱ型大城市道路平均运行速度为29.1km/h。

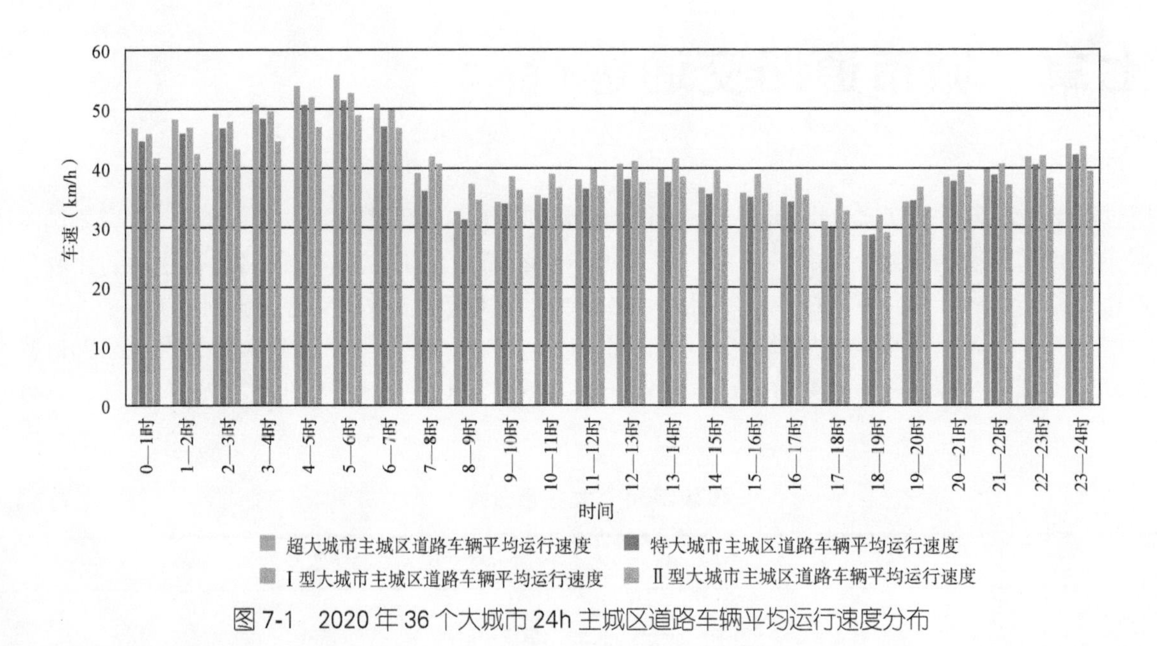

图 7-1　2020 年 36 个大城市 24h 主城区道路车辆平均运行速度分布

注：数据来源于百度地图。

除去早晚高峰时段，在夜间22:00—次日6:00，超大城市道路车辆平均运行速度最高，为41km/h~56km/h，其次是Ⅰ型大城市、特大城市，Ⅱ型大城市夜间时段道路平均运行速度相对较低。在日间非高峰时段，超大城市、Ⅰ型大城市道路车辆平均运行速度整体高于特大城市、Ⅱ型大城市。

一、超大城市 24h 道路车辆平均运行速度

超大城市中，上海、重庆早高峰时段的城市道路交通相对拥堵，上海、广州、重庆晚高峰时段的城市道路交通相对拥堵。北京、上海、重庆、天津、成都早高峰最拥堵的时段是8:00—9:00，主城区道路车辆平均运行速度分别为31.6km/h、29.0km/h、27.2km/h、33.4km/h、35.3km/h；广州、深圳早高峰最拥堵的时段是8:00—11:00，主城区道路车辆平均运行速度分别为35.2km/h、38.4km/h。北京、上海、广州、重庆、天津晚高峰的城市道路交通拥堵时间相对较长，17:00—19:00主城区道路车辆平均运行速度在25km/h~33km/h之间。深圳、成都晚高峰最拥堵的时段是18:00—19:00，主城区道路车辆平均运行速度分别为31.1km/h、29.8km/h。如图7-2所示。

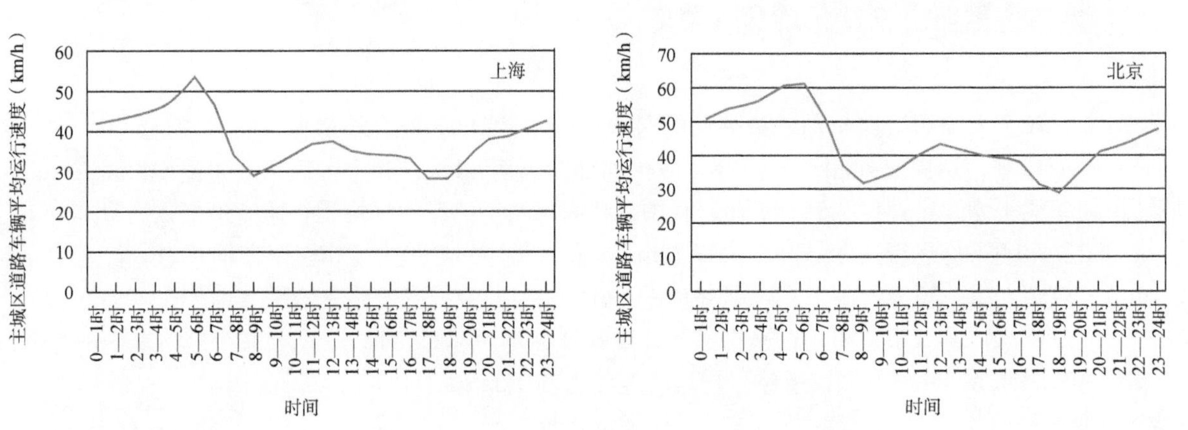

图　7-2

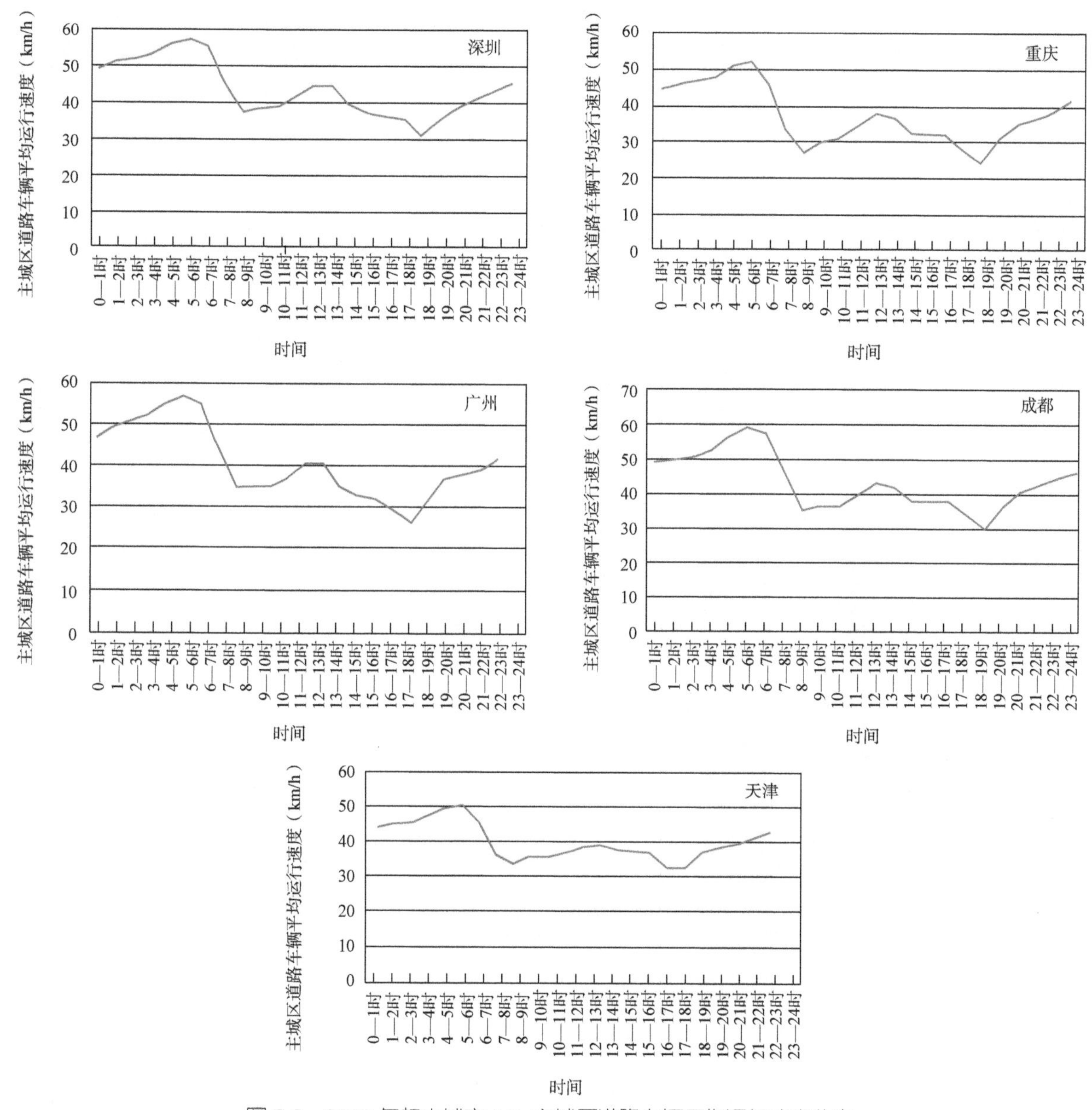

图 7-2　2020 年超大城市 24h 主城区道路车辆平均运行速度分布

注：数据来源于百度地图。

二、特大城市 24h 道路车辆平均运行速度

特大城市中，杭州、哈尔滨、西安、沈阳早高峰时段的城市道路交通相对拥堵，西安、昆明、杭州、南京、沈阳晚高峰时段的城市道路交通相对拥堵。从早高峰时段看，西安、郑州、南京、武汉、济南、青岛、沈阳、长沙、哈尔滨、昆明、大连早高峰最拥堵的时段是8:00—9:00，杭州早高峰的拥堵时段是8:00—10:00，与其他特大城市相比，杭州早高峰的城市道路交通拥堵时间相对较长。此外，郑州、武汉、济南、长沙早高峰的城市道路车辆平均运行速度均在35km/h左右，与其他城市相比，早高峰的交通拥堵并不明显。从晚高峰时段看，西安、郑州、武汉、长沙、大连晚高峰最拥堵的时段是18:00—19:00，南京、济南、青岛、沈阳、杭州、哈尔滨、昆明晚高峰的拥堵时段是17:00—19:00，且晚高峰交通拥堵时

间相对较长。特大城市中，西安晚高峰主城区道路车辆平均运行速度最低，为25.2km/h，其次是昆明为27.0km/h；武汉、济南、青岛、郑州晚高峰主城区道路平均运行速度均高于30km/h，交通拥堵程度相对较轻，如图7-3所示。

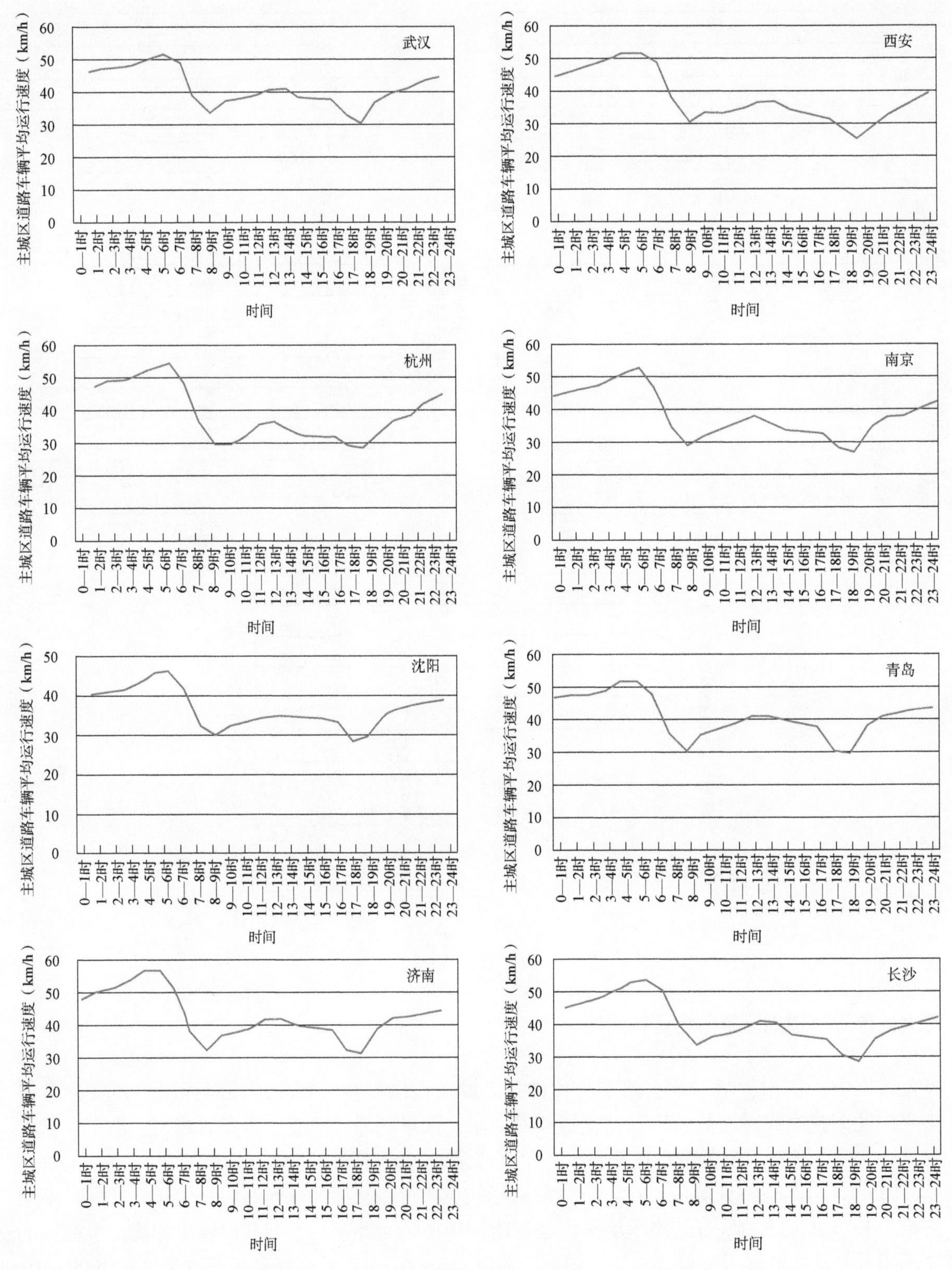

图 7-3

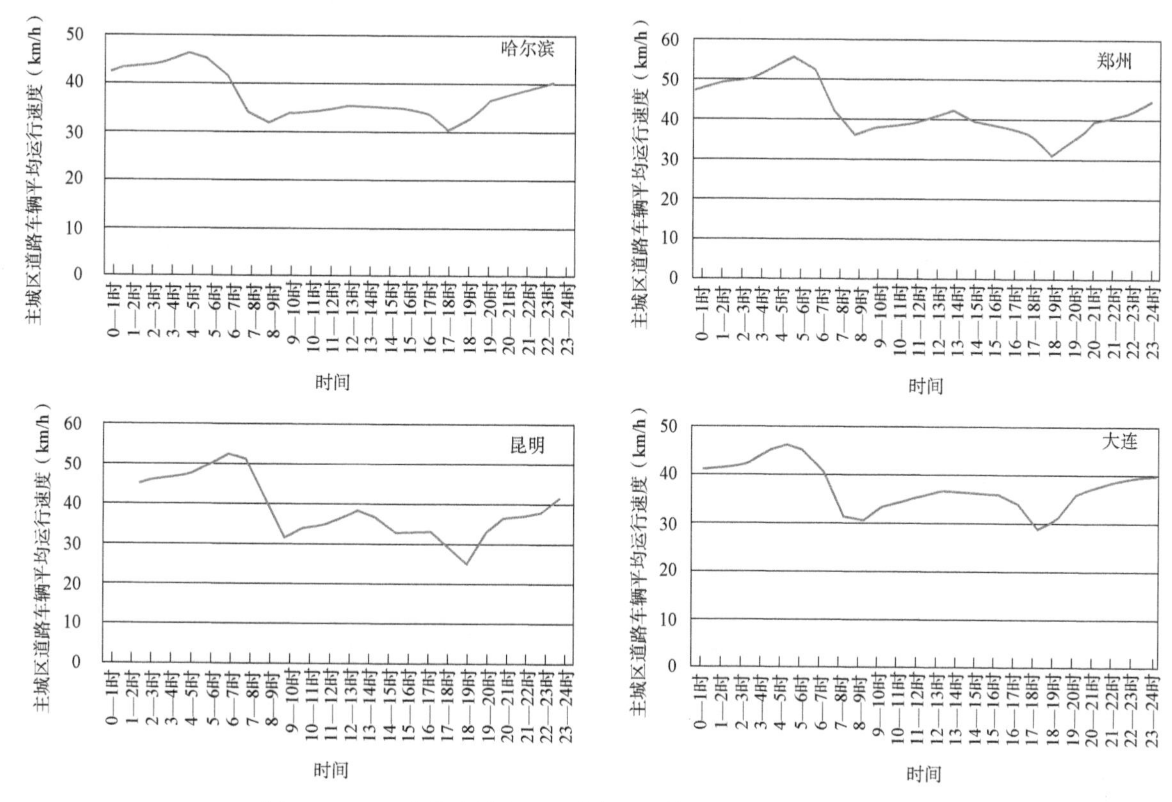

图 7-3　2020 年特大城市 24h 主城区道路车辆平均运行速度分布

注：数据来源于百度地图。

三、大城市 24h 道路车辆平均运行速度

Ⅰ型大城市中，合肥、南宁、长春早高峰时段的城市道路交通相对拥堵，合肥、南宁、厦门、长春晚高峰时段的城市道路交通相对拥堵。从早高峰时段看，石家庄、太原、合肥、南宁、福州、宁波、厦门、长春早高峰最拥堵的时段是8:00—9:00，乌鲁木齐早高峰最拥堵的时段是9:00—10:00。其中，长春早高峰主城区道路车辆平均运行速度最低，为32.8km/h，其次是合肥为34.6km/h，其余Ⅰ型大城市早高峰主城区道路车辆平均运行速度均高于35km/h。从晚高峰时段看，宁波、长春等城市晚高峰最拥堵的时段是17:00—18:00，石家庄、太原、合肥、南宁、福州、厦门晚高峰最拥堵的时段是18:00—19:00，乌鲁木齐晚高峰最拥堵的时段是19:00—20:00。其中，合肥、南宁晚高峰主城区道路车辆平均运行速度最低，为31.8km/h，乌鲁木齐、石家庄、太原、宁波晚高峰主城区道路车辆平均运行速度均高于35km/h；Ⅰ型大城市中，乌鲁木齐晚高峰主城区道路车辆平均运行速度最高，为40.1km/h，如图7-4所示。

Ⅱ型大城市中，兰州、贵阳、海口早高峰时段的城市道路交通相对拥堵，拉萨、兰州、海口、贵阳晚高峰时段的城市道路交通相对拥堵。从早高峰时段看，呼和浩特、兰州、银川、贵阳、南昌、海口早高峰最拥堵的时段是8:00—9:00，拉萨早高峰最拥堵的时段是9:00—10:00，西宁早高峰时段的道路车辆平均运行速度与其他时段相比差别不大，交通拥堵并不明显。贵阳早高峰主城区道路车辆平均运行速度最低，为28.7km/h。从晚高峰时段看，呼和浩特、兰州、银川、西宁、海口晚高峰最拥堵的时段是18:00—19:00，拉萨晚高峰最拥堵的时段是18:00—20:00，贵阳、南昌晚高峰最拥堵的时段是17:00—19:00。其中，海口晚高峰主城区道路车辆平均运行速度最低，为24.8km/h，其次是贵阳，为25.1km/h；呼和浩特、西宁、南昌、银川晚高峰主城区道路车辆平均运行速度均高于30km/h，交通拥堵程度相对较轻，如图7-5所示。

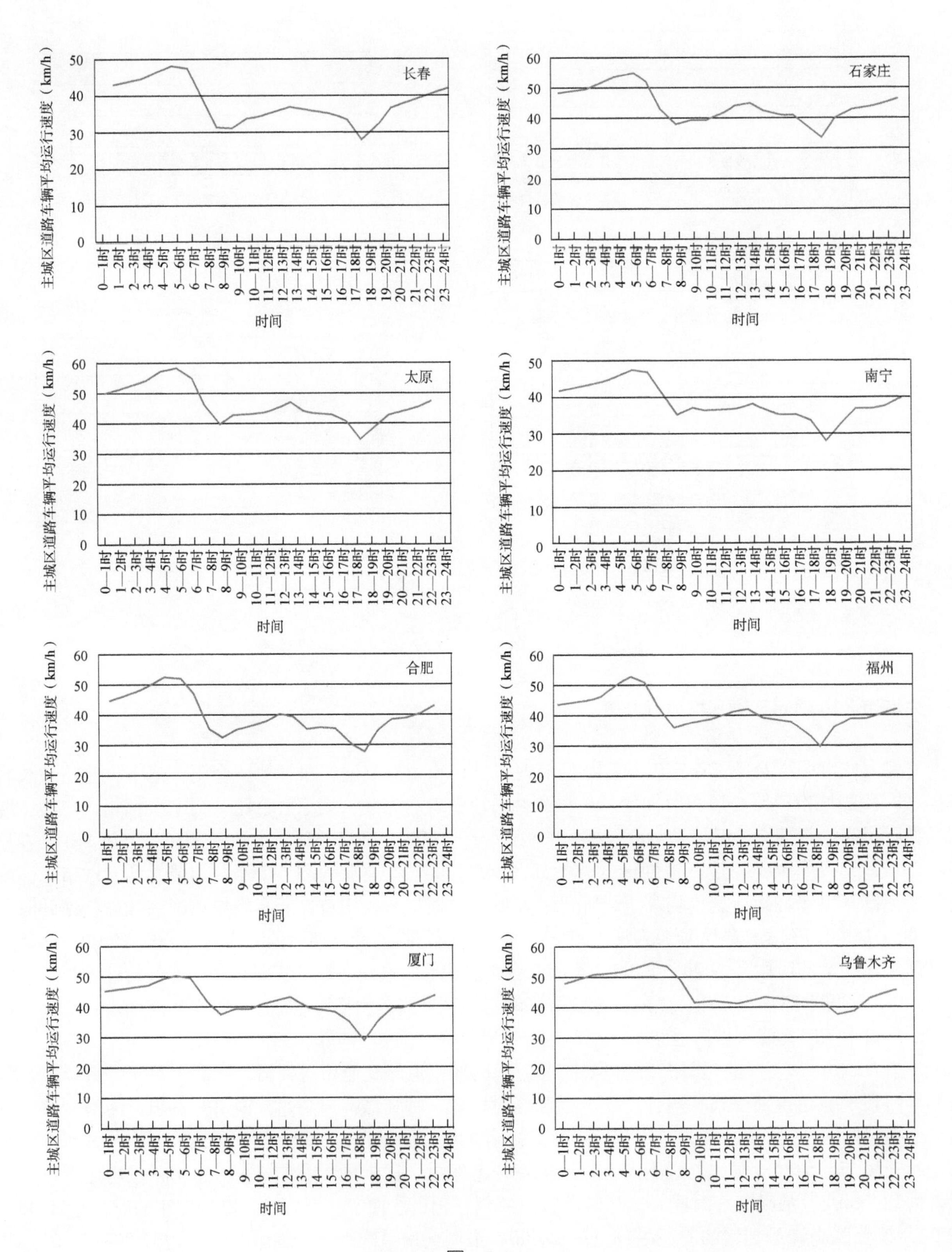

图 7-4

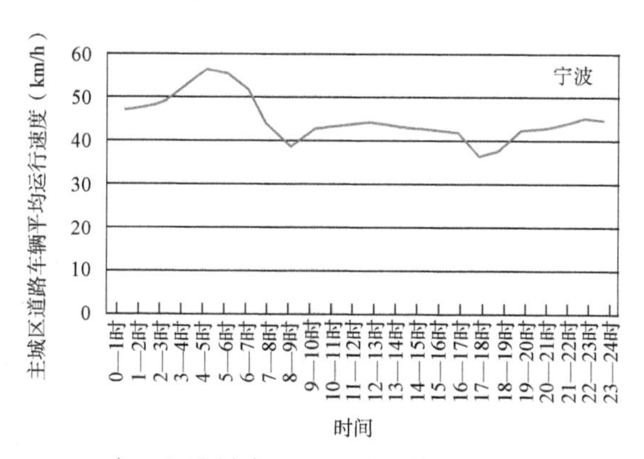

图 7-4　2020 年 I 型大城市 24h 主城区道路车辆平均运行速度分布

注：数据来源于百度地图。

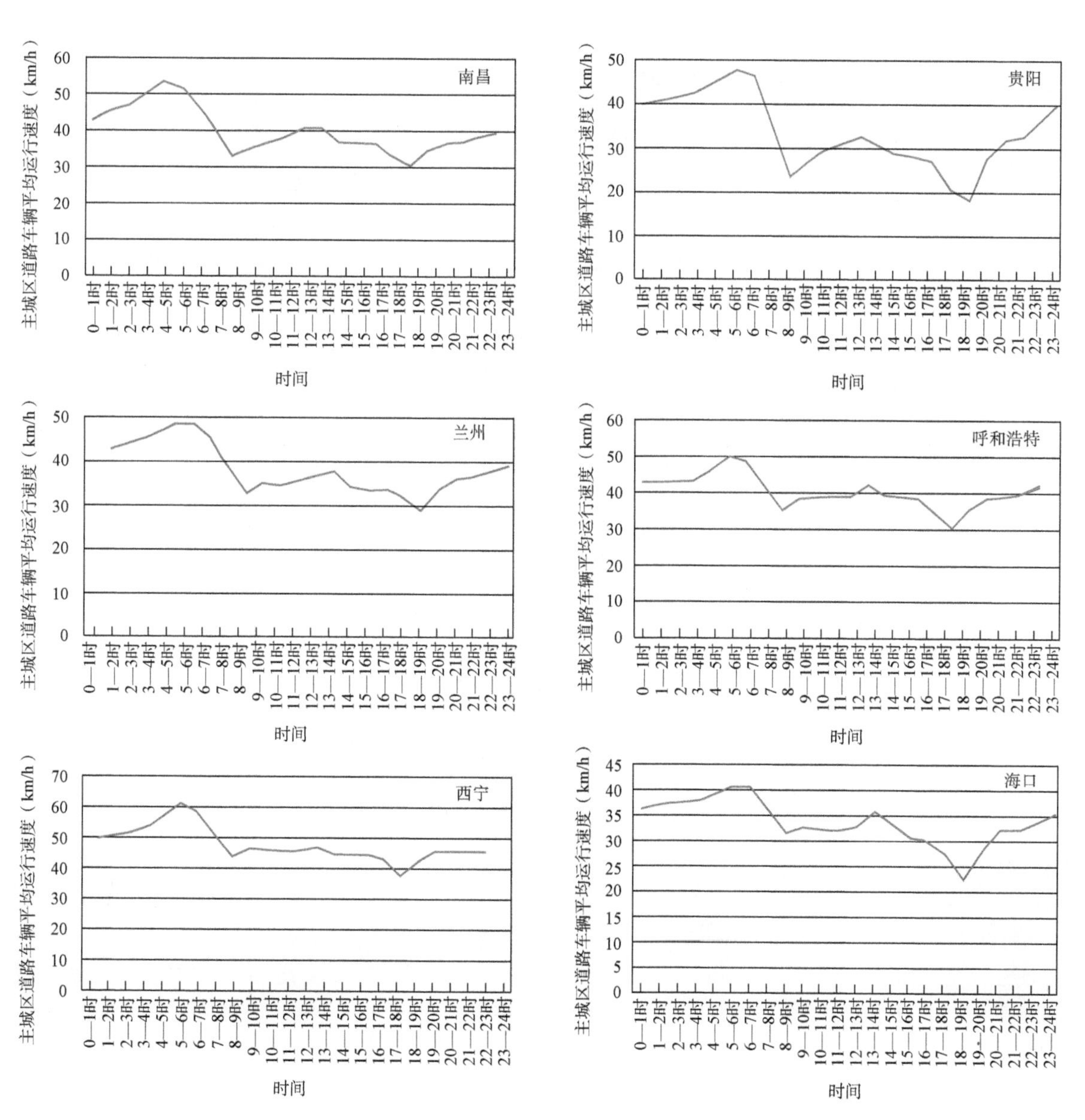

图　7-5

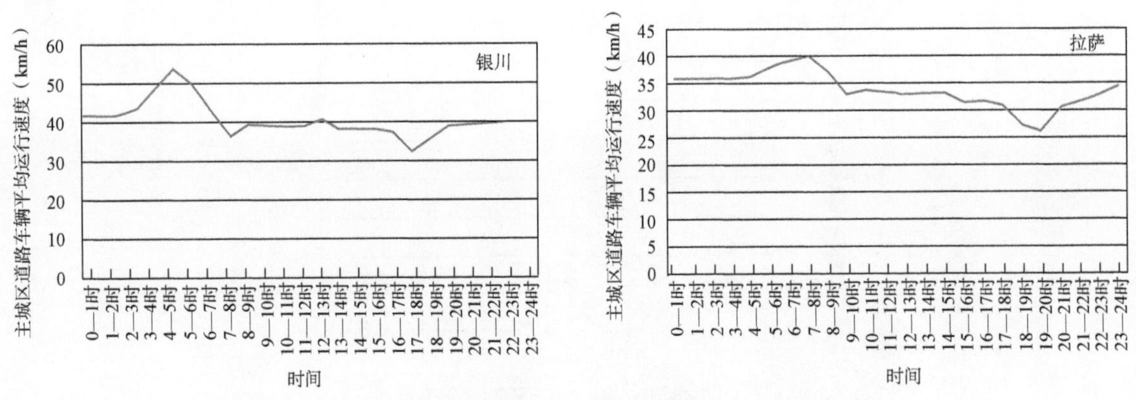

图 7-5　2020 年 Ⅱ 型大城市 24h 主城区道路车辆平均运行速度分布

注：数据来源于百度地图。

第二节　城市道路一周车辆平均运行速度

2020年，36个大城市周一的早高峰道路交通最为拥堵，周五的晚高峰道路交通最为拥堵，晚高峰的道路车辆平均运行速度普遍低于早高峰，并且休息日的晚高峰与工作日的晚高峰交通拥堵情况相近。

从早高峰看，36个大城市周一的主城区道路车辆平均运行速度最低，为31.2km/h，周五的主城区道路车辆平均运行速度较高，为34.5km/h；不同于工作日，休息日主城区道路车辆平均运行速度超过40km/h。其中，超大城市、特大城市周一的主城区道路车辆平均运行速度要低于30km/h，Ⅰ型、Ⅱ型大城市周一的主城区道路车辆平均运行速度高于30km/h，如图7-6所示。

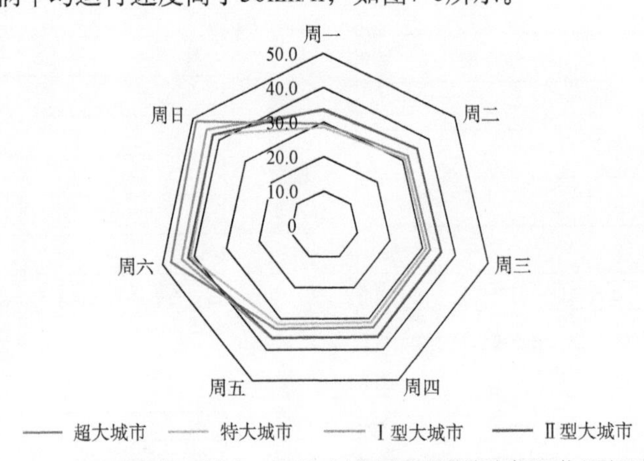

图 7-6　不同规模类型城市一周早高峰主城区道路车辆平均运行速度

注：数据来源于百度地图。

从晚高峰看，36个大城市周五的主城区道路车辆平均运行速度最低，为27.5km/h，周一的主城区道路车辆平均运行速度相对较高、为29.9km/h。与工作日相比，休息日的主城区道路车辆平均运行速度提高幅度不大，周六、周日主城区道路车辆平均运行速度分别为32.9m/h、34.2km/h。其中，超大城市周五的主城区道路车辆平均运行速度最低，为26.0km/h，特大城市、Ⅱ型大城市周五的主城区道路车辆平均运行速度分别为26.3km/h、27.8km/h，Ⅰ型大城市周五的主城区道路车辆平均运行速度相对较高，为29.9km/h，如图7-7所示。

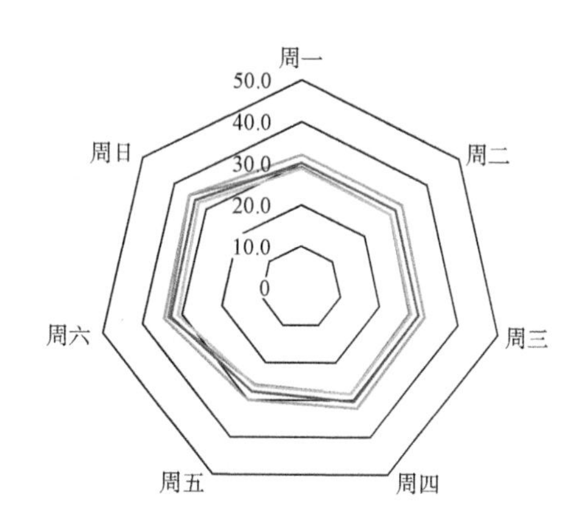

图 7-7 不同规模类型城市一周晚高峰主城区道路车辆平均运行速度

注：数据来源于百度地图。

一、超大城市一周道路车辆平均运行速度

2020年，超大城市周一早高峰道路车辆平均运行速度最低，周五早高峰道路车辆平均运行速度相对较高，休息日的早高峰道路车辆平均运行速度是工作日早高峰道路车辆平均运行速度的1.5倍左右。广州、深圳、成都、天津的早高峰道路车辆平均运行速度要普遍高于北京、上海、重庆的早高峰道路车辆平均运行速度。如图7-8a）所示，工作日，广州、深圳、成都、天津的早高峰道路车辆平均运行速度是北京、上海、重庆早高峰道路车辆平均运行速度的1.3倍左右；休息日，广州、深圳、成都、天津的早高峰道路车辆平均运行速度是北京、上海、重庆早高峰道路车辆平均运行速度的1.1倍左右。

2020年，超大城市周五晚高峰道路车辆平均运行速度最低，周一晚高峰道路车辆平均运行速度相对较高，休息日的晚高峰道路车辆平均运行速度是工作日晚高峰道路车辆平均运行速度的1.2倍左右。深圳、成都、天津的晚高峰道路车辆平均运行速度普遍高于北京、上海、广州、重庆的晚高峰道路车辆平均运行速度。如图7-8b）所示，工作日，深圳、成都、天津的晚高峰道路车辆平均运行速度是北京、上海、广州、重庆晚高峰道路车辆平均运行速度的1.2倍左右；休息日，深圳、成都、天津的晚高峰道路车辆平均运行速度是北京、上海、广州、重庆晚高峰道路车辆平均运行速度的1.1倍左右。

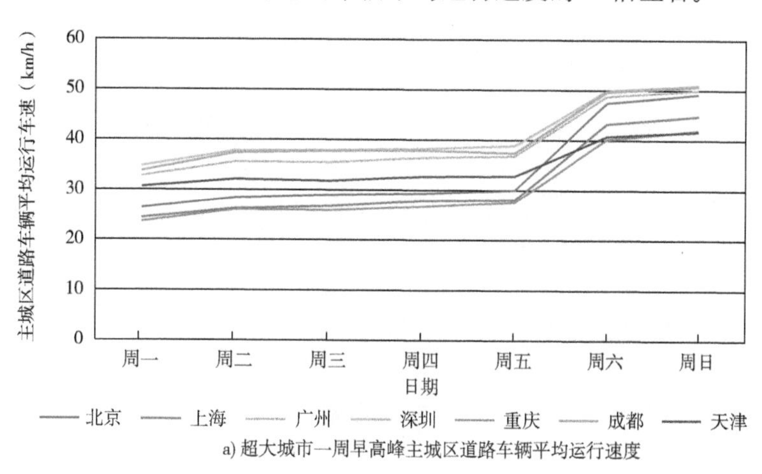

a) 超大城市一周早高峰主城区道路车辆平均运行速度

图 7-8

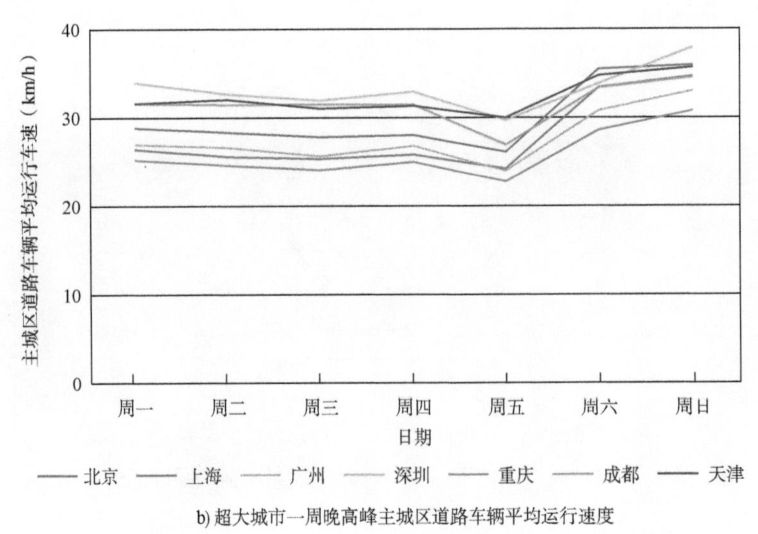

b) 超大城市一周晚高峰主城区道路车辆平均运行速度

图 7-8 超大城市一周早晚高峰主城区道路车辆平均运行速度

注：数据来源于百度地图。

二、特大城市一周车辆平均运行速度

2020年，特大城市周一早高峰道路车辆平均运行速度最低，平均值为28.1km/h；周五早高峰道路车辆平均运行速度相对较高，平均值为31.7km/h；休息日的早高峰道路车辆平均运行速度是工作日早高峰道路车辆平均运行速度的1.3倍左右。郑州、武汉、昆明、长沙、济南的早高峰道路车辆平均运行速度相对较高，沈阳、哈尔滨、大连早高峰道路车辆平均运行速度相对较低，如图7-9a）所示。工作日，郑州的早高峰道路车辆平均运行速度最高，平均值为36.5km/h，其次是长沙，为33.7km/h；大连的早高峰道路车辆平均运行速度最低平均值为26.9km/h，其次是沈阳，为27.9km/h。休息日，郑州、南京、青岛、武汉、西安、杭州、昆明、长沙、济南的早高峰道路车辆平均运行速度高于40km/h；沈阳、哈尔滨、大连的早高峰道路车辆平均运行速度低于40km/h。

2020年，特大城市周五晚高峰道路车辆平均运行速度最低，平均值为26.4km/h；周一晚高峰道路车辆平均运行速度相对较高，平均值为28.8km/h，休息日的晚高峰道路车辆平均运行速度是工作日晚高峰道路车辆平均运行速度的1.1倍左右。郑州、武汉、济南的晚高峰道路车辆平均运行速度相对较高，西安、昆明晚高峰道路车辆平均运行速度相对较低，如图7-9b）所示。工作日，郑州的晚高峰道路车辆平均运行速度最高，平均值为32.7km/h，其次是济南，为30.3km/h，武汉以29.8km/h位居第三；西安的晚高峰道路车辆平均运行速度最低，平均值为24.7km/h，其次是昆明为25.7km/h。休息日，武汉的晚高峰道路车辆平均运行速度最高，平均值为34.9km/h，其次是济南，为34.5km/h。郑州、昆明、长沙、哈尔滨、大连、南京、青岛、杭州、沈阳晚高峰道路车辆平均运行速度均高于30km/h，西安晚高峰道路车辆平均运行速度低于30km/h。

三、大城市一周道路车辆平均运行速度

Ⅰ型大城市中，周一早高峰道路车辆平均运行速度最低，平均值为34.3km/h；周五早高峰运行速度相对较高，平均值为37.0km/h；休息日的早高峰道路车辆平均运行速度是工作日早高峰道路车辆平均运行速度的1.3倍左右。太原、乌鲁木齐、厦门、石家庄、南宁、福州、宁波早高峰道路车辆平均运行速度相对

较高，合肥、长春早高峰道路车辆平均运行速度相对较低，如图7-10a）所示。工作日，乌鲁木齐的早高峰道路车辆平均运行速度最高，平均值为39.9km/h，其次是太原，为39.5km/h，合肥、厦门、石家庄、南宁、福州的早高峰道路车辆平均运行速度平均值也超过30km/h；长春的早高峰道路车辆平均运行速度相对较低，平均值为27.9km/h。休息日，太原的早高峰道路车辆平均运行速度最高，平均值为48.0km/h，其次是乌鲁木齐，为47.0km/h，合肥、厦门、石家庄、南宁、福州、宁波的早高峰道路车辆平均运行速度均高于40km/h，长春的早高峰道路车辆平均运行速度高于35km/h。

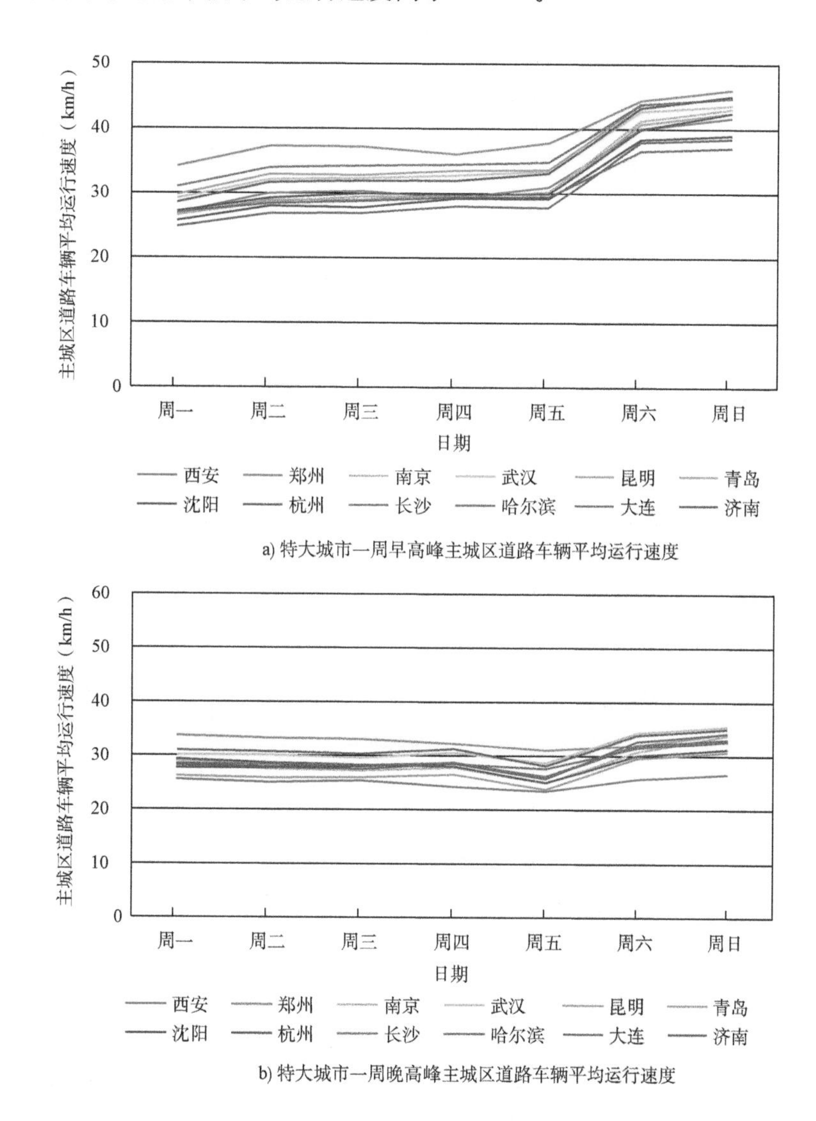

a) 特大城市一周早高峰主城区道路车辆平均运行速度

b) 特大城市一周晚高峰主城区道路车辆平均运行速度

图7-9　特大城市一周早晚高峰主城区道路车辆平均运行速度

注：数据来源于百度地图。

Ⅰ型大城中，周五晚高峰道路车辆平均运行速度最低，平均值为30.5km/h；其余工作日晚高峰道路车辆平均运行速度较为相近，平均值均在32~33km/h之间，休息日的晚高峰道路车辆平均运行速是工作日晚高峰道路车辆平均运行速度的1.1倍左右。太原、乌鲁木齐、石家庄、宁波晚高峰道路车辆平均运行速度相对较高，合肥、厦门、南宁、福州、长春晚高峰道路车辆平均运行速度相对较低，如图7-10b）所示。工作日，乌鲁木齐的晚高峰道路车辆平均运行速度最高，平均值为36.8km/h，其次是太原，为35.9km/h；

长春的晚高峰道路车辆平均运行速度相对较低，平均值为28.1km/h，合肥、厦门、南宁的晚高峰道路车辆平均运行速度均低于30km/h。休息日，乌鲁木齐的晚高峰道路车辆平均运行速度最高，平均值为40.1km/h，其次是宁波，为39.6km/h，太原、合肥、厦门、长春、石家庄、南宁、福州的晚高峰道路车辆平均运行速度均高于30km/h。

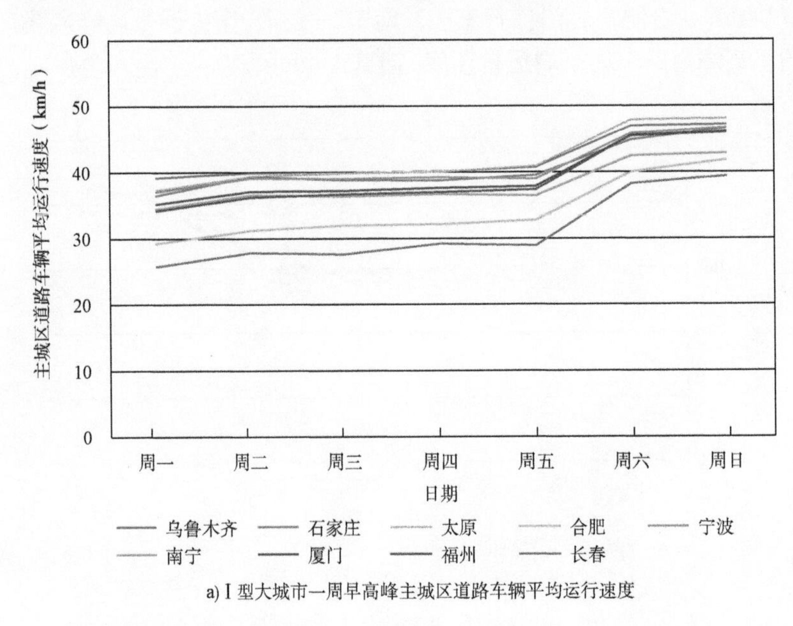

a) Ⅰ型大城市一周早高峰主城区道路车辆平均运行速度

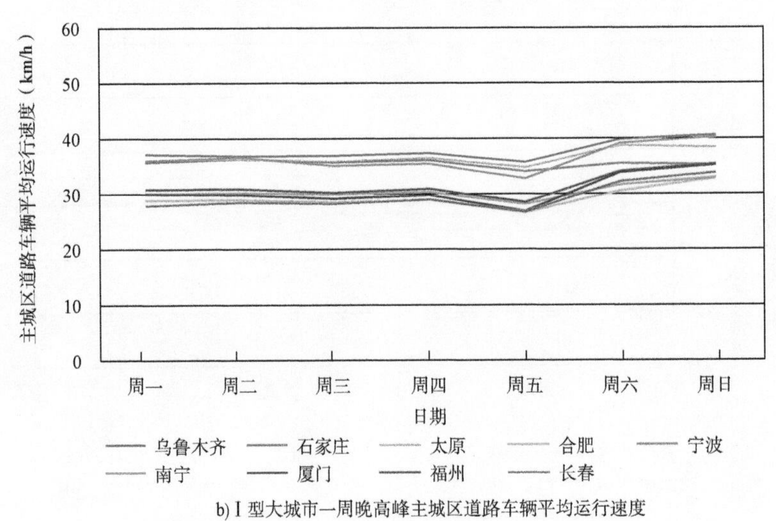

b) Ⅰ型大城市一周晚高峰主城区道路车辆平均运行速度

图 7-10　Ⅰ型大城市一周早晚高峰主城区道路车辆平均运行速度

注：数据来源于百度地图。

Ⅱ型大城市中，周一早高峰道路车辆平均运行速度最低，平均值为33.7km/h；周五早高峰道路车辆平均运行速度相对较高，平均值为36.2km/h；休息日的早高峰道路车辆平均运行速度是工作日早高峰道路车辆平均运行速度的1.2倍左右。西宁早高峰道路车辆平均运行速度相对较高，贵阳工作日的早高峰道路车辆平均运行速度相对较低，海口、拉萨、兰州休息日的早高峰道路车辆平均运行速度相对较低，如图7-11a）所示。工作日，西宁的早高峰道路车辆平均运行速度最高，平均值为44.6km/h，其次是银川，为37.8km/h，呼和浩特、南昌早高峰道路车辆平均运行速度平均值均超过36km/h；所有Ⅱ型大城市早高峰道路车辆平均运行速度平均值均超过30km/h，贵阳、兰州、海口、拉萨早高峰道路车辆平均运行速度相对较低，平均值分别为30.3km/h、31.7km/h、32.1km/h、33.8km/h。休息日，西宁的早高峰道路车辆平均运行速度最高，平均值为51.5km/h，其次是呼和浩特，为43.2km/h，第三是南昌，为43.0km/h，银川、贵阳、南昌早高峰道路车辆平均运行速度均超过了40km/h；海口、拉萨、兰州早高峰道路车辆平均运行速度相对较低，平均值分别为37.8km/h、37.9km/h、38.7km/h。

Ⅱ型大城市中，周五晚高峰道路车辆平均运行速度最低，平均值为27.8km/h；周一至周四的晚高峰道路车辆平均运行速度较为接近，均在30km/h左右，休息日的早高峰道路车辆平均运行速度是工作日早高峰道路车辆平均运行速度的1.1倍左右。西宁晚高峰道路车辆平均运行速度相对较高，贵阳、海口、拉萨、兰州晚高峰道路车辆平均运行速度相对较低，如图7-11b）所示。工作日，西宁的晚高峰道路车辆平均运行速度最高，平均值为37.7km/h，其次是银川为33.7km/h，呼和浩特、南昌的晚高峰道路车辆平均运行速度均超过了30km/h；贵阳晚高峰道路车辆平均运行速度相对较低，平均值为23.6km/h，海口晚高峰道路车辆平均运行速度平均值为24.0km/h，拉萨、兰州晚高峰道路车辆平均运行速度均低于30km/h。休息日，西宁的晚高峰道路车辆平均运行速度最高，平均值为42.6km/h，其次是南昌，为35.5km/h，呼和浩特、拉萨、兰州、银川晚高峰道路车辆平均运行速度均高于30km/h。

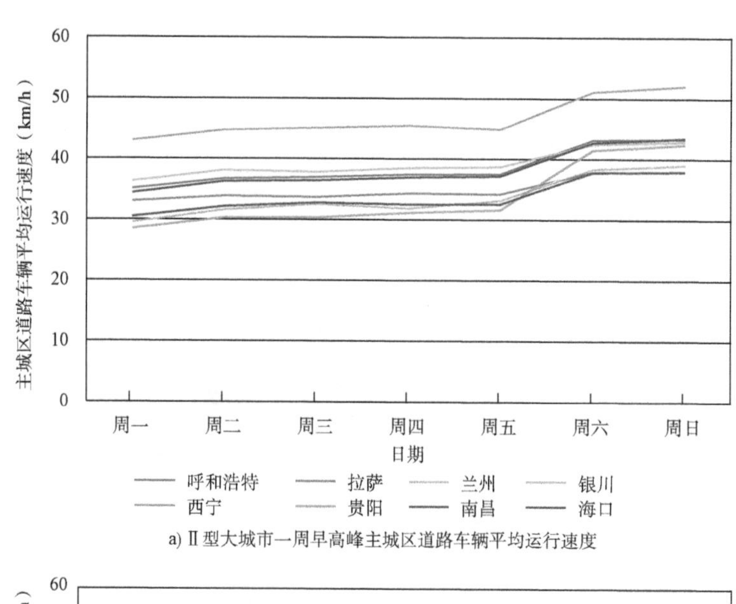

a）Ⅱ型大城市一周早高峰主城区道路车辆平均运行速度

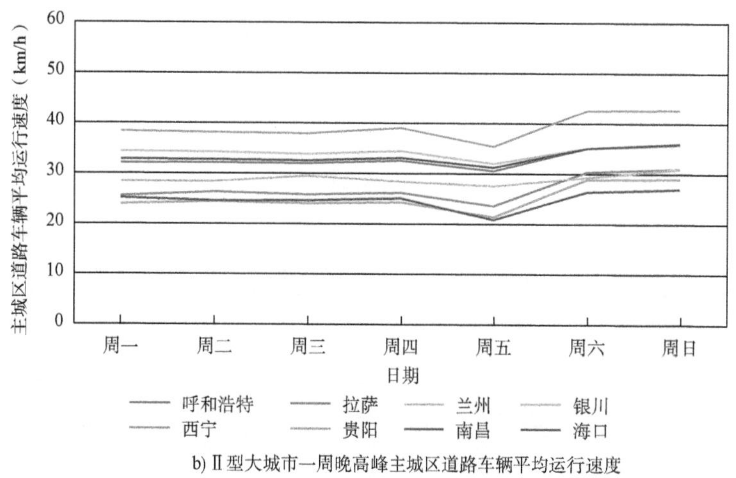

b）Ⅱ型大城市一周晚高峰主城区道路车辆平均运行速度

图7-11 Ⅱ型大城市一周早晚高峰主城区道路车辆平均运行速度

注：数据来源于百度地图。

第三节 典型城市道路车辆平均运行速度

为深入分析不同类型、不同区域城市道路交通运行特征，分别选取了华南地区的超大城市——广州，华东地区的特大城市——上海，华北地区的大城市——太原，华中地区的特大城市——郑州作为研究对象，通过24h、一周7天道路车辆平均运行速度分析早晚高峰城市交通运行特征。

一、广州

广州常住人口超过1800万人，汽车保有量超过300万辆，是华南地区超大城市的代表。以广州为研究对象，可以探究具有人口密度大、汽车保有量高、道路网范围广等相似特征的城市，道路交通在早晚高峰时期的运行特征。

1. 24h平均运行速度

2020年，广州24h各类型道路的车辆平均运行速度见图7-12。由图可知，广州快速路车辆平均运行速度在24h分布上的变化最为明显，次干路、支路车辆平均运行速度在24h分布上的变化相对较小。

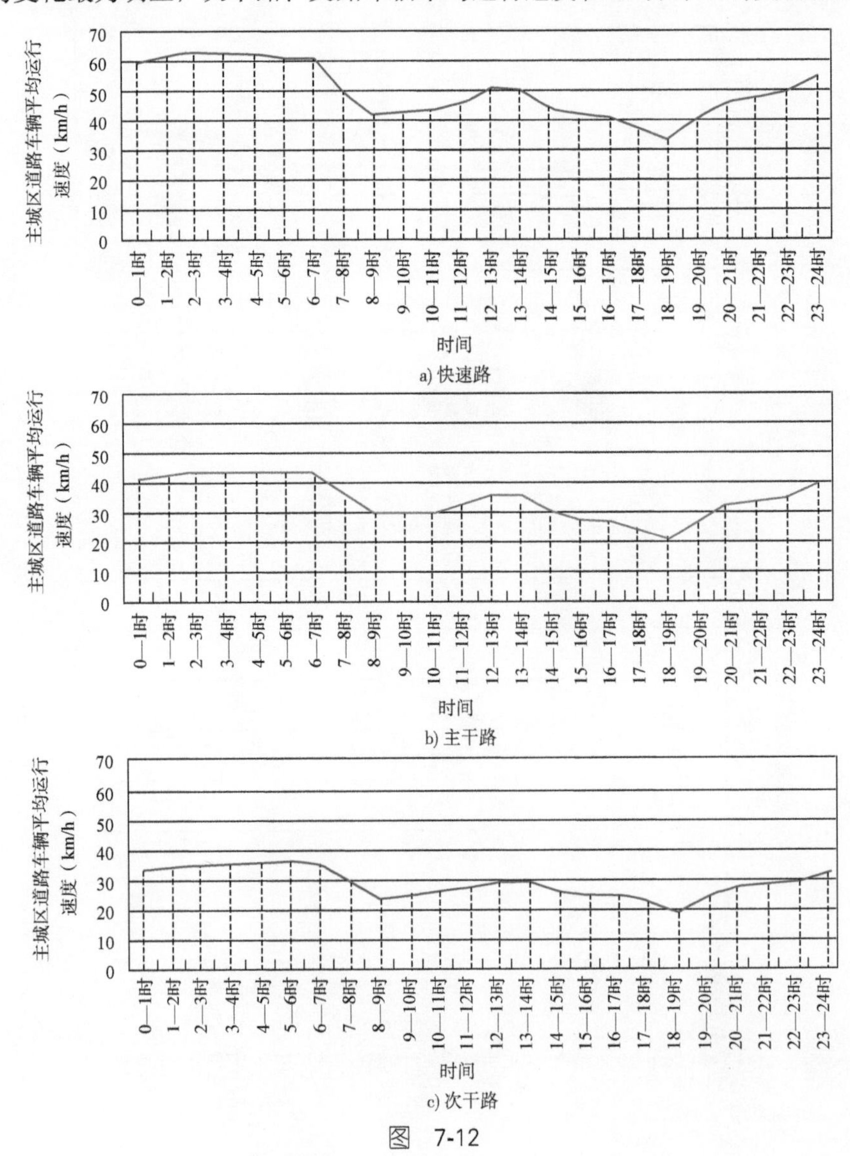

a) 快速路

b) 主干路

c) 次干路

图 7-12

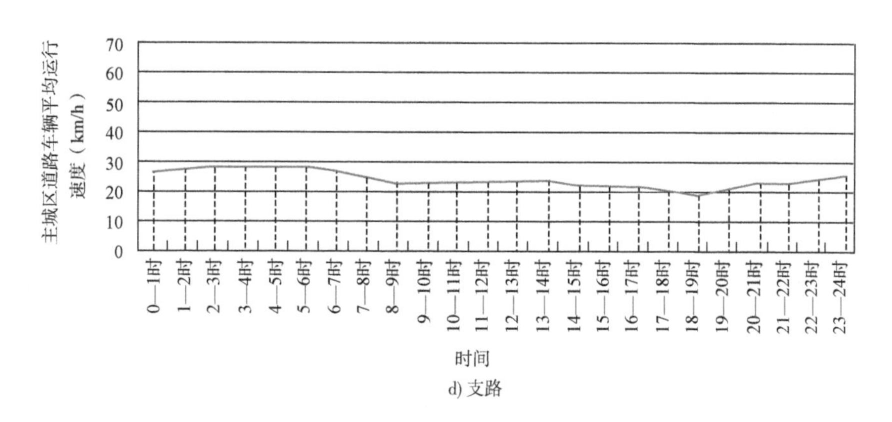

d) 支路

图 7-12　广州 24h 各类型道路车辆平均运行速度

注：数据来源于百度地图。

从快速路的情况看，8:00—10:00道路车辆平均运行速度为41~43km/h，出现早高峰的速度波谷；其后道路车辆平均运行速度逐渐增长，在中午12:00出现了一个波峰；而12:00之后道路车辆平均运行速度呈下降趋势，直到18:00—19:00道路车辆平均运行速度降低至33.3km/h，出现晚高峰的速度波谷；夜间0:00—次日6:00，快速路车辆平均运行速度最高，在54~63km/h之间，为早晚高峰道路车辆平均运行速度的2倍以上。

从主干路的情况看，8:00—9:00和15:00—20:00这两个时段内的道路车辆平均运行速度均低于30km/h，特别是17:00—18:00道路车辆平均运行速度为24.8km/h、18:00—19:00道路车辆平均运行速度为21.9km/h，相对较低。

从次干路的情况看，7:00—23:00道路车辆平均运行速度均低于30km/h，8:00—9:00道路车辆平均运行速度在23km/h左右，出现早高峰的速度波谷；其后道路车辆平均运行速度逐渐增长，在13:00出现了一个波峰；而13:00之后道路车辆平均运行速度逐渐下降，直到18:00—19:00道路车辆平均运行速度降低至18.4km/h，出现晚高峰的速度波谷。

从支路的情况看，24h中道路车辆平均运行速度均低于30km/h，其中早上8:00—11:00道路车辆平均运行速度为22km/h左右、18:00—19:00道路车辆平均运行速度为19km/h左右，相对较低。

2. 一周早晚高峰道路车辆平均运行速度

由图7-13a）可以看出，2020年，工作日早高峰，广州快速路车辆平均运行速度是40.2km/h，主干路车辆平均运行速度是29.4km/h，次干路车辆平均运行速度是23.5km/h，支路是22.4km/h。其中，周一早高峰道路车辆运行速度相对较低，快速路车辆平均运行速度是36.5km/h，主干路、次干路、支路车辆平均运行速度分别为26.8km/h、21.9km/h、21.5km/h。周五早高峰道路车辆平均运行速度相对较高，快速路车辆平均运行速度增长尤其明显，达到42.3km/h，主干路、次干路、支路车辆平均运行速度分别为30.8km/h、24.4km/h、22.9km/h。

休息日早高峰，广州快速路车辆平均运行速度是59.8km/h，是工作日车辆平均运行速度的1.5倍；主干路车辆平均运行速度是41.5km/h，是工作日车辆平均运行速度的1.4倍；次干路车辆平均运行速度是32.5km/h，是工作日车辆平均运行速度的1.4倍；支路车辆平均运行速度是25.6km/h，是工作日车辆平均运行速度的1.1倍。

由图7-13b）可以看出，2020年，广州快速路在晚高峰的车辆平均运行速度明显低于早高峰车辆平均运行速度，主干路在工作日晚高峰的车辆平均运行速度为22km/h左右，次干路、支路在工作日晚高峰的车辆平均运行速度相近，为21km/h左右；主干路、次干路、支路在休息日晚高峰的车辆平均运行速度明显低于早高峰车辆平均运行速度。同时，晚高峰阶段各类型道路车辆平均运行速度的差距相对较小。

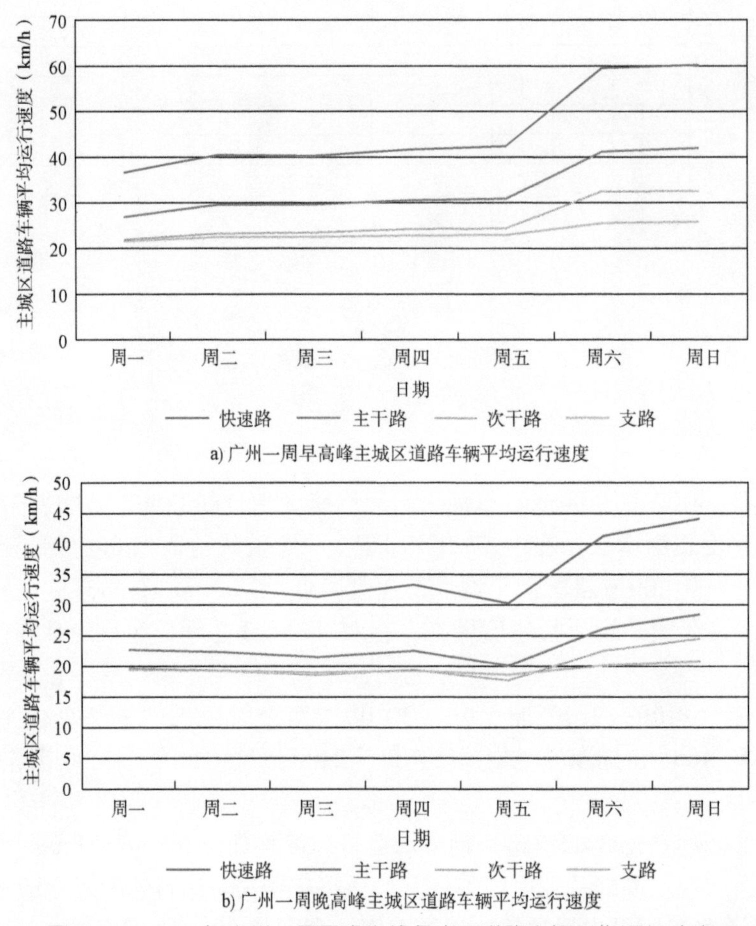

a) 广州一周早高峰主城区道路车辆平均运行速度

b) 广州一周晚高峰主城区道路车辆平均运行速度

图7-13　2020年广州一周早晚高峰各类型道路车辆平均运行速度

注：数据来源于百度地图。

在工作日的晚高峰，快速路车辆平均运行速度是主干路的1.5倍左右，是次干路、支路的1.7倍左右，在休息日的晚高峰，快速路车辆平均运行速度是主干路的1.5倍、次干路的1.8倍、支路的2倍。

如图7-13b）所示，工作日晚高峰，广州快速路车辆平均运行速度是32km/h，主干路车辆平均运行速度是22.8km/h，次干路车辆平均运行速度是19km/h，支路是19.1km/h。其中，周五晚高峰道路车辆运行速度相对较低，快速路车辆平均运行速度是30.3km/h，主干路车辆平均运行速度是20km/h，次干路、支路车辆平均运行速度分别为17.7km/h、18.5km/h。周一晚高峰道路车辆运行速度相对较高，快速路车辆平均运行速度是32.6km/h，主干路、次干路、支路车辆平均运行速度分别为22.6km/h、19.7km/h、19.3km/h。休息日，广州快速路车辆平均运行速度平均值是42.6km/h，主干路车辆平均运行速度平均值是27.3km/h，次干路车辆平均运行速度平均值是23.5km/h，支路车辆平均运行速度是20.4km/h。

3. 高峰时段车辆平均运行速度较低的路段

2020年，广州主城区范围内仅有1条路段在高峰时段的车辆平均运行速度低于15km/h，该路段为江湾路（从江南大道中辅路到滨江中路）由西向北路段。

除上述江湾路路段外，2020年，广州主城区范围内仍有11条路段在高峰时段的车辆平均运行速度低于20km/h。包括：东风东路（从福今东到中山一立交）由西向东路段、东风西路（从康王北路到西场立交桥）由东向西路段、东风西路（从盘福立交到西场立交桥）由东向西路段、京港线（从区庄立交桥到中山一立交）由西向东路段、猎德大道（从四季天地到海安路）由南向北路段、京珠线（从区庄立交桥到中山一立交）由西向东路段、瘦狗岭路（禺东西路附近）由西向东路段、增滩公路（从爱民大道到雁塔大桥）由南向北路段、茶滘路（从穗盐路到东漖北路）由西向东路段、机场路（从小坪立交到机场路立交桥）由北向南路段、京深线（从天河立交到天河路）由西向东路段。

二、上海

上海常住人口超过2400万人，汽车保有量超过450万辆，是华东地区超大城市的代表。以上海为研究对象，可以探究具有经济增长潜力大、汽车保有量增长速度快、人口聚集趋势明显等相似特征的城市，道路交通在早晚高峰时期的运行特征。

1.24h 道路车辆平均运行速度

从图7-14可以看出，2020年，上海快速路车辆平均运行速度在24h分布上的变化最为明显，支路车辆平均运行速度在24h分布上的变化相对较小。

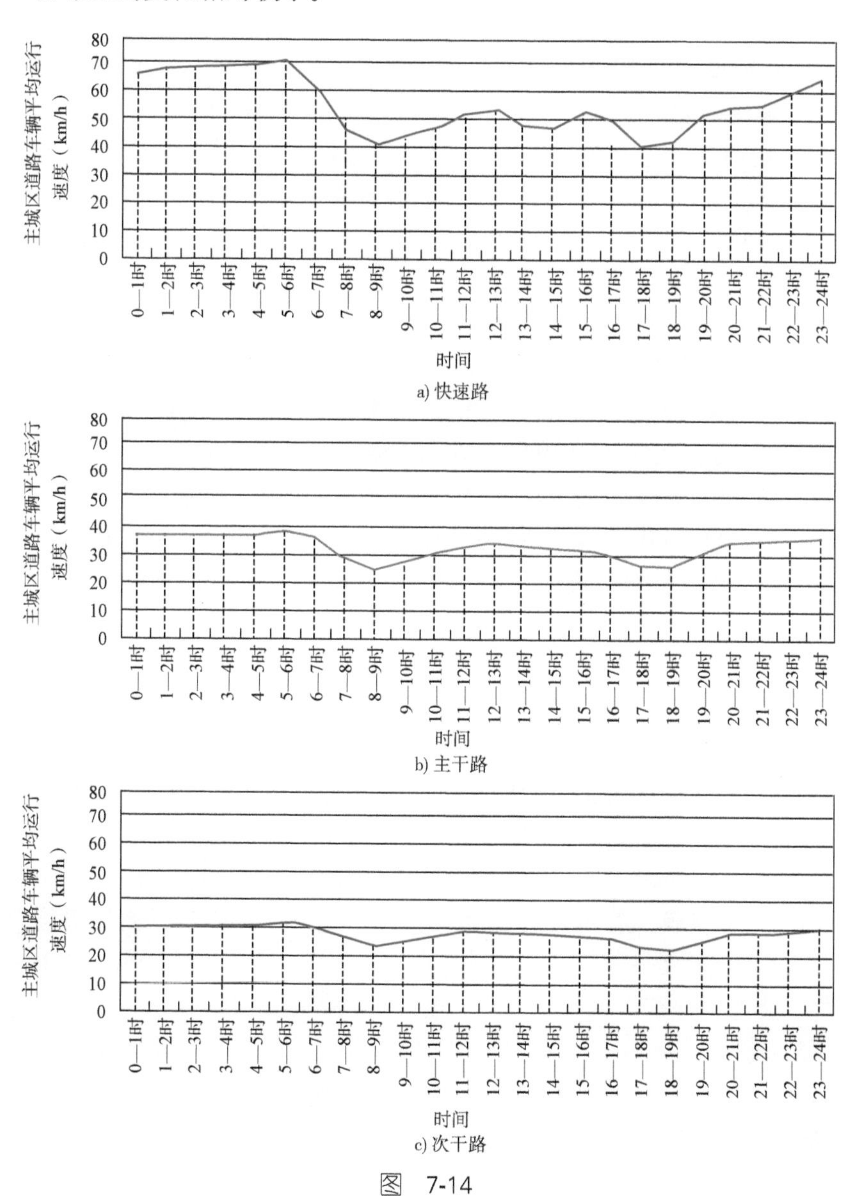

a) 快速路

b) 主干路

c) 次干路

图　7-14

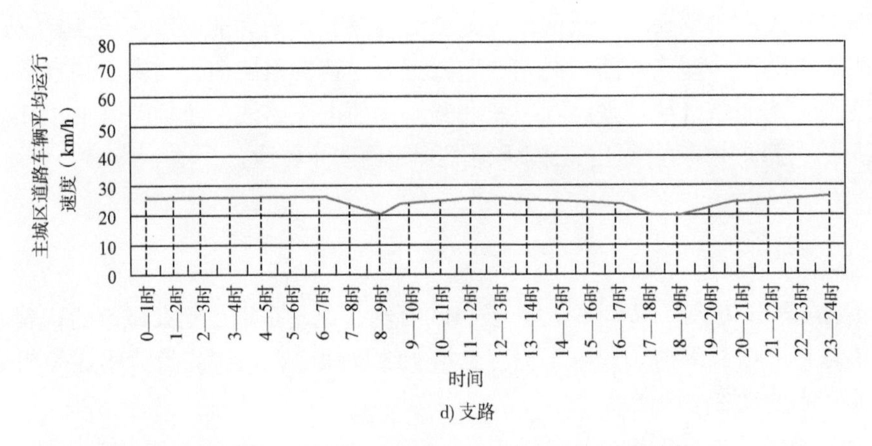

d) 支路

图7-14　上海24h各类型道路车辆平均运行速度

注：数据来源于百度地图。

从快速路的情况看，8:00—9:00车辆平均运行速度相对较低，为41.3km/h，出现早高峰的速度波谷，其后道路车辆平均运行速度继续上升，在12:00—13:00达到53.3km/h，出现第一个速度波峰；随后车辆平均运行速度逐渐下降，在14:00出现了一个波谷；而14:00之后车辆平均运行速度逐渐上升，在15:00出现第二个波谷；之后车辆平均运行速度稍微上升后又逐渐下降，直到17:00—18:00车辆平均运行速度降低至40.5km/h，出现晚高峰的速度波谷；夜间0:00—次日6:00，快速路车辆平均运行速度最高，均超过了60km/h。

从主干路的情况看，8:00—9:00和17:00—19:00这两个时段内的车辆平均运行速度相对较低，分别为23.5km/h、25km/h，主干路晚高峰车辆平均运行速度略高于早高峰车辆平均运行速度。

从次干路的情况看，日间6:00—23:00时段内的车辆平均运行速度均低于30km/h，并且在早上8:00—9:00出现了早高峰的速度波谷、在18:00—19:00出现了晚高峰的速度波谷。

从支路的情况看，在24h分布上车辆平均运行速度均低于30km/h，其中8:00—9:00出现了早高峰的速度波谷、为21.2km/h；18:00—19:00出现了晚高峰的速度波谷，为20.7km/h，如图7-15所示。相比广州，上海快速路、次干路在24h分布上的车辆平均运行速度普遍高于广州，主干路、支路在24h分布上的车辆平均运行速度均与广州相似。

2. 一周早晚高峰道路车辆平均运行速度

2020年，上海工作日的早高峰快速路车辆平均运行速度是主干路的1.7倍、次干路的1.8倍、支路的1.8倍；休息日的早高峰快速路车辆平均运行速度是主干路的1.7倍、次干路的2.1倍、支路的2.5倍。如图7-15a）所示，工作日早高峰，上海快速路车辆平均运行速度的平均值是36.9 km/h，主干路车辆是21.3 km/h，次干路车辆是20.4 km/h，支路是20.7km/h。其中，周一早高峰道路车辆运行速度相对较低，快速路车辆平均运行速度是32.9km/h，主干路、次干路、支路车辆平均运行速度分别为19.2km/h、18.8km/h、19.7km/h。周五早高峰道路车辆运行速度相对高一些，快速路车辆平均运行速度增长尤其明显，达到39.3km/h，主干路、次干路、支路车辆平均运行速度分别为22.5km/h、21.3km/h、22.2km/h。

休息日的早高峰，上海快速路车辆平均运行速度的平均值是62.4km/h，是工作日的1.7倍；主干路车辆平均运行速度的平均值是35.9km/h，是工作日的1.7倍；次干路车辆平均运行速度的平均值是28.8km/h，是工作日的1.4倍；支路车辆平均运行速度的平均值是24.8km/h，是工作日的1.2倍。

2020年，上海快速路、主干路、次干路、支路在休息日晚高峰的车辆平均运行速度明显低于早高峰车辆平均运行速度，支路在工作日晚高峰的车辆平均运行速度与早高峰车辆平均运行速度相近，普遍在

20km/h左右；快速路在休息日的晚高峰车辆运行速度明显低于早高峰，其余各类型道路在休息日晚高峰的车辆平均运行速度与早高峰的车辆平均运行速度差别不大。快速路在工作日的晚高峰车辆平均运行速度是主干路、次干路、支路的1.7倍~1.9倍，快速路在休息日的晚高峰的车辆平均运行速度是主干路、次干路、支路的1.6倍~2.2倍。

如图7-15b）所示，工作日晚高峰，上海快速路车辆平均运行速度的平均值是38.2km/h，主干路是22.5km/h，次干路是19.9km/h，支路是20.4km/h。其中，周五晚高峰道路车辆运行速度相对较低，快速路车辆平均运行速度是36.5km/h，主干路、次干路、支路车辆平均运行速度分别为21km/h、18.8km/h、19.7km/h。周日晚高峰道路车辆运行速度相对较高，快速路车辆平均运行速度是49.9km/h，主干路、次干路、支路车辆平均运行速度分别为31.8km/h、26.3km/h、22.8km/h。休息日，上海快速路车辆平均运行速度的平均值是49.4km/h，主干路是31.1km/h，次干路是25.5km/h，支路是22.3km/h。

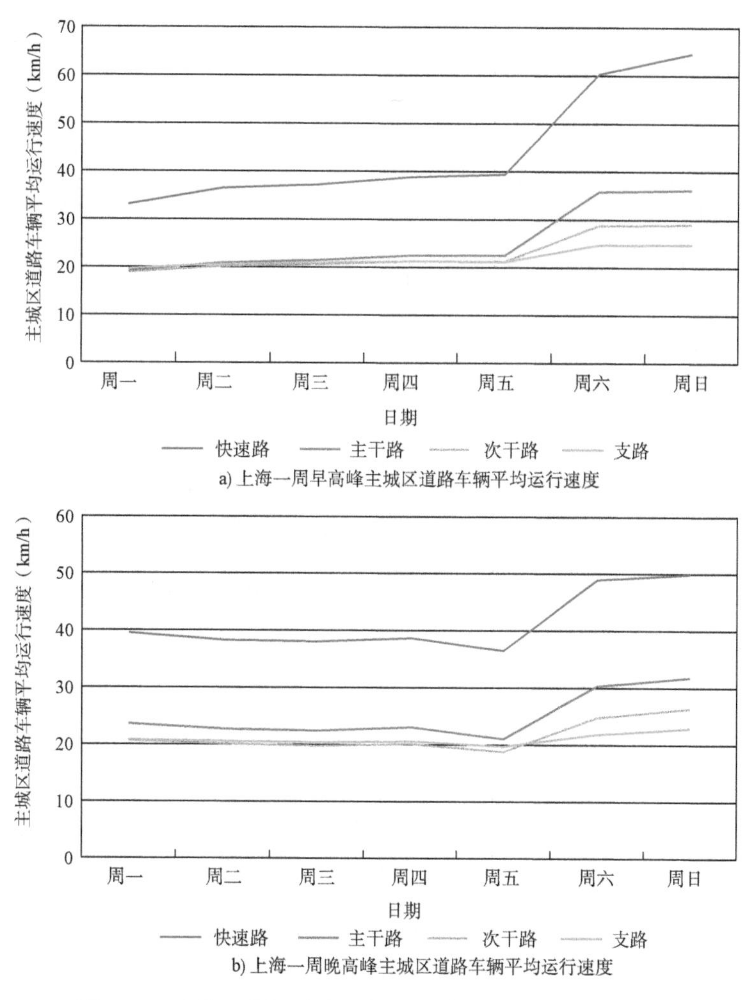

图7-15　上海一周早晚高峰各类型道路车辆平均运行速度

注：数据来源于百度地图。

3. 高峰时段车辆平均运行速度较低的路段

2020年，上海主城区范围内有6条路段在高峰时段的车辆平均运行速度低于15km/h，包括：沪杭高速（莘庄立交附近）由西向北路段、沪昆高速（莘庄立交附近）由西向北路段、莘庄立交（从七莘立交桥到沪闵路淀浦河桥）由西向北路段、沪松公路（从涞亭南路蒲汇塘桥到沪松公路华新港桥）由西向东路段、延长中路（从共和新路到延长路桥）由东向西路段、云岭西路（从云岭西路桥到千阳路桥）由东向西路段。

除上述6条路段外，2020年，上海主城区范围内仍有10条路段在高峰时段的车辆平均运行速度低于20km/h，包括：延安东路隧道（从上海环球金融中心-观光厅到1迈大步遛中式快餐）由东向西路段、闵申路（从闵申大道河蒲泾桥到新车公路陆家浜桥）由东向西路段、济阳路（从高青西路到三林水泥厂桥）由北向南路段、航松路（从金都路到银都西路竹港桥）由南向北路段、申光路（从春申商业广场到紫江桥）由南向北路段、华发路（龙吴路立交桥附近）由西向东路段、广粤路（从临汾路桥到广中路桥）由北向南路段、民益路（从茸新路小浜桥到新车公路陆家浜桥）由南向东路段、洞薛路（从中泾浜桥到长远泾桥）由西向东路段、彭封路（从澄浏中路六号桥到南黄泥泾桥）由东向西路段。

三、太原

太原常住人口超过430万人，汽车保有量超过156万辆，是华北地区大城市的代表。以太原为研究对象，可以探究华北地区具有经济发展速度较快、汽车保有量增长较快、人口增长较快等相似特征的城市，道路交通在早晚高峰时期的运行特征。

1.24h 道路车辆平均运行速度

从图7-16可以看出，2020年，太原快速路、主干路车辆平均运行速度在24h分布上的变化最为明显，支路车辆平均运行速度在24h分布上的变化相对较小。

从快速路的情况看，8:00—9:00车辆平均运行速度相对较低，为34.7km/h，出现早高峰的速度波谷；其后车辆平均运行速度逐渐增长，在13:00出现了一个波峰；而13:00之后车辆平均运行速度逐渐下降，直到18:00—19:00车辆平均运行速度降低至32.2km/h，出现晚高峰的速度波谷；夜间0:00—次日7:00，快速路车辆平均运行速度最高，均接近70km/h，与上海这样的超大城市相近。

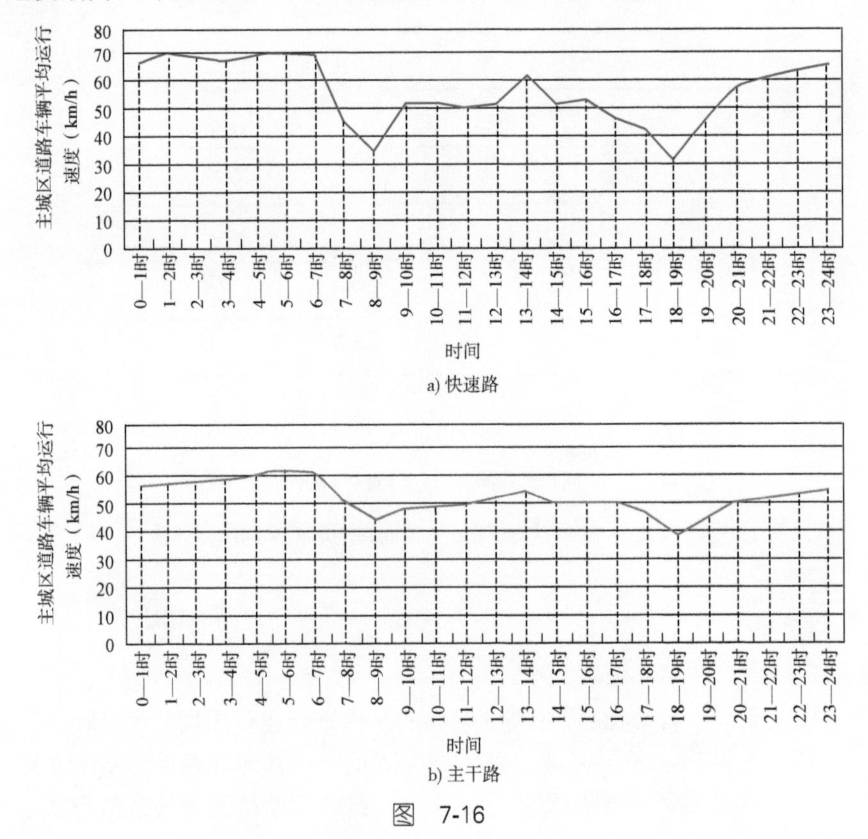

a) 快速路

b) 主干路

图 7-16

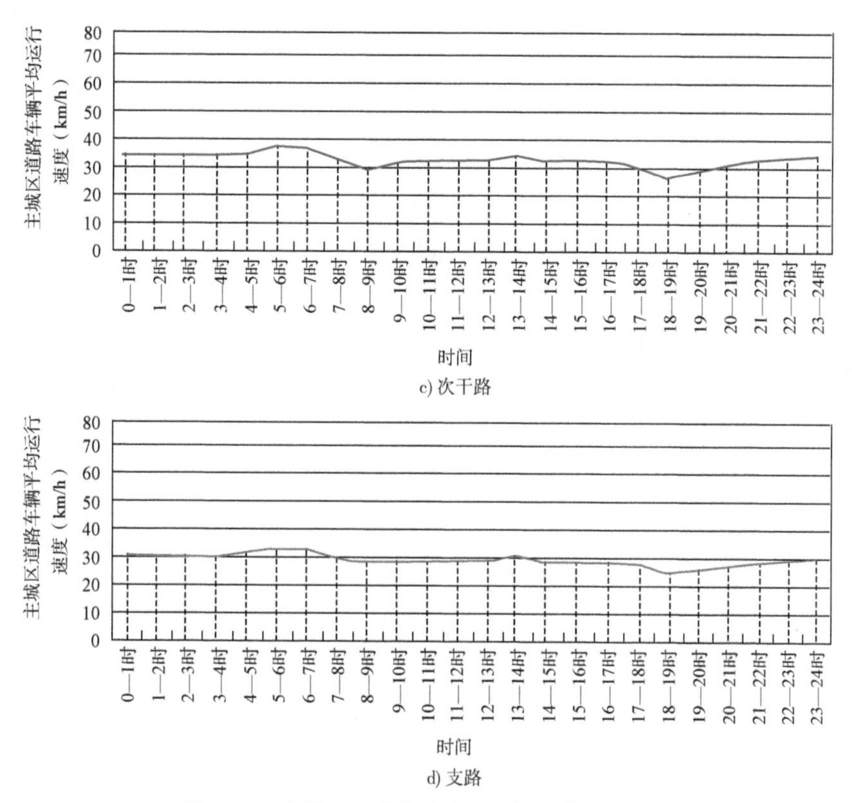

图7-16　太原24h各类型道路车辆平均运行速度

注：数据来源于百度地图。

从主干路的情况看，8:00—9:00和18:00—19:00这两个时段内的车辆平均运行速度相对较低，分别为44.3km/h、38.7km/h，主干路晚高峰车辆平均运行速度明显低于早高峰车辆平均运行速度。

从次干路的情况看，8:00—9:00和18:00—19:00这两个时段内的车辆平均运行速度均低于30km/h，并且在早上8:00—9:00出现了早高峰的速度波谷，在18:00—19:00出现了晚高峰的速度波谷。

从支路的情况看，在24h分布上车辆平均运行速度均处于30km/h左右，其中早高峰8:00—11:00车辆平均运行速度为28.3km/h左右，晚高峰18:00—19:00车辆平均运行速度在24.1km/h左右，相对较低。

相比广州，太原快速路、主干路、支路在24h分布上的车辆平均运行速度普遍高于广州，太原次干路在24h分布上的车辆平均运行速度与广州相似。

2. 一周早晚高峰道路车辆平均运行速度

与广州、上海、郑州环城道路为快速路的情况不同，太原的环城道路为高速公路，因此，下面选取太原高速路早晚高峰数据进行分析。2020年，太原工作日的早高峰高速路车辆平均运行速度是主干路的1.9倍、次干路的2.9倍、支路的3倍；休息日的早高峰快速路车辆平均运行速度的平均值是主干路的1.5倍、次干路的2.5倍、支路的2.8倍。

如图7-17a）所示，工作日早高峰，太原高速路车辆平均运行速度的平均值是84.8km/h，主干路车辆的平均值是44.5km/h，次干路车辆的平均值是29.1km/h，支路是28.4km/h。其中，周一早高峰道路车辆运行速度相对较低，高速路车辆平均运行速度是83.9km/h，主干路、次干路、支路车辆平均运行速度分别为41.8km/h、27.8km/h、27.9km/h。周五早高峰道路车辆运行速度相对较高，分别达到85.7km/h、46.3km/h，次干路、支路车辆平均运行速度分别为30km/h、28.8km/h。休息日的早高峰，太原高速路车辆平均运行速度的平均值是85.5km/h，是工作日车辆平均运行速度平均值的1.01倍；主干路车辆平均运行速度的平均值是

55.1km/h，是工作日车辆平均运行速度平均值的1.2倍；次干路车辆平均运行速度的平均值是34km/h，是工作日车辆平均运行速度平均值的1.2倍；支路车辆平均运行速度是30.8km/h，是工作日车辆平均运行速度平均值的1.1倍。

2020年，太原工作日的晚高峰高速路车辆平均运行速度的平均值是主干路的2倍、次干路的3倍、支路的3.2倍；休息日的晚高峰快速路车辆平均运行速度的平均值是主干路的1.8倍、次干路的2.9倍、支路的3.2倍。

如图7-17b）所示，工作日晚高峰，太原高速路车辆平均运行速度的平均值是82.7km/h，主干路是41.3km/h，次干路是27.2km/h，支路是25.4km/h。其中，除高速路外，其余道路在周五晚高峰的车辆运行速度相对较低，主干路、次干路、支路车辆平均运行速度分别为39.7km/h、26.3km/h、25km/h。除高速路外，其余道路在周四晚高峰的车辆运行速度相对较高，主干路、次干路、支路车辆平均运行速度分别为42.1km/h、27.6km/h、25.5km/h。休息日，太原高速路车辆平均运行速度的平均值是83.4km/h，主干路是45.1km/h，次干路是28.8km/h，支路是25.6km/h。

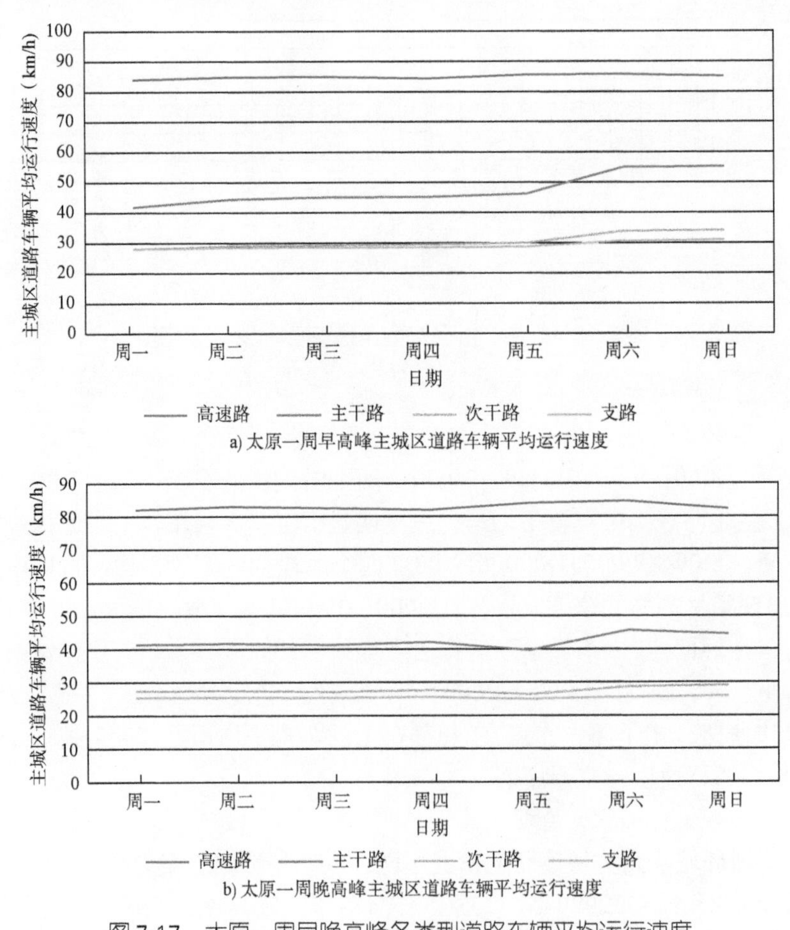

a) 太原一周早高峰主城区道路车辆平均运行速度

b) 太原一周晚高峰主城区道路车辆平均运行速度

图7-17　太原一周早晚高峰各类型道路车辆平均运行速度

注：数据来源于百度地图。

3. 高峰时段车辆平均运行速度较低的路段

2020年，与广州、上海相比，太原主城区范围内各路段车辆平均运行速度较高，太原主城区范围内有5条路段在高峰时段的车辆平均运行速度低于20km/h，包括：南中环街（南中环街附近）由东向西路段、千峰南路辅路（从和平南路九院沙河桥到众纺路虎峪河桥）由南向北路段、学府街（学府街附近）由西向东附近、东渠路（从学府街到南中环街）由北向南路段、寇庄西路（从平阳路东巷到太和桥）由北向南路段。

除上述路段外，2020年，太原主城区范围内仍有10条路段在高峰时段的车辆平均运行速度低于25km/h，包括：迎泽大街辅路（从迎泽西南环桥到朝阳街铁路跨线桥）由西向东路段、南内环街[从御河伍号（青龙店）到南内环东北环桥]由东向北路段、许坦东街（许坦东街附近）由东向西路段、红寺街（红寺街附近由东向西路段）、东渠路（从南中环街到学府街）由南向北路段、迎泽大街（五一广场附近）由西向东路段、众纺路（从众纺路虎峪河桥到和平南路九院沙河桥）由北向南路段、郝庄正街（从朝阳街铁路跨线桥到辰阳西条）由北向南路段、郝庄正街（从辰阳西条到朝阳街铁路跨线桥）由南向北路段、迎新路（从迎新路与新城南大街路口到迎新北二巷）由南向北路段。

四、郑州

郑州常住人口超过1260万人，汽车保有量接近500万辆，是华中地区特大城市的代表。以郑州为研究对象，可以探究具有经济发展水平较高、汽车保有水平较高、道路网结构较好等相似特征的城市，道路交通在早晚高峰时期的运行特征。

1.24h道路车辆平均运行速度

由图7-18可以看出，2020年，郑州快速路车辆平均运行速度在24h分布上的变化最为明显，次干路、支路车辆平均运行速度在24h分布上的变化相对较小。

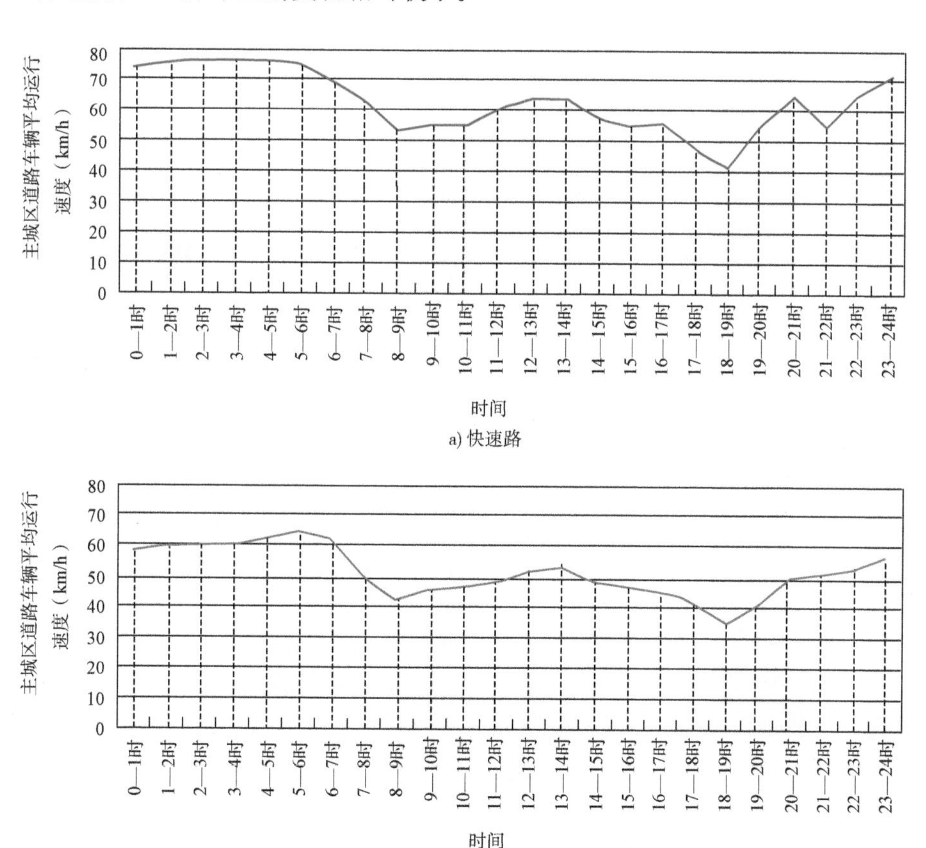

a) 快速路

b) 主干路

图　7-18

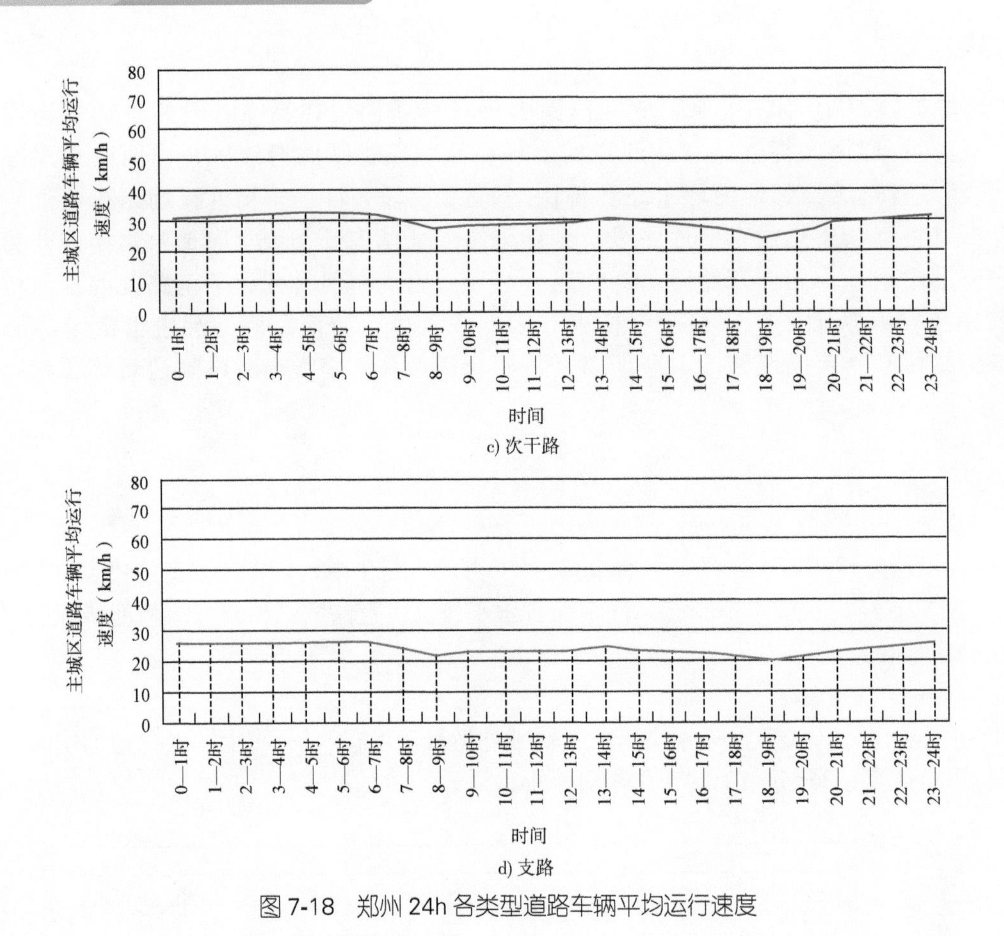

图 7-18　郑州 24h 各类型道路车辆平均运行速度

注：数据来源于百度地图。

从快速路的情况看，早上8:00—9:00车辆平均运行速度相对较低，为54km/h，此时出现早高峰的第一个速度波谷；其后在10:00—11:00出现早高峰的第二个速度波谷，车辆平均运行速度为55.7km/h；在13:00—14:00出现了一个波峰；而13:00之后车辆平均运行速度逐渐下降，直到18:00—19:00车辆平均运行速度降低至41.7km/h，出现晚高峰的速度波谷；19:00之后车辆平均运行速度逐渐上升，直到20:00—21:00车辆平均运行速度升高至66.3km/h，出现晚高峰的速度波峰；21:00—次日7:00，快速路车辆平均运行速度最高，基本超过了70km/h，明显高于广州、上海。

从主干路的情况看，8:00—9:00和18:00—19:00这两个时段内的车辆平均运行速度相对较低，分别为42.1km/h、36km/h。从次干路的情况看，8:00—9:00出现了早高峰的速度波谷，18:00—19:00出现了晚高峰的速度波谷。

从支路的情况看，在24h分布上车辆平均运行速度均低于30km/h，其中，7:00—10:00车辆平均运行速度在25km/h左右，18:00—19:00车辆平均运行速度最低，在20.6km/h左右。

相比广州、上海，郑州快速路、主干路在24h分布上的车辆平均运行速度普遍高于广州、上海，同时，次干路、支路在24h分布上的车辆平均运行速度与广州、上海较为相似。

2. 一周早晚高峰道路车辆平均运行速度

2020年，郑州工作日的早高峰快速路车辆平均运行速度的平均值是主干路的1.3倍、次干路的1.9倍、支路的2.4倍；休息日的早高峰快速路车辆平均运行速度的平均值是主干路的1.3倍、次干路的2.2倍、支路的2.7倍。

如图7-19a）所示，工作日早高峰，郑州快速路车辆平均运行速度的平均值是54.9km/h，主干路是

42.5km/h，次干路是27.9km/h，支路是22.7km/h。其中，周一早高峰道路车辆运行速度相对较低，快速路车辆平均运行速度是47km/h，主干路、次干路、支路车辆平均运行速度分别为39km/h、26.5km/h、22km/h。周五早高峰道路车辆运行速度相对较高，主干路车辆平均运行速度增长尤其明显，达到44.6km/h，快速路、次干路、支路车辆平均运行速度分别为55km/h、28.7km/h、23.2km/h。休息日的早高峰，郑州快速路车辆平均运行速度的平均值是70.6km/h，是工作日车辆平均运行速度的1.3倍；主干路车辆平均运行速度的平均值是54.9km/h，是工作日车辆平均运行速度的1.3倍；次干路车辆平均运行速度的平均值是31.5km/h，是工作日车辆平均运行速度的1.1倍；支路车辆平均运行速度的平均值是25.8km/h，是工作日车辆平均运行速度的1.1倍。

2020年，郑州工作日的晚高峰快速路车辆平均运行速度的平均值是主干路的1.1倍、次干路的1.6倍、支路的1.9倍；休息日的晚高峰快速路车辆平均运行速度的平均值是主干路的1.3倍、次干路的2倍、支路的2.3倍。

如图7-19b）所示，工作日晚高峰，郑州快速路车辆平均运行速度的平均值是42.5km/h，主干路是39km/h，次干路是25.6km/h，支路是21.7km/h。其中，周五晚高峰道路车辆运行速度相对较低，快速路车辆平均运行速度是36km/h，主干路、次干路、支路车辆平均运行速度分别为37.2km/h、24.3km/h、21km/h。值得注意的是快速路在周五出现了一个明显的速度波谷，达到36km/h，低于主干路在周五的车辆平均速度。周一、周二、周三晚高峰主干路、次干路、支路车辆的平均运行速度相近，在一周分布上未出现明显的速度高峰。休息日，郑州快速路车辆平均运行速度的平均值是50.3km/h，主干路是39km/h，次干路是25km/h，支路是21.4km/h。

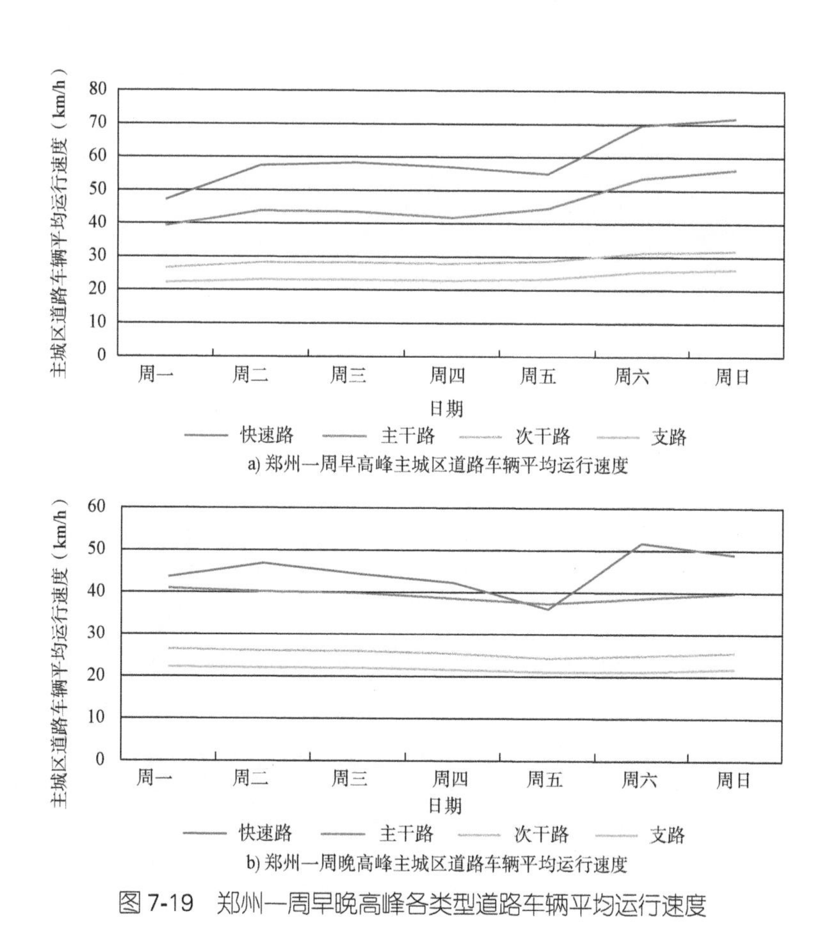

图7-19　郑州一周早晚高峰各类型道路车辆平均运行速度

注：数据来源于百度地图。

3. 高峰时段车辆平均运行速度较低的路段

2020年，郑州主城区范围内各路段车辆平均运行速度普遍高于广州、上海、太原，郑州主城区范围内的车辆平均运行速度低于20km/h的仅有两条路段：北三环（从沙口路到江山路）由西向东路段以及北三环辅路（从彩虹立交桥到电厂路）由南向东路段。

除上述路段外，2020年，郑州主城区范围内仍有13条路段在高峰时段的车辆平均运行速度低于25km/h，包括：京广南路隧道（京广快速路附近）由南向北路段、马米路（马米路附近）由东向西路段、北三环（从长兴路到沙口路）由东向西路段、兴隆铺路（从丰华路到沙口路）东向西路段、人民路辅路（从文化路到人民路路口）由西向东路段、长江中路辅路（从嵩山南路到京广南路）由西向东路段、棉纺东路（棉纺西路附近）西向东路段、紫荆山路（从航海东路到紫荆山立交）由南向北路段、马米路（马米路附近）由西向东路段、棉纺东路（棉纺东路附近）由东向西路段、大学北路（从京广高架桥到陇海中路）由北向南路段、冬青街（从瑞达路到重阳街桥）由东向西路段、未来路辅路（从郑汴路到货站街辅路）由北向南路段。

第八章　城市道路建设与公共交通发展

近年来，我国城市道路建设虽然取得长足进展，但是仍有大量城市的道路密度和人均道路面积等多项指标仍然低于国家标准下限。伴随着机动车保有量的快速增长，城市交通拥堵日益加剧。城市公共交通具有集约高效和节能环保的特点，优先发展城市公共交通是缓解城市交通拥堵和转变城市发展方式的重要举措，也是提升人民群众生活品质和促进城市交通可持续发展的重要途径。

36个大城市道路基础设施建设不断推进。截至2019年底，36个大城市的道路里程15.44万km，同比增长了6.56%。当前，仍有相当数量的城市路网密度不达标，城市道路规划建设环节的先天性问题依然突出。从城市行政区路网密度看，2020年36个大城市的平均道路网密度为6.07km/km²，36个大城市中仅有3个城市的路网密度超过8km/km²的要求，分别为深圳（9.5km/km²）、厦门（8.5km/km²）、成都（8.3km/km²）。2019年，从人均道路面积看，上海城市人均道路面积小于7m²，为4.72m²/人；从车均道路面积看，16个城市车均道路面积小于30m²/辆，其中郑州为15.22m²/辆，宁波为13.69m²/辆，昆明为13.40m²/辆。

36个大城市轨道交通运营里程稳步增长，轨道交通客运量大幅下降。截至2020年底，36个大城市中已有32个城市开通了轨道交通，城市轨道交通总客运量为171亿人次，占全国城市轨道交通客运量的97.2%。

第一节　城市道路建设

一、城市道路里程

1. 道路里程

据国家统计局网站和《中国城市建设统计年鉴（2019）》数据统计，2019年我国36个大城市道路里程总计15.44万km，与上年相比增长了6.56%，如图8-1所示。数据显示，2014—2019年期间我国36个大城市道路里程总数持续保持在全国城市道路总里程的1/3左右，道路里程年均增长率保持在5%左右。

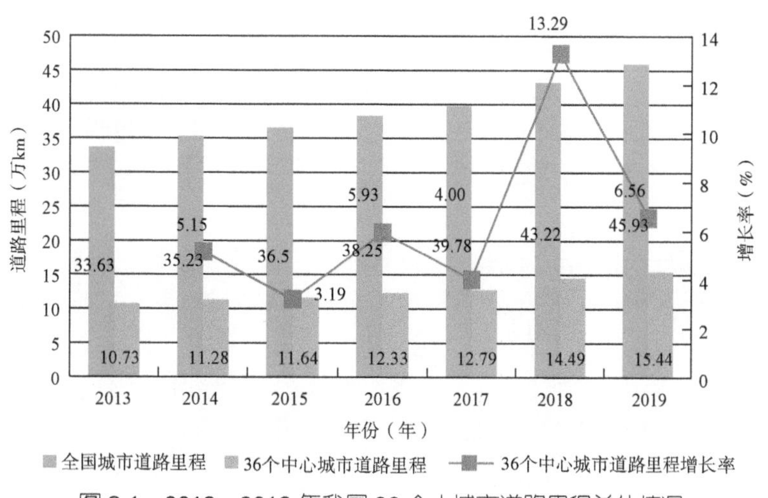

图8-1　2013—2019年我国36个大城市道路里程总体情况

注：数据来源于国家统计局网站和《中国城市建设统计年鉴（2019）》。

2019年，广州、重庆、南京、北京、天津5个城市道路里程超过了8000km。其中，广州为14027.95km，居首；重庆为10105.44km，次之；天津为8927.18km，排名第3位。深圳、武汉、青岛、济南、上海、乌鲁木齐、沈阳、成都、西安9个城市道路里程超过了4500km（小于8000km）。杭州、厦门、长春、哈尔滨、大连、合肥、海口、太原、石家庄、福州、郑州、兰州、宁波、昆明、南宁15个城市道路里程超过2000km（小于4500km）。其中，杭州为3990.33km，厦门为3924.72km，长春为3791.28km；南昌、贵阳、长沙、呼和浩特4个城市道路里程超过1000 km（小于2000km），南昌为1764.80km，贵阳为1514.49km，长沙为1483.46km；银川、西宁、拉萨3个城市道路里程在1000km以下，银川为984.2km，西宁为656.98km，拉萨为464.89km。2019年我国36个大城市道路里程情况如图8-2所示。

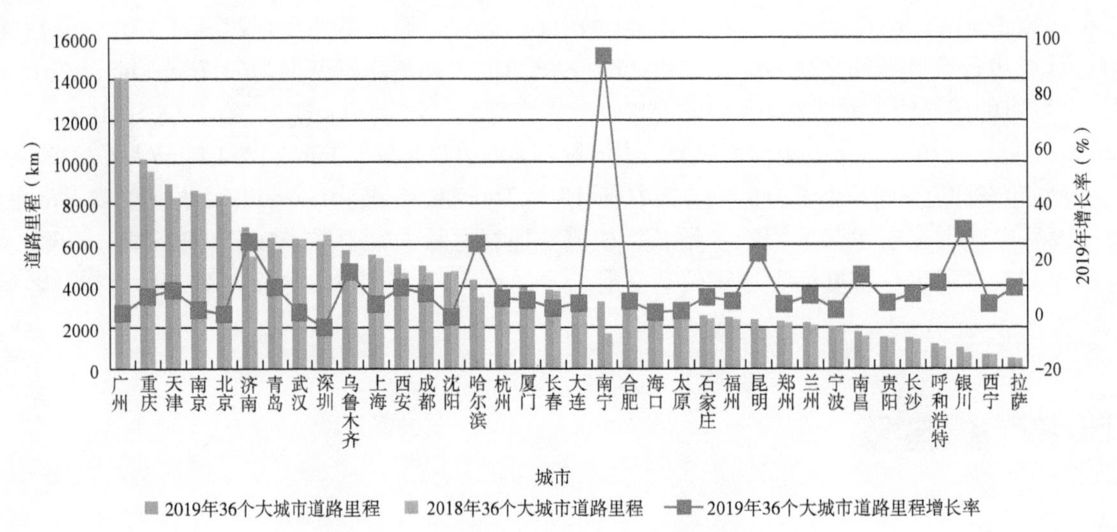

图8-2　2019年我国36个大城市道路里程情况

注：数据来源于《中国城市建设统计年鉴（2019）》。

从2018—2019年城市道路里程变化情况来看，36个大城市中有33个城市道路里程同比有所增长，其中两个城市道路里程保持快速增长，增长率均超过30%，依次为南宁（93.10%）、银川（30.24%）；6个城市道路里程保持较快增长，增长率超过10%（小于30%），依次为呼和浩特（11.06%）、南昌（13.81%）、昆明（21.71%）、哈尔滨（25.25%）、济南（25.92%）、乌鲁木齐（15.06%）；广州、海口、武汉、太原、宁波、南京、长春、郑州、上海、西宁、大连、贵阳、合肥、福州、厦门、杭州、石家庄、重庆、兰州、长沙、成都、天津、拉萨、西安、青岛25个城市道路里程增长率在10%以内。此外，沈阳、北京、深圳3个城市道路里程出现负增长。

2. 道路网密度

合理的城市道路网密度是保障城市交通运行效率的重要基础。道路网密度高可以有效提高城市路网交通可达性，减少交通运行延误，反之将影响城市交通运行秩序与效率。2016年党中央、国务院下发的《关于进一步加强城市规划建设管理工作的若干意见》（以下简称意见）中提出，到2019年城市建成区平均道路网密度提高到8km/km²，而我国36个大城市行政区2020年的平均道路网密度为6.07km/km²，与意见要求仍有较大差距。2020年，36个大城市中仅有3个城市路网密度超过8km/km²，分别为深圳（9.5km/km²）、厦门（8.5km/km²）、成都（8.3km/km²）。有7个城市的路网密度低于5.4km/km²，分别为乌鲁木齐、拉萨、兰州、呼和浩特、银川、济南、沈阳。其中，兰州道路网密度为4.2km/km²，拉萨为4.0km/km²，乌鲁木齐为3.4km/km²。2019—2020年我国36个大城市行政区道路网密度如图8-3所示。

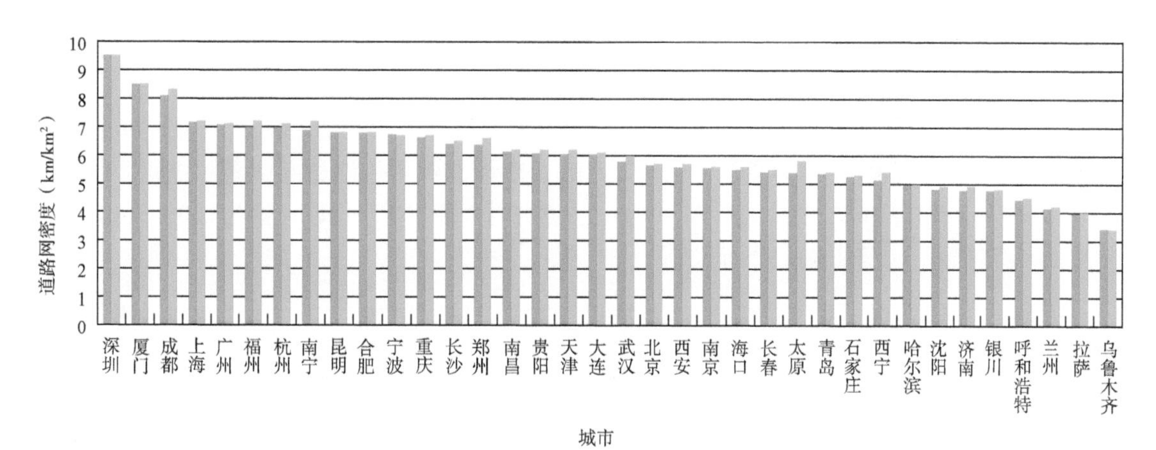

图8-3　2019—2020年我国36个大城市行政区道路网密度

注：数据来源于《2020年度中国主要城市道路网密度监测报告》。

二、城市道路面积

国家统计局网站和《中国城市建设统计年鉴（2019）》的数据显示，2019年我国36个大城市道路面积总计304547.09万m^2，与上年相比增长了7.76%，如图8-4所示。数据显示，2014—2019年36个大城市道路面积总量增长了37.49%，道路面积增长速度高于道路里程增长速度，城市“疏路网、宽马路”建设现象仍较为普遍，由此导致了城市行人和非机动车出行距离增加、交通可达性低、出行安全性降低，公交系统存在服务渗透力差、覆盖率不高，小汽车交通流量过于集中于宽马路，难以均匀分布在路网上，造成道路利用率低、路网弹性差等问题。

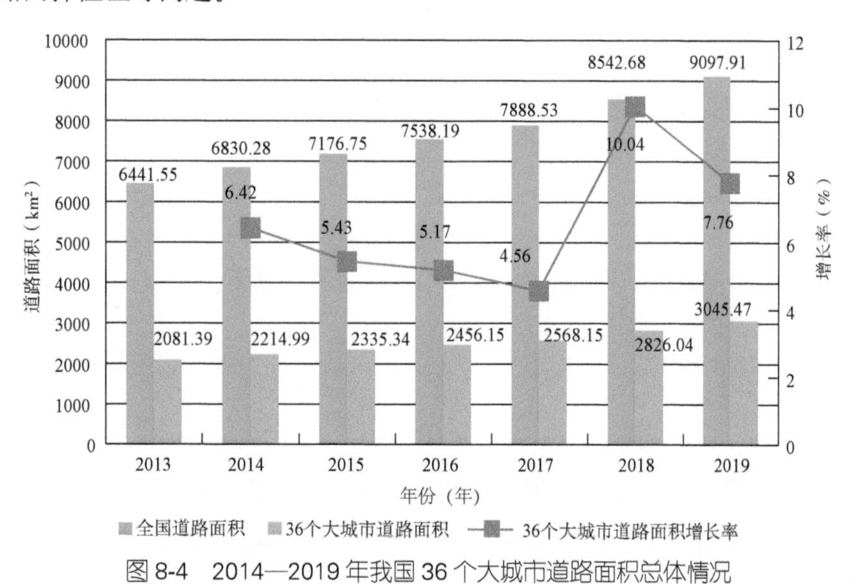

图8-4　2014—2019年我国36个大城市道路面积总体情况

注：数据来源于国家统计局网站和《中国城市建设统计年鉴（2019）》。

1.道路面积

2019年，青岛、深圳、上海、西安、济南、武汉、成都、北京、南京、天津、广州、重庆12个城市道路面积超过10000万m^2。其中，重庆为22160.41万m^2，居首；广州为18792.69万m^2，次之；南京为16917.75万m^2，排名第3位；天津为16314.27万m^2，排名第4位。长沙、兰州、大连、石家庄、太原、郑州、乌鲁木齐、长春、哈尔滨、南宁、合肥、沈阳、杭州、厦门14个城市道路面积超过5000万m^2（小于10000万m^2），沈阳为8762.03万m^2，厦门为9567.5万m^2。贵阳、银川、海口、南昌、昆明、宁波、福州7个城市道路面积小于5000万m^2，银川为3172.92万m^2，西宁为1699.13万m^2，拉萨为1001.04万m^2。2019年我国36个大城市道路面积情况如图8-5所示。

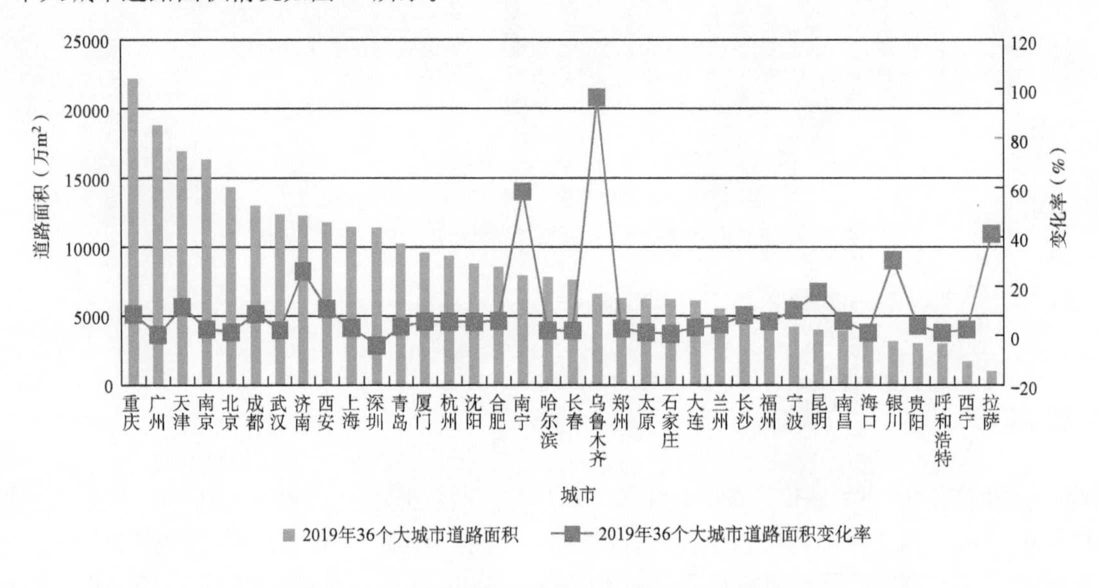

图 8-5 2019 年我国 36 个大城市道路面积情况

注：数据来源于《中国城市建设统计年鉴（2019）》。

2. 人均道路面积

城市人均道路面积可以反映城市道路资源的人均供给水平，人均道路面积越大，说明城市道路资源的人均供给水平相对越高，反之说明人均供给水平相对越低。我国《城市综合交通体系规划标准》（GB/T 51328—2018）规定，城市人均道路与交通设施面积不应小于12m²。根据《中国城市建设统计年鉴（2019）》，36个大城市中有10个城市的人均道路面积超过12m^2，分别为厦门、南京、乌鲁木齐、拉萨、兰州、海口、太原、银川、济南、广州。其中，厦门为22.3m²/人，居首；南京为19.2m²/人，次之；乌鲁木齐为18.6m²/人，排名第3位。西安、武汉、天津、南宁、青岛、沈阳、合肥、长春、呼和浩特、杭州、大连、深圳12个城市人均道路面积大于7m²/人（小于12m²/人），北京、长沙、贵阳、郑州、石家庄、昆明、福州、宁波、上海9个城市人均道路面积小于7m²/人。2019年我国36个大城市人均道路面积如图8-6所示。

3. 车均道路面积

城市车均道路面积可以反映城市道路资源的车均供给水平，车均道路面积越大，说明城市道路资源的车均供给水平相对越高，反之说明车均供给水平相对越低。依据城市道路面积与城市机动车保有量计算城市车均道路面积，2019年我国36个大城市平均车均道路面积为31.6m²/辆，较2018年减少了1.39m²/辆，下降4.21%。广州、南京、厦门、乌鲁木齐、天津、兰州6个城市车均道路面积大于40m²/辆，较上年增加2个城市。其中，广州为60.60m²/辆，居首；南京为55.91m²/辆，次之；厦门为54.41m²/辆，排第3；乌鲁木齐为50.72m²/辆，排名第4。济南、海口、哈尔滨、长春、太原、合肥、拉萨、沈阳、武汉、深圳、大连、青岛、南昌、银川14个城市车均道路面积大于30m²/辆（小于40m²/辆）；杭州、西安、南宁、重庆、上海、呼和浩特、西宁、福州、北京、成都、石家庄、长沙、贵阳、郑州、宁波、昆明16个城市车均道路面积小于30m²/辆，郑州为15.22m²/辆，宁波为13.22m²/辆，昆明为13.40m²/辆。2019年我国36个大城市车均道路面积如图8-7所示。

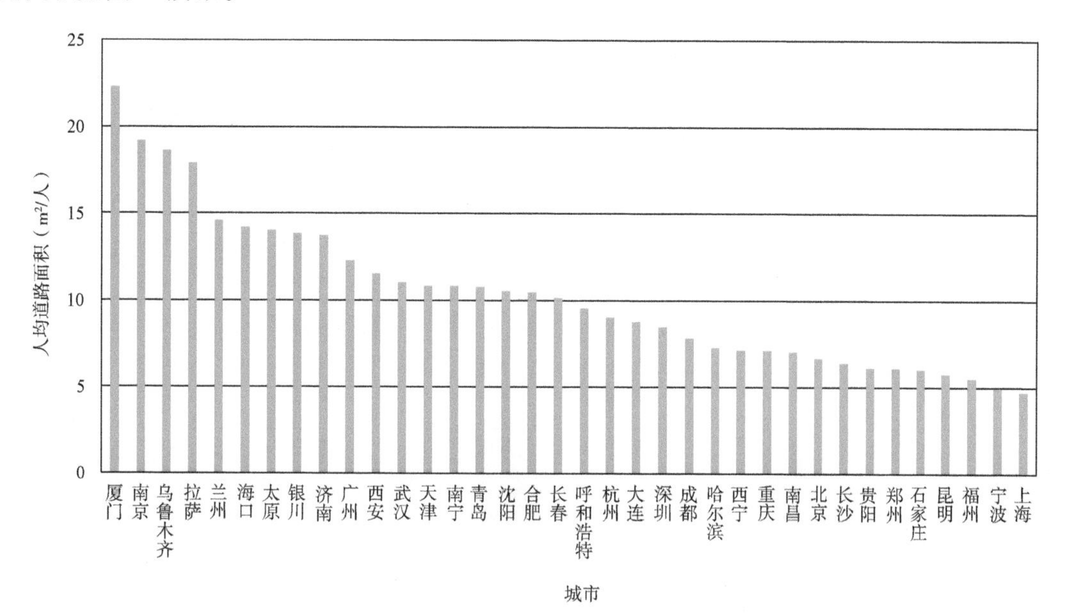

图 8-6　2019 年我国 36 个大城市人均道路面积

注：数据来源于《中国城市建设统计年鉴（2019）》。

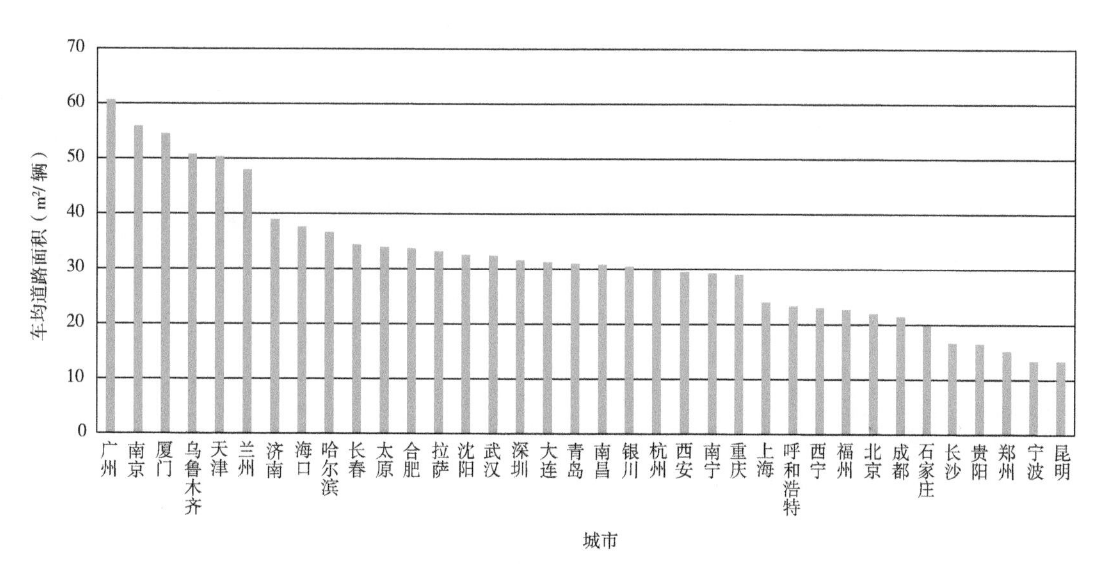

图 8-7　2019 年我国 36 个大城市车均道路面积

注：数据来源于公安部交通管理局和《中国城市建设统计年鉴（2019）》。

4. 人行道面积

步行是城市出行的重要方式。近年来在可持续发展、生态环保等理念的影响下，以绿色交通为主导的出行方式成为共识。人行道是城市居民出行活动的必经之路，是城市公共空间的重要组成部分，人行道面积能够从一个方面反映城市的绿色交通水平，是体现城市文明程度的重要窗口。2019年，36个大城市除乌鲁木齐无数据外，总人行道面积为63124.93万m^2，占大城市总道路面积的20.73%，除乌鲁木齐的35个大城市平均人行道面积为1803.57万m^2。在人行道面积总量方面，重庆、天津、武汉、成都、西安、上海、深圳7个城市的人行道面积超过2500万m^2。其中，重庆为6756.7万m^2，居首；天津为4001.05万m^2，次之；武汉为3214万m^2，排名第3。广州、北京、青岛、沈阳、南京、哈尔滨、杭州、大连、厦门、合肥、长春、太原、郑州、石家庄、长沙、兰州16个城市的人行道面积超过1000万m^2（小于2500万m^2），其中，北京为2456.00万m^2，广州为2388.03万m^2，青岛为2198.23万m^2。贵阳、福州、南昌、南宁、宁波、银川、呼和浩特、海口、西宁、拉萨、昆明11个城市的人行道面积小于1000万m^2，其中西宁为401.33万m^2，拉萨为361.72万m^2，昆明为227.81万m^2。在人行道面积占比方面，拉萨、贵阳、重庆、大连、哈尔滨、西安、武汉、沈阳8个城市人行道面积占总道路面积的比例在25%以上，其中拉萨为36.13%，贵阳为31.01%，重庆为30.49%。长春、长沙、宁波、银川、合肥、呼和浩特、厦门、北京、海口、南京、广州、南宁、昆明13个城市人行道占道路面积的比例在20%以下，其中南京为13%，南宁为10.51%，昆明为5.7%。2019年我国36个大城市人行道面积占比如图8-8所示。

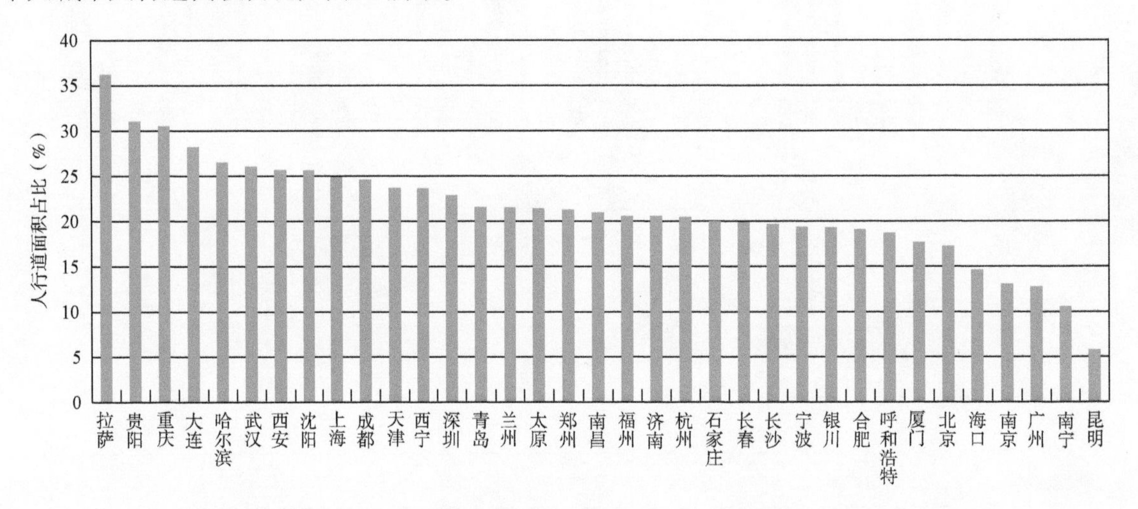

图8-8　2019年我国36个大城市人行道面积占比

注：数据来源于《中国城市建设统计年鉴（2019）》。

第二节　城市地面公共交通

一、城市公共汽电车运营车辆数

2012—2020年，我国36个大城市公共汽电车运营车辆数总体保持增长态势。2020年，36个大城市公共汽电车运营车辆数超过1万标台的城市有13个，分别为南京、青岛、杭州、西安、长沙、武汉、天津、重庆、成都、广州、深圳、上海、北京。其中，北京为32610标台，位居首位；上海为22359标台，次之；深圳为20830标台，排第3。

据《中国城市客运发展报告（2020）》统计，2020年我国36个大城市公共汽电车运营车辆数总计33万标台。2013—2020年，36个大城市公共汽电车运营车辆数总体保持增长态势，但增幅逐渐放缓，2020年首次出现负增长，如图8-9所示。

图 8-9　2013—2020 年我国 36 个大城市公共汽电车运营车辆数

注：数据来源于《中国城市客运发展报告（2020）》。

2020年，石家庄、厦门、长春、乌鲁木齐、福州、大连、宁波、昆明、沈阳、合肥、郑州、哈尔滨、济南13个城市公共汽电车运营车辆数大于5000标台（小于1万标台）。拉萨、银川、海口、西宁、贵阳、太原、呼和浩特、南宁、南昌、兰州10个城市公共汽电车运营车辆数不足5000标台，其中西宁2422标台、银川1866标台、拉萨694标台。

从各城市公共交通车辆人均保有量来看，2020年两个大城市公共汽电车辆人均保有量超过了10~12.5标台/万人，即平均每800~1000人拥有一辆公共汽电车，其中北京为14.9标台/万人、乌鲁木齐为14.2标台/万人。2020年我国36个大城市公共汽电车运营车辆数和人均保有量如图8-10所示。

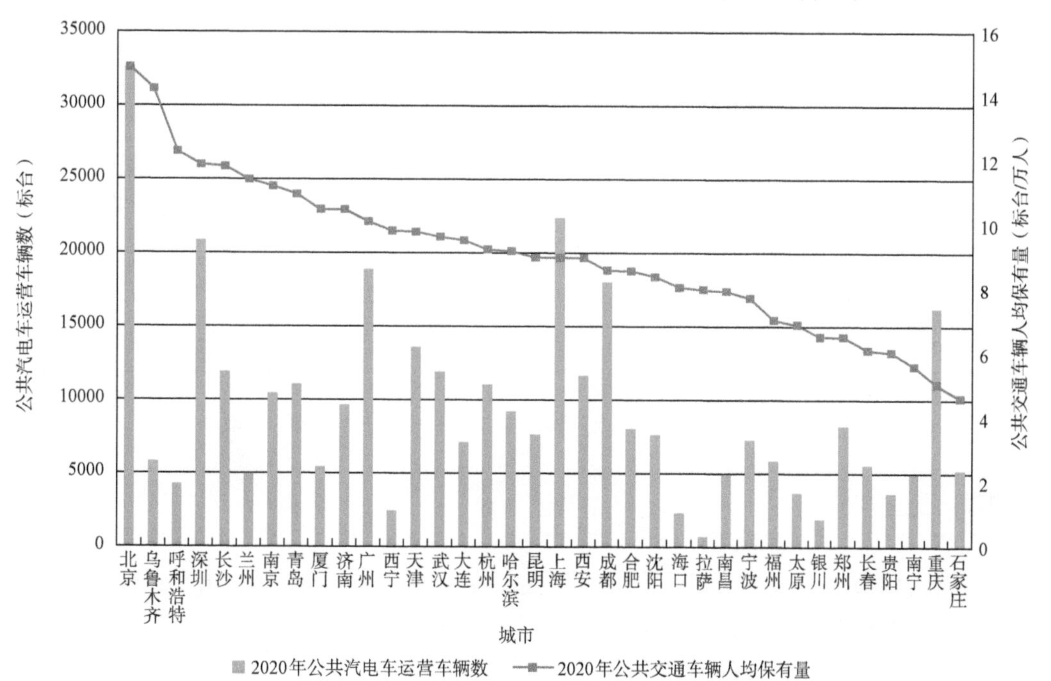

图 8-10　2020 年我国 36 个大城市公共汽电车运营车辆数和人均保有量

注：数据来源于《中国城市客运发展报告（2020）》。

二、公共汽电车运营线路长度

2019—2020年，我国36个大城市公共汽电车运营线路长度增长了5.58%。2020年，36个大城市公共汽电车运营线路长度超过1万km的城市有14个，比2019年增加1个，分别为北京、重庆、天津、广州、上海、深圳、成都、杭州、青岛、昆明、宁波、南京、济南、武汉，其中北京、重庆、天津、上海、广州、深圳6个城市超过2万km。《中国城市客运发展报告（2020）》的数据显示，2020年，我国36个大城市公共汽电车运营线路长度总计约38.46万km，占全国公共汽电车运营线路总长度的26.0%，如图8-11所示。

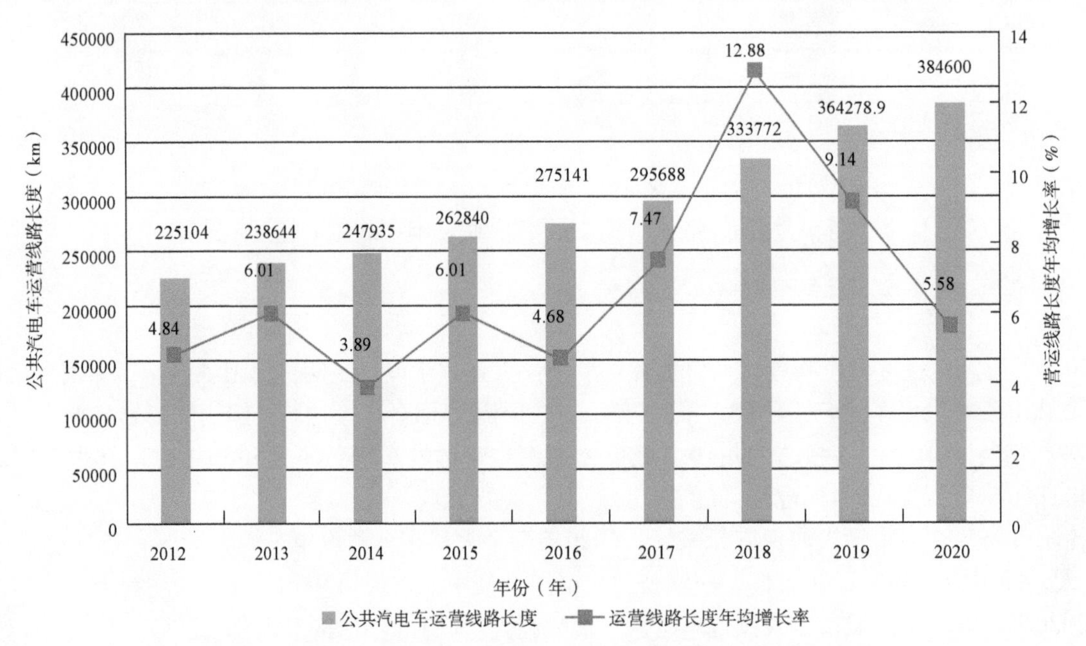

图8-11　2012—2020年我国36个大城市公共汽电车运营线路长度

注：数据来源于《中国城市客运发展报告（2020）》。

如图8-12所示，2020年，北京、重庆、天津、广州、上海、深圳、成都、杭州、青岛、昆明、宁波、南京、济南、武汉14个城市公共汽电车运营线路长度超过1万km，其中北京居首，为28418km；其次为重庆27219km；天津位居第3，为27143km。合肥、石家庄、海口、呼和浩特、乌鲁木齐、银川、拉萨、西宁8个城市公共汽电车运营线路长度不到5000km，其中银川为2458km，拉萨为1820km，西宁为1484km。从单位运营里程载客量看，2020年我国城市公共汽电车单位运营里程载客量均值为1.46人次/km，36个大城市中的西宁、沈阳、银川、贵阳4个城市超过2.5人次/km，公共汽电车利用率较高，宁波、南宁、海口、深圳4个城市单位运营里程载客量不足1.1人次/km，公共汽电车利用率较低。

三、公共汽电车客运量

2020年，我国的城市公共汽电车客运量继续降低，较2019年减少249.40亿人次，降幅为36.1%。36个大城市中公共汽电车客运量超过10亿人次的城市有6个，分别为深圳、成都、上海、广州、重庆、北京，其中北京、重庆和广州3个城市公共汽电车客运量分别达到18.3亿、17.1亿、13.8亿人次。《中国城市客运发展报告（2020）》的数据显示，2020年，36个大城市公共汽电车共完成客运量207.8亿人次，连续5年出现下降趋势，如图8-13所示。

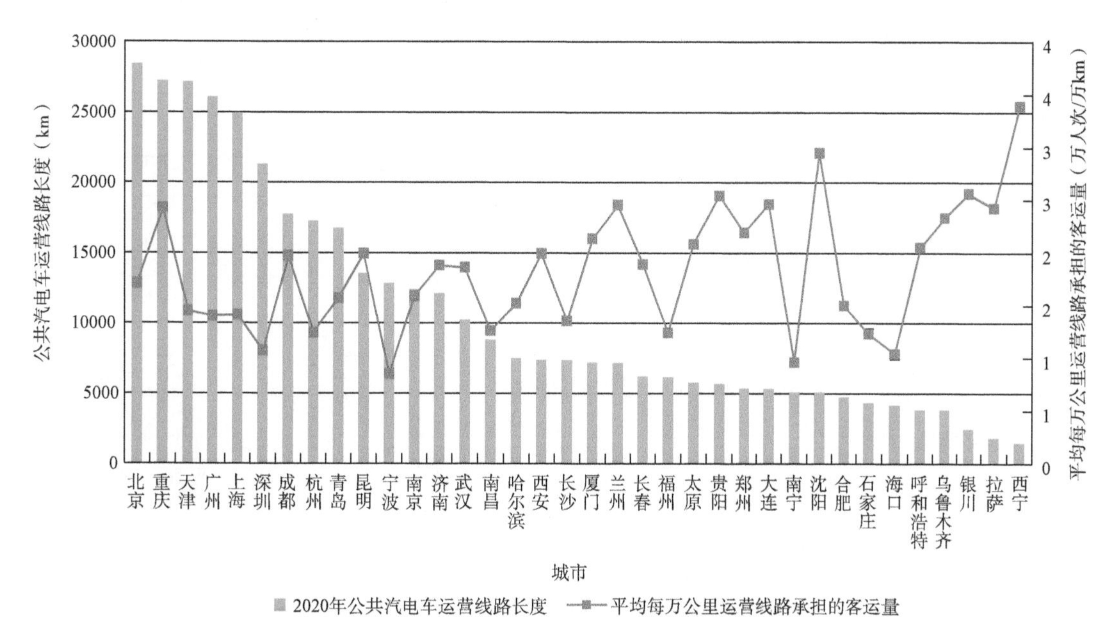

图 8-12　2020 年我国 36 个大城市公共汽电车运营线路长度与平均承担客运量

注：数据来源于《中国城市客运发展报告（2020）》。

图 8-13　2012—2020 年我国 36 个大城市公共汽电车客运量

注：数据来源于《中国城市客运发展报告（2020）》。

2020年，深圳、成都、上海、广州、重庆、北京6个城市公共汽电车客运量超过了10亿人次，其中北京位居全国第1，为18.3亿人次，其次为重庆，客运量17.1亿人次，第3为广州，客运量13.8亿人次；第4为上海，客运量13.4亿人次。济南、厦门、南京、郑州、大连、武汉、天津、兰州、杭州、青岛、沈阳、西安12个城市公共汽电车客运量大于5亿人次（小于10亿人次），其中厦门为5.3亿人次、武汉为5.9亿人次。拉萨、海口、银川、呼和浩特、石家庄、南宁、南昌、太原、宁波、西宁、福州、合肥、贵阳、长沙、昆明、乌鲁木齐、长春、哈尔滨18个城市公共汽电车客运量在5亿人次以内，其中银川为1.53亿人次，海口为1.23亿人次，拉萨为0.69亿人次，如图8-14所示。36个大城市的城市公共汽电车客运量均较上年下降，33个城市公共汽电车客运量下降超1亿人次，其中杭州下降2.84亿人次，哈尔滨下降5.76亿人次，深圳下降4.74亿人次。

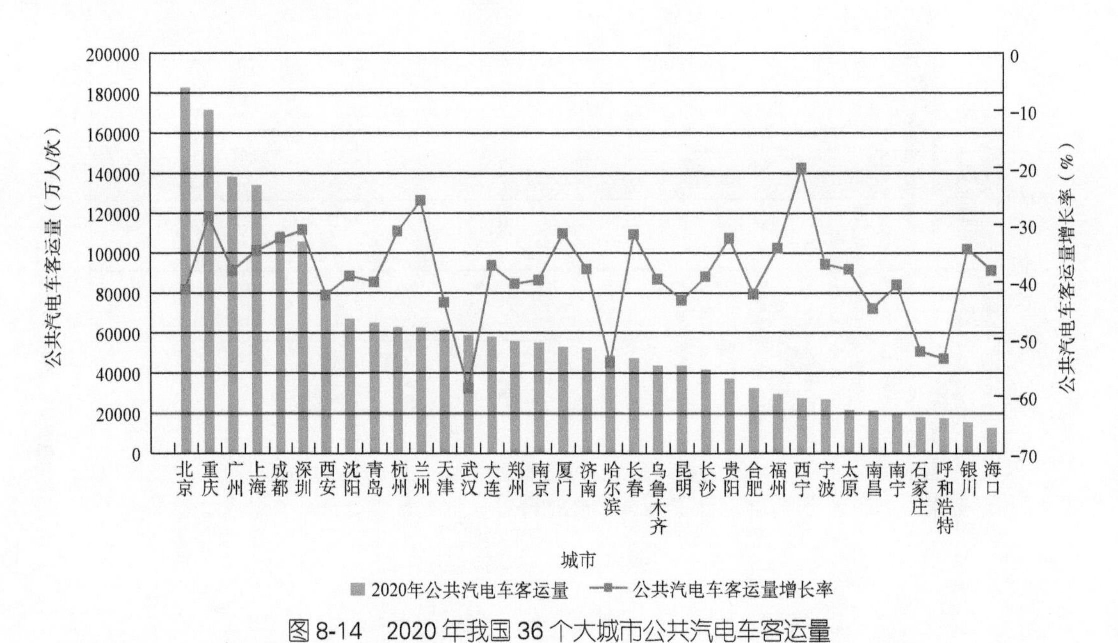

图 8-14　2020 年我国 36 个大城市公共汽电车客运量

注：数据来源于《中国城市客运发展报告（2020）》。

四、公共汽电车车均场站面积

据《中国城市客运发展报告（2020）》数据统计，2020年，我国36个大城市平均车均场站面积为106.3m²/标台。2013—2020年，36个大城市平均车均场站面积每年均保持小幅波动，总体上看车均场站面积保持稳定，如图8-15所示。

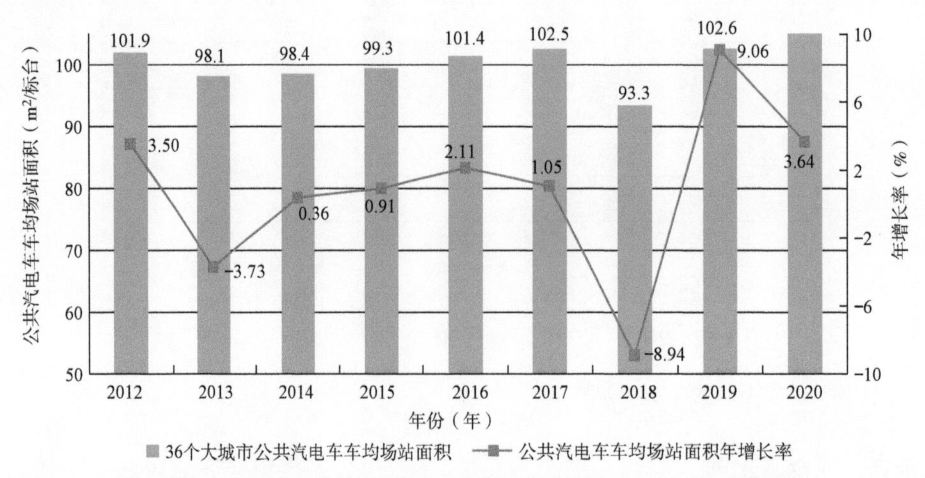

图 8-15　2012—2020 年我国 36 个大城市公共汽电车车均场站面积

注：数据来源于《中国城市客运发展报告（2020）》。

2020年，我国36个大城市平均公共汽电车车均场站面积较上年增加3.61%，其中26个城市车均场站面积增长，10个城市车均场站面积降低。36个大城市公共汽电车车均场站面积大于140m²/标台的城市有13个，分别为贵阳、南宁、济南、深圳、合肥、青岛、厦门、福州、宁波、南昌、石家庄、郑州、银川，银川为307.1m²/标台居首，郑州为239m²/标台次之，石家庄以225.8m²/标台排第3。城市公共汽电车车均场站面积不足60m²/标台的城市有3个，分别为拉萨、武汉、沈阳，其中拉萨为46.1m²/标台，武汉为49m²/标

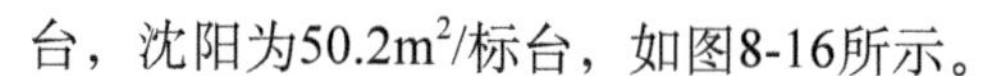

台，沈阳为50.2m^2/标台，如图8-16所示。

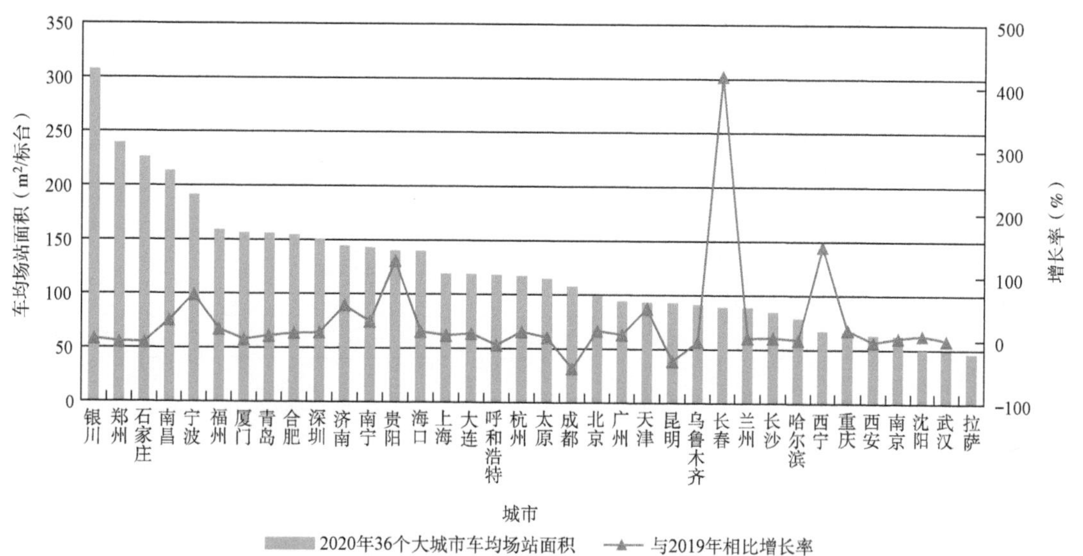

图 8-16　2020 年我国 36 个大城市公共汽电车车均场站面积

注：数据来源于《中国城市客运发展报告（2020）》。

五、公交专用车道

《中国城市客运发展报告（2020）》的数据显示，2020年，36个大城市均设置了公交专用车道，公交专用车道总里程为9375.7km，较2019年增长6.88%，其中郑州、济南、上海、成都、广州、深圳、沈阳、北京8个城市公交专用车道里程超过了400km。从36个大城市公交专用道总里程增长率看，近5年公交专用车道总里程保持增长趋势，如图8-17所示。

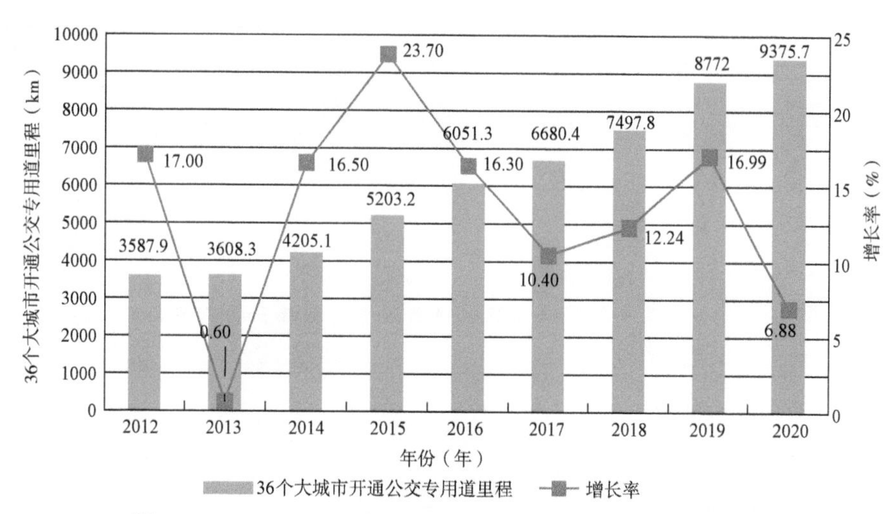

图 8-17　2012—2020 年我国 36 个大城市开通公交专用道里程

注：数据来源于《中国城市客运发展报告（2020）》。

2020年，36个大城市平均公交专用车道里程为260.4km，共有14个城市超过平均值，其中北京公交专用道里程为1005.0km，位居第一，接下来依次为沈阳（592.4km）、深圳（530.2km）、广州（519.4km）、成都（505.0km）、上海（471.0km）、济南（421.0km）、郑州（412.0km）。海口（10.9km）、兰州（31.3km）、拉萨（46.0km）3个城市公交专用车道里程小于50km，如图8-18所示。

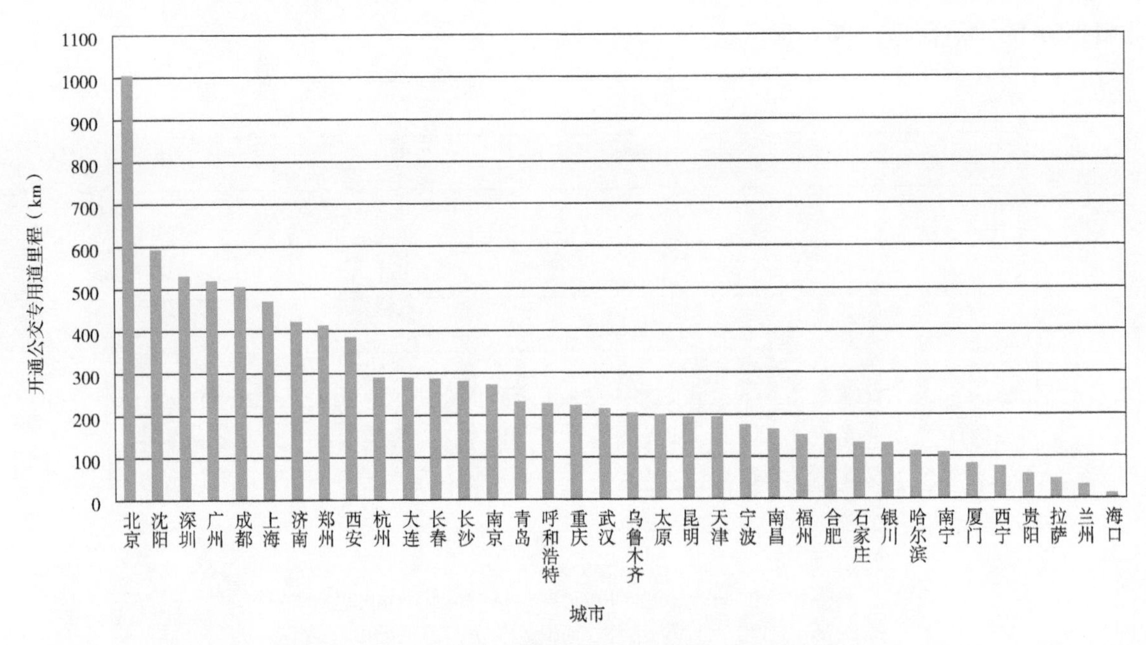

图 8-18　2020 年我国 36 个大城市开通公交专用道里程

注：数据来源于《中国城市客运发展报告（2020）》。

从2020年公交专用车道里程相比上年的变化情况看，我国36个大城市中，乌鲁木齐、宁波、深圳、厦门、南京、兰州、西宁、成都、北京、昆明、重庆、上海、沈阳、长春、杭州15个城市公交专用道里程增加，其中杭州增加了131.6km，长春增加了86.4km，沈阳增加了86.0km；18个城市公交专用道里程保持不变；郑州、海口、青岛3个城市公交专用道里程减少，其中郑州减少了32.0km，海口减少了17.1km，青岛减少了2.7km（图8-19）。

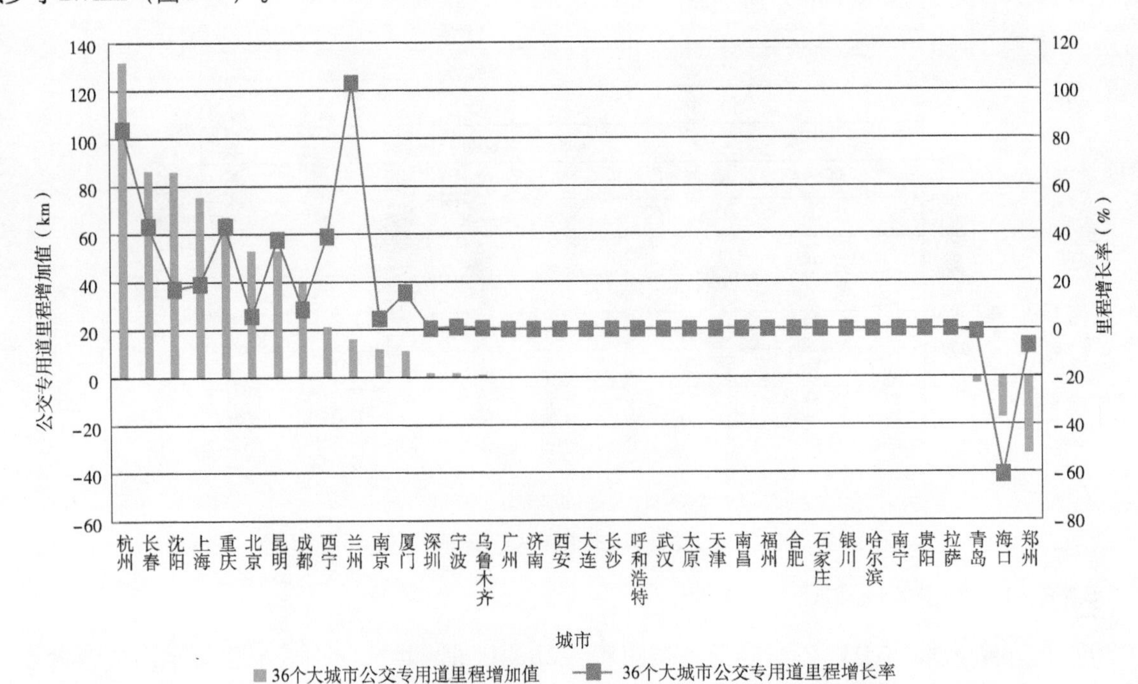

图 8-19　2020 年我国 36 个大城市公交专用道里程增长情况

注：数据来源于《中国城市客运发展报告（2020）》。

第三节　城市轨道交通

2020年，36个大城市中开通轨道交通的城市达到32个，轨道交通运营线路总长度为6837.2km，其中地铁总长度为6224.1km，占91.03%，是轨道交通的主体。

一、轨道交通运营线路

2020年，我国36个大城市轨道交通运营线路长度超过100km的城市有21个，分别为上海、北京、成都、广州、深圳、南京、武汉、重庆、杭州、青岛、天津、西安、大连、郑州、长沙、宁波、昆明、长春、沈阳、合肥、南宁。与2019年相比，运营线路长度增长最多的3个城市依次为成都（216.3km）、杭州（169.7km）、深圳（106.5km）。我国36个大城市中有32个城市已开通轨道交通，相比2019年增加了太原市，见表8-1。这32个大城市中，轨道交通运营线路总长度排名前3的城市为上海、北京、广州，线路长度分别为729.2km、726.6km、553.2km。

2015—2020年我国36个大城市中开通轨道交通的城市及其运营线路长度（单位：km）**表8-1**

2015年		2016年		2017年		2018年		2019年		2020年	
上海	617.5	上海	617.5	上海	666.4	上海	704.9	上海	704.9	上海	729.2
北京	553.7	北京	574	北京	608	北京	636.8	北京	695.5	北京	726.6
广州	274	广州	309	广州	398.3	广州	485.4	广州	522.5	广州	553.2
南京	231.8	南京	231.8	南京	364.3	南京	394.3	南京	394.3	南京	394.3
重庆	202	重庆	213.3	重庆	264.1	重庆	313.4	重庆	328.5	重庆	343.3
深圳	177	深圳	285	深圳	297.64	深圳	297.6	深圳	316.1	深圳	422.6
大连	166.9	大连	166.9	大连	181.4	大连	181.3	大连	181.3	大连	181.3
天津	147	天津	175.4	天津	175.4	天津	226.9	天津	238.9	天津	238.9
武汉	125.4	武汉	180.4	武汉	234.3	武汉	300.4	武汉	335.2	武汉	384.3
成都	86	成都	105.5	成都	175.1	成都	240	成都	341.5	成都	557.8
杭州	81.5	杭州	81.5	杭州	105.2	杭州	114.7	杭州	130.9	杭州	300.6
长春	64.2	长春	64.2	长春	82.5	长春	117.6	长春	117.6	长春	117.6
昆明	59.3	昆明	46.3	昆明	86.2	昆明	88.7	昆明	88.7	昆明	139.1
沈阳	54	沈阳	54	沈阳	54	沈阳	59	沈阳	87.2	沈阳	114.1
西安	50.9	西安	89	西安	89	西安	123.4	西安	129.5	西安	186
宁波	49.2	宁波	74.5	宁波	74.5	宁波	74.5	宁波	96.8	宁波	154.3
南昌	28.8	南昌	28.8	南昌	48.5	南昌	48.5	南昌	60.4	南昌	60.4
长沙	26.6	长沙	68.8	长沙	68.8	长沙	68.8	长沙	100.5	长沙	158
郑州	26.2	郑州	46.2	郑州	93.6	郑州	93.6	郑州	151.7	郑州	180.9
哈尔滨	17.2	哈尔滨	17.2	哈尔滨	12.8	哈尔滨	21.8	哈尔滨	30.3	哈尔滨	30.3

续上表

2015 年		2016 年		2017 年		2018 年		2019 年		2020 年	
青岛	11	青岛	33.3	青岛	53.6	青岛	178.2	青岛	184.8	青岛	254.8
		合肥	24.6	合肥	52.3	合肥	53.2	合肥	89.5	合肥	112.5
		福州	9.2	福州	24.9	福州	245	福州	53.4	福州	53.5
		南宁	32.1	南宁	32.1	南宁	53.1	南宁	80.9	南宁	105.3
				石家庄	28.4	石家庄	28.4	石家庄	38.4	石家庄	59
				厦门	30.3	厦门	29.6	厦门	71.9	厦门	71.9
				贵阳	12.8	贵阳	33.7	贵阳	34.8	贵阳	34.8
						乌鲁木齐	16.7	乌鲁木齐	26.8	乌鲁木齐	26.8
								兰州	25.5	兰州	25.5
								济南	47.7	济南	47.7
								呼和浩特	21.7	呼和浩特	49
										太原	23.6

注：数据来源于《中国城市客运发展报告（2020）》。

2020年，36个大城市轨道交通运营线路总长度为6837.2km，较上年增加665km，增长率达10.77%，如图8-20所示。

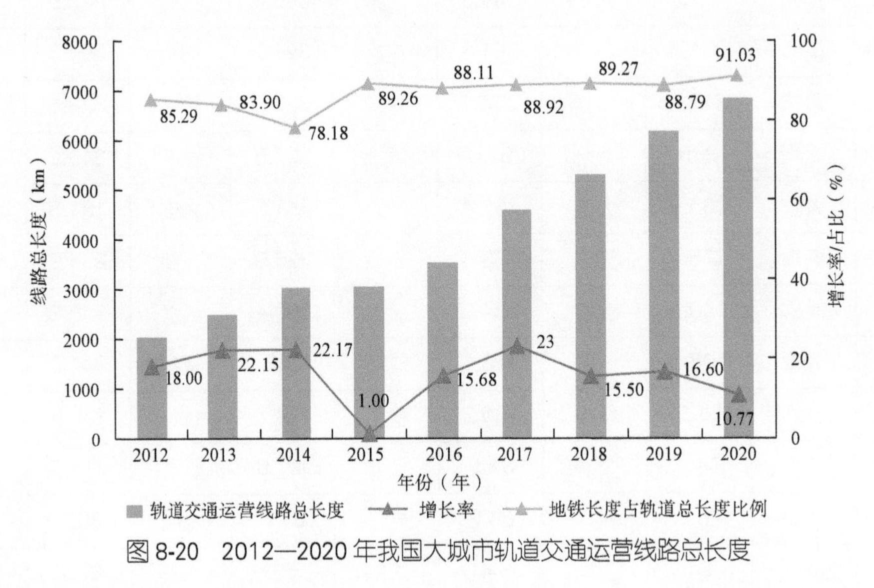

图 8-20　2012—2020 年我国大城市轨道交通运营线路总长度

注：数据来源于《中国城市客运发展报告（2020）》。

从各大城市轨道交通运营线路长度看，上海、北京、广州位居前3，其中上海轨道交通长度为729.2km居首，北京轨道交通长度为726.6km次之，广州轨道交通长度为553.2km位居第3，如图8-21所示。除上海、北京、广州以外，成都、深圳、南京、武汉、重庆、杭州、青岛、天津、西安、大连、郑州、长沙、宁波、昆明、长春、沈阳、合肥、南宁18个城市轨道交通运营长度超过100km。太原、兰州、乌鲁木齐、哈尔滨、贵阳、济南、呼和浩特7个城市轨道交通运营线路长度低于50km，开通轨道交通的大部分城市还处于轨道交通发展起步阶段，仍有较大的发展空间。

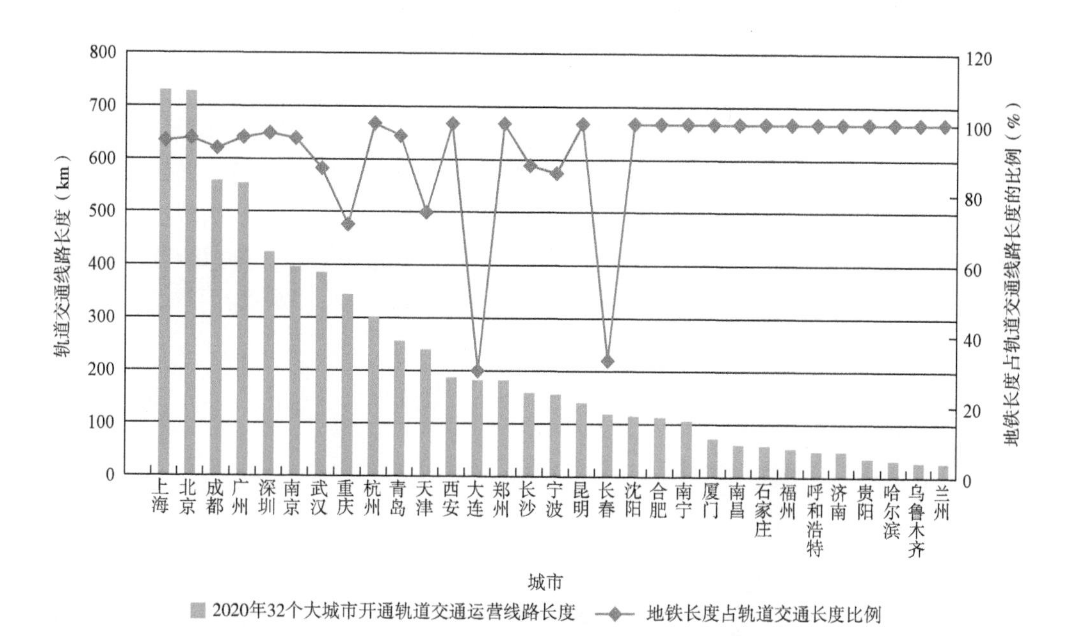

图 8-21 2020 年 32 个大城市开通轨道交通运营线路长度和地铁长度占比情况

注：数据来源于《中国城市客运发展报告（2020）》。

二、轨道交通运营分析

2020年，36个大城市中32个开通轨道交通的城市的轨道交通总客运量为171亿人次，占全国城市轨道交通客运量的97.2%；平均客运量为5.4亿人次，上海（28.3亿人次）、广州（24.2亿人次）、北京（22.9亿人次）、深圳（16.2亿人次）、成都（12.2亿人次）、重庆（8.4亿人次）、南京（8.0亿人次）、西安（7.3亿人次）、武汉（6.2亿人次）、杭州（5.8亿人次）10个城市轨道交通客运量超过平均值。从轨道交通客运量同比增长率看，厦门、兰州位居前两位，分别为96.23%、51.32%，如图8-22所示。

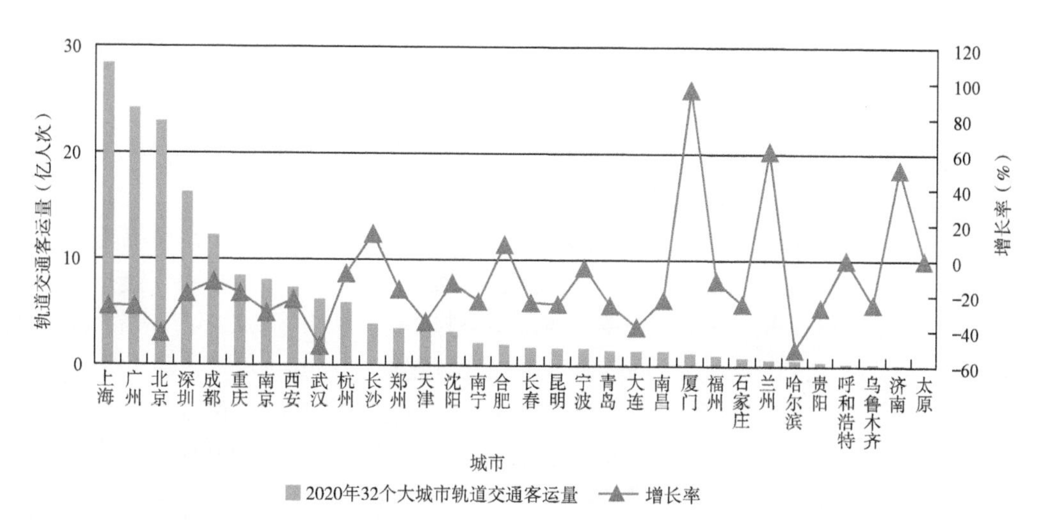

图 8-22 2020 年 32 个大城市轨道交通客运量和同比增长率

注：数据来源于《中国城市客运发展报告（2020）》。

如图8-23所示，从大城市轨道交通日均客运量看，北京（628万人次/日）、上海（776.63万人次/日）、广州（662.08万人次/日）3个城市日均客运量超过500万人次/日；长沙、杭州、武汉、西安、南京、重庆、成都7个城市日均客运量超过100万人次/日（小于500万人次/日）；太原、济南、乌鲁木齐、呼和浩特、贵阳、哈尔滨、兰州、石家庄8个城市日均客运量均不足20万人次/日，分别为0.24万人次/日、2.38万人次/日、5.24万人次/日、5.83万人次/日、10.13万人次/日、14.04万人次/日、14.38万人次/日、19.64万人次/日。从客运强度来看，广州、上海、西安、深圳、北京5个城市超过0.8万人/km，客运强度较大，轨道交通利用率较高；而太原、济南、呼和浩特、青岛、乌鲁木齐5个城市的客运强度不足0.2万人/km，轨道交通利用率有较大的提升空间。

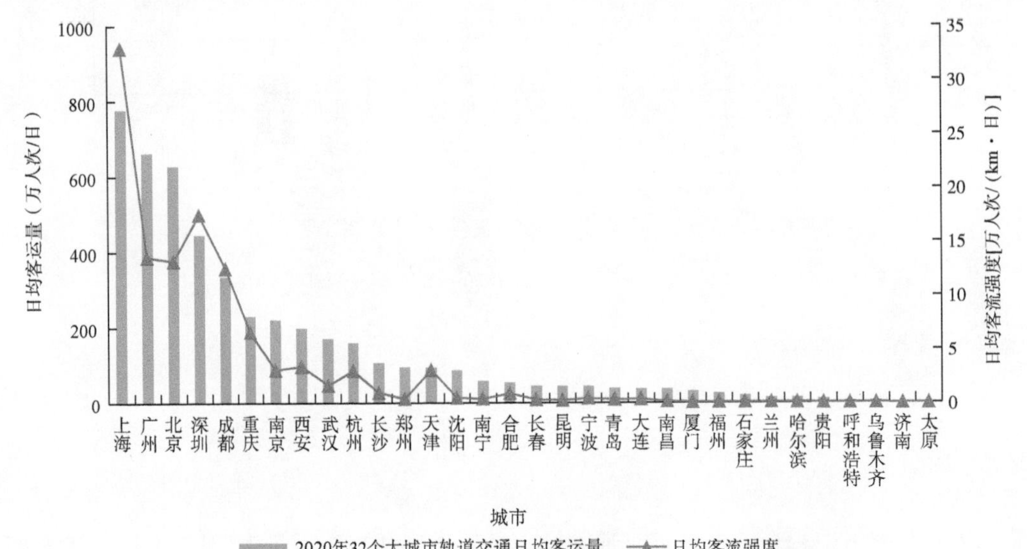

图8-23　2020年32个大城市轨道交通客运量和日均客流强度

注：数据来源于《中国城市客运发展报告（2020）》。

第四节　城市出租汽车

一、出租汽车数量

据《中国城市客运发展报告（2020）》数据统计，截至2020年底，我国36个大城市共有出租汽车运营车辆51.34万辆，比2019年增加了0.62万辆，占全国出租汽车数量的36.8%，如图8-24所示。

数据表明，近8年来出租汽车总量年增长率总体呈下降趋势，2019年、2020年增长率均为0.2%左右，36个大城市出租汽车总量趋于平稳。从2019年城市出租汽车数量看，36个大城市中北京、上海、天津、重庆、深圳、广州、沈阳、长春、哈尔滨、武汉、西安、杭州、乌鲁木齐、成都、南京、贵阳、大连、济南、青岛、郑州、兰州21个城市出租汽车数量超过1万辆，其中北京以7.49万辆位居首位，上海以3.73万辆居于第2位，天津以3.18万辆位列第3，宁波（4792辆）、海口（2133辆）和拉萨（1009辆）3个城市出租汽车保有量均不足5000辆，如图8-25所示。

2020年，我国36个大城市中有8个城市千人出租汽车拥有量达到2辆/千人及以上，分别为北京、乌鲁木齐、贵阳、兰州、西宁、天津、沈阳、长春，其中北京最高为3.42辆/千人、乌鲁木齐次之为3.24辆/千人。南昌、郑州、长沙、福州、海口、南宁、重庆、石家庄、成都、宁波10个城市千人出租汽车拥有量小于1辆/千人。

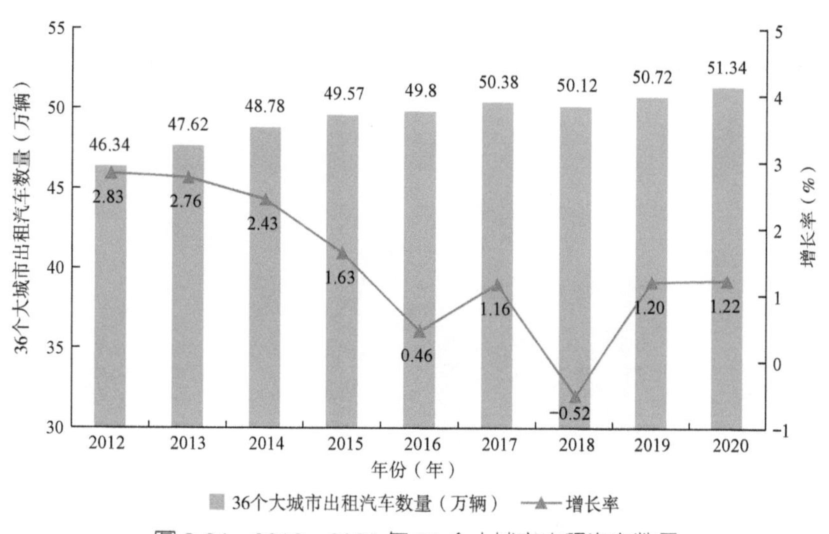

图 8-24　2012—2020 年 36 个大城市出租汽车数量

注：数据来源于《中国城市客运发展报告（2020）》。

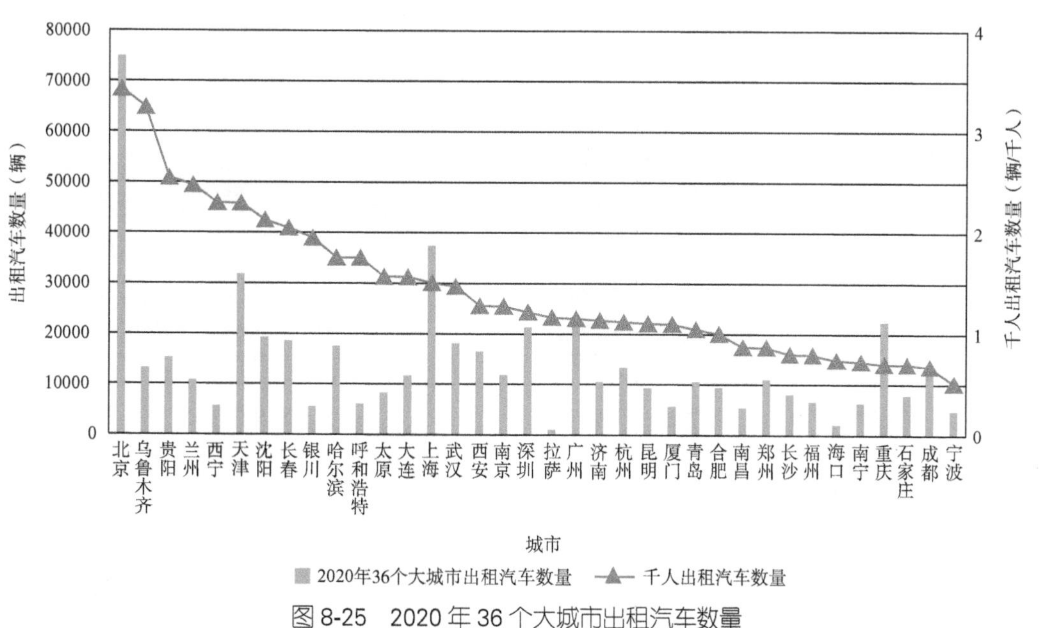

图 8-25　2020 年 36 个大城市出租汽车数量

注：数据来源于《中国城市客运发展报告（2020）》。

二、出租汽车燃料类型

按车辆燃料类型分，出租汽车主要分为汽油车、乙醇汽油车、天然气车、双燃料车、纯电动车和其他类。所谓双燃料车，是指具有两套燃料供给系统的车辆，一套供给天然气或液化石油气，另一套供给其他燃料，两套燃料供给系统按预定的配比向燃烧室供给燃料，是一类相对更加环保的车型。

2020年，我国36个大城市的出租汽车中，汽油车为14.7万辆，同比减少4.98%，占出租汽车总量的28.55%；双燃料车为17万辆，占出租汽车总量的33.21%，保持领先；乙醇汽油车3.64万辆，占出租汽车总量的7.08%；纯电动车9.17万辆，占比为17.86%；其他车辆占比5.44%，如图8-26所示。

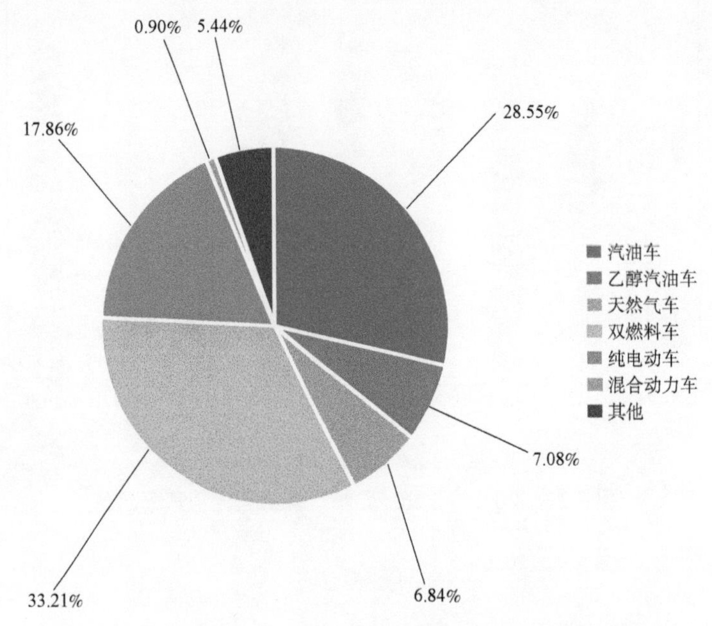

图8-26　2020年36个大城市不同燃料类型出租汽车占比

注：数据来源于《中国城市客运发展报告（2020）》。

2020年，我国36个大城市中有17个城市有汽油出租汽车，其中4个城市汽油出租汽车数量占出租汽车总数的比例超过50%，分别为北京、上海、天津、南昌；在21个有双燃料出租汽车的城市中，10个城市的双燃料出租汽车数量占出租汽车总数的比例超过90%，分别为石家庄、呼和浩特、沈阳、大连、宁波、南宁、武汉、西宁、银川、乌鲁木齐，其中呼和浩特、乌鲁木齐、沈阳、石家庄分别以100%、99.24%、98.38%、98.06%位居前4位；北京、天津、石家庄、太原、大连、上海、南京、杭州、宁波、合肥、福州、厦门、南昌、济南、郑州、武汉、长沙、广州、深圳、南宁、海口、重庆、成都、昆明、西安、兰州、西宁、银川、乌鲁木齐29个城市使用纯电动出租汽车，其中太原（8292辆）、深圳（21358辆）的纯电动出租汽车占比为100%，并列全国第一；长春、哈尔滨两个城市以乙醇汽油出租汽车为主，均占出租汽车总量的100%。

三、出租汽车平均年运营里程

2012—2020年，我国36个大城市出租汽车平均年运营里程从11.80万km下降到8.67万km，下降了36%。2020年，我国36个大城市出租汽车平均年运营里程为8.67万km，较上年减少了3.12万km，有15个城市超过上述平均值，其中拉萨平均每辆出租汽车平均年运营里程最高，为14.2万km，重庆为14.0万km次之，深圳为12.4万km位居第3；北京、天津、南京、贵阳、昆明、南昌、济南、石家庄、西宁、大连、沈阳、哈尔滨、宁波、呼和浩特、南宁、福州、青岛、银川、杭州、郑州、上海、海口、武汉、长春、西安、乌鲁木齐26个城市车均年运营里程低于10万km，如图8-27所示。

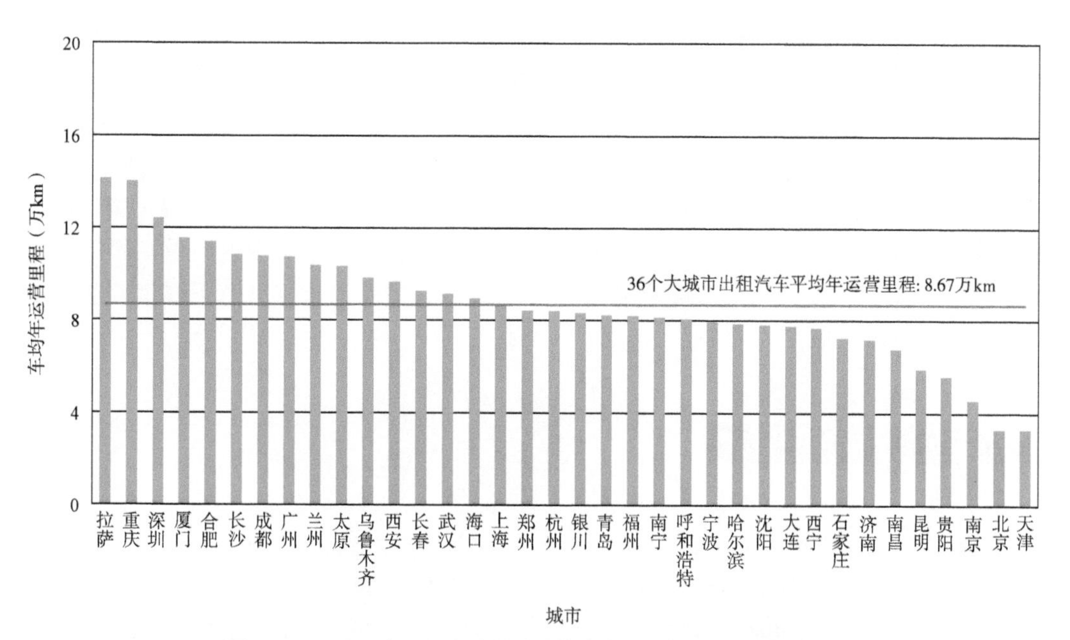

图8-27　2020年36个大城市平均每辆出租汽车年运营里程

注：数据来源于《中国城市客运发展报告（2020）》。

第九章　城市道路交通管理政策及措施

新时代的城市发展需要与之匹配的综合、高效、绿色的交通体系来支撑。党中央、国务院以及各部委高度重视城市交通发展，2020年出台了《关于开展人行道净化和自行车专用道建设工作的意见》《关于印发绿色出行创建行动方案的通知》等多项政策文件，着力解决疫情防控常态下城市交通面临的挑战，大力推动城市交通高质量发展。

第一节　城市交通发展重大政策

2020年，中共中央、国务院及相关部委密集出台了系列城市交通政策，印发《“一盔一带”安全守护行动方案》《关于全面推进城镇老旧小区改造工作的指导意见》等重要文件，加强交通发展顶层设计。同时，完善城市交通基础设施建设、制定疫情防控常态化情况下的交通新政策，保障城市交通安全通畅，促进城市交通高质量发展。

一、《关于开展人行道净化和自行车专用道建设工作的意见》

为深入贯彻落实习近平总书记关于住房和城乡建设工作的重要批示精神，完善城市步行和非机动车交通系统，改善城市绿色出行环境，提升城市品质，2020年1月3日住房和城乡建设部印发《关于开展人行道净化和自行车专用道建设工作的意见》（简称《意见1》），要求确保人行道连续畅通、通行安全舒适，科学规划、统筹建设自行车专用道，强化自行车专用道管理。

在开展人行道净化专项行动方面，提出：各地一是确保人行道连续畅通，严控机动车占道停放，严管在人行道上施划机动车停车位，已经施划的机动车停车位要充分研究论证，确有必要的要加强规范管理，影响通行的要坚决取消；完善人行道网络，打通断头道路，连接中断节点，优化过街设施，提高通达性。二是确保人行道通行安全，采取安全隔离措施，防止行人和非机动车出行冲突；合理设置必要的隔离护栏、隔离墩、阻车桩等设施，推广应用电子监控设备，阻隔车辆进入人行道行驶。三是确保人行道通行舒适，加强人行道上各类设施管理，推行“多杆合一”“多箱合一”等。

在推动自行车专用道建设方面，提出各地要制定加强自行车专用道管理的制度措施，建立健全多部门协同管理的工作机制；严格整治违规停放机动车和摆放设施设备等非法占用自行车专用道的行为，严禁挤占自行车专用道拓宽机动车道，保障自行车专用道有效通行宽度；完善自行车专用道的标识、监控系统，禁止机动车进入自行车专用道，保障自行车路权。

《意见1》对于持续完善城市道路交通和基础设施，提升慢行交通的网络化和通达性，创造自行车出行良好的硬环境具有重要意义。

二、《关于切实做好新冠肺炎疫情防控道路交通保障工作的通知》

2020年2月11日，公安部印发《关于切实做好新冠肺炎疫情防控道路交通保障工作的通知》（简称《通知1》），部署各级公安机关特别是交管部门进一步做好疫情防控道路交通保通保畅工作，确保重点物资运输畅通和人员车辆正常通行，切实维护道路交通安全形势稳定，为打赢疫情防控阻击战创造良好的道路交通环境。

《通知1》强调，要按照“科学有序、依法依规”原则，严格落实“五个严禁”要求。确需封闭高速公路出入口的，要履行审批手续并安排专人值守，确保疫情防控应急物资、生产生活物资运输车辆通行无阻，并提请和推动完善分类管控措施。会同交通运输部门设置专用通道，完善相关交通设施，保障应急运输车辆、民生物资运输车辆优先通行。对应急运输车辆、民生物资运输车辆轻微交通违法行为，以教育警告纠正为主，原则上不予处罚。要优化城市货运车辆通行管理，便利应急运输车辆、民生物资运输车辆进城，并适当放宽其他货运车辆进城条件。要加强对医院、货运站场、配送站点等周边道路管控，增设重点运输路线指示标志，全力保障应急物资、民生物资在城市内顺利转运、配送。要结合城市疫情防控形势和群众出行需求，科学评估本地小客车限行政策，向政府提出暂停限行措施的建议，原则上不采取“一刀切”式禁行措施。要针对疫情防控期间群众居家防疫、停车需求上升等实际，积极提请政府采取免费开放公共停车场、减免路侧停车收费等措施，并会同相关部门调整优化停车管理措施，最大限度满足群众停车需求。

三、《关于进一步精简审批优化服务精准稳妥推进企业复工复产的通知》

2020年3月4日，国务院办公厅印发《关于进一步精简审批优化服务精准稳妥推进企业复工复产的通知》，就除湖北省、北京市以外地区复工复产有关事项作出专门部署。在及时纠正不合理的人流物流管控措施方面，要求清理取消阻碍劳动力有序返岗和物资运输的烦琐手续。非疫情防控重点地区原则上不得限制返岗务工人员出行。对确需开具健康证明的，相关地区要大力推进健康证明跨省互认。劳动力输出地可对在省内连续居住14天以上、无可疑症状且不属于隔离观察对象（或已解除隔离观察）的人员出具健康证明，输入地对持有输出地（非疫情防控重点地区）健康证明、乘坐“点对点”特定交通工具到达的人员可不再实施隔离观察。运用大数据等技术手段建立各地互认的流动人口健康标准。加强输入地与输出地对接，鼓励采取“点对点、一站式”直达运输服务，实施全程防疫管控，实现“家门到车门、车门到厂门”精准流动，确保务工人员安全返岗。各省（自治区、直辖市）要加强与周边省（自治区、直辖市）对接，推进货运车辆驾乘人员检疫检测结果互认，对在周边省（自治区、直辖市）已经进行检疫检测且未途经疫情防控重点地区的货运车辆快速放行，减少重复检查。

四、《“一盔一带”安全守护行动方案》

为进一步提升摩托车、电动自行车骑乘人员和汽车驾乘人员安全防护水平，有效减少交通事故死亡人数，公安部交通管理局部署在全国开展“一盔一带”安全守护行动。2020年4月16日，公安部交通管理局印发《“一盔一带”安全守护行动方案》。

据统计，摩托车、电动自行车、小汽车是导致交通事故死亡人数最多的车辆。摩托车、电动自行车驾乘人员死亡事故中，约80%为颅脑损伤致死；汽车交通事故中，因为不系安全带被甩出车外造成的伤亡比比皆是。有关研究表明，正确佩戴安全头盔、规范使用安全带能够将交通事故死亡风险降低60%~70%。

公安部交管局要求，各地公安交管部门要加强宣传引导，增强人们佩戴安全头盔、使用安全带的意识；联合行业主管部门、行业协会，推广“买电动自行车送头盔”和“买保险送头盔”模式，组织快递、外卖、出租车、网约车等重点行业示范引领，切实配齐、用好安全头盔、安全带。行动期间，公安交管部门将加强执法管理，依法查纠摩托车、电动自行车骑乘人员不佩戴安全头盔以及汽车驾乘人员不使用安全带行为，助推养成安全习惯。

五、《关于印发〈绿色出行创建行动方案〉的通知》

2020年7月23日，交通运输部、国家发展改革委发布《关于印发〈绿色出行创建行动方案〉的通知》，提出以直辖市、省会城市、计划单列市、公交都市创建城市、其他城区人口100万人以上的城市作为创建对象，到2022年力争60%以上的创建城市绿色出行比例达到70%以上，绿色出行服务满意率不低于80%，要求：一，绿色出行成效显著，绿色出行比例达到70%以上，绿色出行服务满意率不低于80%；二，基础设施更加完善，城市建成区平均道路网密度和道路面积率持续提升，步行和自行车等慢行交通系统、无障碍设施建设稳步推进；三，公共交通优先发展，超大、特大城市公共交通机动化出行分担率不低于50%，大城市不低于40%，中小城市不低于30%，公交专用道及优先车道设置明显提升，早晚高峰期城市公共交通拥挤度控制在合理水平，平均运营速度不低于15km/h；四，交通服务创新升级，建立城市交通管理、公交、出租汽车等相关系统，促进系统融合，实现出行服务信息共享，并向社会提供相关信息服务。

六、《关于全面推进城镇老旧小区改造工作的指导意见》

2020年7月20日，国务院办公厅印发《关于全面推进城镇老旧小区改造工作的指导意见》（简称《意见2》），其中在改造任务中提出改造或建设小区及周边停车库（场）、电动自行车及汽车充电设施，以及邮政快递末端综合服务站等社区专项服务设施。

《意见2》强调，要以习近平新时代中国特色社会主义思想为指导，全面贯彻党的十九大和十九届二中、三中、四中全会精神，大力改造提升城镇老旧小区，让人民群众生活更方便、更舒心、更美好。2020年，新开工改造城镇老旧小区3.9万个，涉及居民近700万户。到2022年，城镇老旧小区改造制度框架、政策体系和工作机制基本形成。到“十四五”期末，结合各地实际，力争基本完成2000年底前建成需改造城镇老旧小区改造任务。

七、《关于进一步优化营商环境更好服务市场主体的实施》

2020年7月21日，国务院办公厅印发《关于进一步优化营商环境更好服务市场主体的实施意见》，持续深化“放管服”改革，优化营商环境，更大激发市场活力，增强发展内生动力，其中与交通管理工作相关内容主要包括：

（1）精简优化工业产品生产流通等环节管理措施。加强机动车生产、销售、登记、维修、保险、报废等信息的共享和应用，提升机动车流通透明度。督促地方取消对二手车经销企业登记注册地设置的不合理规定，简化二手车经销企业购入机动车交易登记手续。

（2）优化部分行业从业条件。推动取消除道路危险货物运输以外的道路货物运输驾驶员从业资格考试，并将相关考试培训内容纳入相应等级机动车驾驶证培训，驾驶员凭培训结业证书和机动车驾驶证申领道路货物运输驾驶员从业资格证。

（3）完善对新业态的包容审慎监管。统一智能网联汽车自动驾驶功能测试标准，推动实现封闭场地测试结果全国通用互认，督促封闭场地向社会公开测试服务项目及收费标准，简化测试通知书申领及异地换发手续，对测试通知书到期但车辆状态未改变的无须重复测试、直接延长期限。

（4）增加新业态应用场景等供给。在条件成熟的特定路段及有需求的机场、港口、园区等区域探索开展智能网联汽车示范应用。

第二节　疫情防控交通管理重点部署推进工作

一、公安部：对疫情防控期间强化交通保障和维护正常交通秩序作出部署

2020年1月28日，公安部召开应对新型冠状病毒感染肺炎疫情工作领导小组第一次会议暨全国公安机关视频会议。会议指出，要派出足够警力进驻各交通场站维护秩序，充分依托治安检查站、交警执法站和临时检查点，积极协助做好出入管控地区的人员、车辆、物品卫生检疫工作，并开辟绿色通道，优先保障救护车辆、防疫车辆和运送医护人员、药品器械、民生物资等车辆通行。对未经批准擅自设卡拦截、断路阻断交通等违法行为，要立即报告党委、政府，依法稳妥处置，维护正常交通秩序。

2月1日，公安部交管局召开视频调度会。会议要求各地公安交管部门要充分发挥职能作用，全力配合做好疫情防控交通应急管理工作，保障疫情防控期间道路安全畅通。任何单位和个人不得以疫情防控为由擅自封闭高速公路、阻断国省道干线公路，不得在公路设置路障阻拦所有车辆通行，切实保障应急救护、生产生活物资运输；对未经批准擅自设卡拦截、断路阻断交通等违法行为，要立即报告党委政府或者疫情防控指挥部，及时协调解决，全力维护国家干线公路正常通行秩序。要严格落实重点物资运输交通保障措施，遇有交通拥堵的，要加强指挥疏导，优先保障通行；发生交通事故或者车辆故障的，要快速出警、快速处理；车辆无法继续行驶的，要及时通报有关部门，帮助联系车辆尽快转运。要妥善解决卫生检疫检查导致拥堵问题，协调卫健等部门通过调整检查站点位置、增设检查通道、开展复式检查、设置紧急通道等方式，提高检疫效率，加强省际协作配合，协商制定分流绕行方案，联动采取疏导分流措施，严防大范围长距离拥堵排队，保障运输防疫物资人员的车辆快速通过。

2月2日，公安部交管局下发《关于切实保障疫情防控应急运输车辆优先通行的紧急通知》，要求各地公安交管部门落实保障措施，构筑“绿色通道”，开辟救助渠道，切实保障救护车辆、防疫车辆以及医护人员、防疫药品、医疗器械、重点生活生产物资等疫情防控应急运输车辆的优先通行，全力做好疫情防控应急运输车辆通行保障工作。各地公安交管部门要严格落实疫情防控应急运输车辆的各项交通保障措施，加强与交通运输部门的协作配合，全力保障运输疫情防控应急物资及人员的车辆、运输民生物资的车辆通行。

二、交通运输部：对统筹做好交通运输领域疫情防控和交通运输保障工作作出部署

2020年1月30日，交通运输部先后印发《关于做好新型冠状病毒感染的肺炎疫情防控物资和人员应急运输优先保障工作的通知》（简称“《通知2》”）、《关于统筹做好疫情防控和交通运输保障工作的紧急通知》（简称“《通知3》”）、《关于切实保障疫情防控应急物资运输车辆顺畅通行的紧急通知》（简称“《通知4》”）。

《通知2》要求保障应急运输车辆优先通行、免收全程车辆通行费，并制定下发了“新型冠状病毒感染的肺炎疫情防控应急物资及人员运输车辆通行证”。《通知3》要求：一是坚持“一断三不断”，统筹做好疫情防控和交通运输保障工作，即坚决阻断病毒传播渠道，保障公路交通网络不断、应急运输绿色通道不断、必要的群众生产生活物资的运输通道不断；二是坚持因时因地制宜、分类施策，依法科学实施交通运输管控措施，对未经批准擅自设卡、拦截、断路等阻断交通等违法行为，地方交通运输部门要立即报告当地党委、政府，依法恢复正常交通秩序；三是坚持全面统筹，切实保障疫情防控应急运输畅通高效；四是落实疫情追溯要求，严格做好乘客个人信息保密工作；五是落实“三不一优先”，规范开展公路交通管制。依法依规开展高速公路出入口、省界和服务区、国省干线和农村公路等通道管

控和体温检测工作；不得采取封闭高速公路、阻断国省干线公路等措施，保障春运期间公路基本通行顺畅；不得简单采取堆填、挖断等硬隔离方式，阻碍农村公路交通。要依法依规、科学有序组织应急物资运输，严禁车辆超限超载，确保公路交通安全，确保应急物资运输通道畅通。要严格落实防疫应急运输车辆绿色通道政策，保障防疫应急物资和人员运输车辆“不停车、不检查、不收费”，优先便捷通行。

《通知4》要求，进一步简化通行证办理流程，切实保障应急运输车辆顺畅通行，积极协调公安部门，加强路面交通管控，及时增派警力进行疏导，确保高速公路右侧应急车道畅通，保障应急物资运输车辆和医患人员运输车辆快速通行。此外，1月27日和2月2日交通运输部先后两次发布延长小客车高速免费通行的通知通告，分别将小客车高速免费通行时段延长至2月2日和2月8日。

三、全国恢复交通运输秩序电视电话会议召开，对推动恢复正常交通运输秩序工作进行部署

2020年2月21日，全国恢复交通运输秩序电视电话会议召开，中共中央政治局常委、国务院副总理韩正出席并讲话。中共中央政治局委员、国务院副总理刘鹤出席会议，国务委员、公安部部长赵克志主持会议。

韩正表示，党中央、国务院高度重视恢复交通运输秩序。交通运输是“先行官”，必须打通“大动脉”，畅通“微循环”。各地区各有关部门要切实把思想认识和行动统一到党中央、国务院决策部署上来，在做好疫情防控工作的前提下，采取有效措施恢复正常交通运输秩序。韩正强调，要健全工作机制，压实属地责任和部门监管责任，把各项工作抓实抓细抓落地。一是分区域差异化管控，打通交通堵点。疫情低风险地区，要全面取消道路通行限制，恢复正常交通运输秩序。疫情中风险和高风险地区，要根据疫情形势优化细化交通管控措施。湖北省要毫不放松“外防输出”，坚决切断疫情传播通道。北京市要着力“外防输入”，有序高效控制进京规模。二是科学放开货运物流限制，力争实现货运“零阻碍”。非疫情重点地区要全面取消对货运车辆、船只的交通限制，确保原料进得来、产品出得去。三是逐步有序恢复道路客运，做好农民工返岗复工服务保障，组织开展“点对点”服务，让农民工成规模、成批次安全有序返岗。

四、公安部：采取有效措施恢复交通运输秩序全力推进复工复产

2020年2月1日至29日，公安部共召开公安部党委（扩大）会议5次。其中，2月3日会议指出，要依法稳妥处置阻断交通等违法行为，切实维护正常交通秩序，优先保障救护车辆、防疫车辆和运送医护人员、药品器械、民生物资等车辆通行；2月11日会议强调，密切关注因人员集中返程可能在疫情防控、交通管理等方面带来的问题，在各地党委和政府的领导下，积极会同有关部门，严格落实属地管理责任和源头化解措施，切实做好化解民忧、纾解民困工作，妥善处理疫情防控中出现的各类问题，最大限度把问题解决在基层、解决在当地、解决在初始阶段；2月13日会议强调，要在保障疫情防控车辆优先通行的同时，不断科学优化交通管控，全力保障公路路网顺畅运行，积极服务企业复工复产和经济社会正常秩序；2月21日会议强调，要落实分区分级精准防控措施，积极会同有关部门扎实抓好恢复交通秩序各项工作，全力保障公路路网顺畅运行，切实打通“大动脉”，畅通“微循环”，为有序推动复工复产，维护正常经济秩序创造畅通、有序、安全的道路交通环境；2月27日会议指出，坚持分区分级差异性管控，落实好恢复正常交通运输秩序各项措施，有效保障公路路网顺畅运行，严防发生重特大道路交通事故。围绕提高复工复产服务便利度要求，不断优化出入境、交通管理、社会治安等公安“放管服”措施，切实提高服务质效。

2月24日，统筹推进全国公安机关新冠肺炎疫情防控和维护国家政治安全社会稳定工作部署会议在京召开。会议指出，要按照全国恢复交通运输秩序电视电话会议部署要求，抓紧恢复正常交通运输秩序。要分区分级实施差异化交通管控措施，全力保障公路路网顺畅运行，切实打通“大动脉”，畅通“微循环”，为有序推动复工复产、维护正常经济秩序创造畅通有序安全的道路交通环境。要优化落实精准服务措施，重点加强疫情救治、医疗人员物资应急运输保障，服务“米袋子”“菜篮子”生活物资运输和复工复产“全产业链”生产物资运输，配合做好对接务工人员专车包车“点对点”运输保障。要加强道路交通安全管理，最大限度地预防和减少重特大道路交通事故的发生。

第三节　大城市道路交通管理亮点措施

一、开展限号限行交通管理，各省市打好疫情防控阻击战

1. 部分城市暂停机动车限号管理

为减少人员聚集和交叉感染，阻断疫情传播，截至2020年2月2日，北京、天津、石家庄、雄安新区、邢台、秦皇岛、邯郸、保定、焦作、开封、洛阳、许昌、晋城、成都、兰州、廊坊等16个城市/地区发布了暂停机动车尾号限行的措施，以减少民众乘坐地铁、公交等公共交通出行，其中京津冀区域共有9个城市（新区）。

2. 部分城市采取临时交通管制措施

为减少人员、车辆通行，湖北、黑龙江、浙江等疫情形势严峻、防控压力较大省份的部分城市对城区机动车通行采取临时管制措施，包括单双号通行、尾号限行、道路禁行等方式，各地参与疫情防控、医疗救护、生产生活物资运输和应急救援等车辆不受临时交通管制措施影响。

3. 各地加快推进复工复产

重庆交警推出9项措施全力护航企业复工复产，其中包括：（1）实行主城区货车网上自主申报备案通行管理，主城外区县全面取消货运车辆通行限制，确保全市货物运输“零阻碍”；（2）为复工复产企业推出延长占道施工时间、扩大施工作业面、优化交通组织等措施，对涉及民生保障的道路挖掘工程抢险施工，实行先期报备、事后补办手续的管理方式，保障施工建设顺利推进；（3）配合人力社保、公路运输等部门做好务工人员专车包车“点对点”集体返程和运输工作，维护交通运输秩序；（4）强化复工复产企业周边交通秩序维护，确保企业人员、物资进出安全畅通。

天津交警再推12项服务举措，其中包括：（1）加大对城市供应链配送企业支持力度，建立联动机制，加大对“天津市供应链城市共同配送服务平台”扶持力度，对在该平台注册车辆给予全天候、全时段通行和停靠便利；（2）支持重点占路施工工程建设，推出了视频服务的方式，对在建施工项目逐一了解复工后的交通管理需求，提前做好服务，对已经申报准备开工项目，通过电话、视频连线等方式反复沟通，制定详细的交通组织方案，为全面开工建设做好了充分准备。

南京交警推出服务企业复工复产12项措施，其中包括：（1）开辟运输绿色通道。对持有“疫情防控应急物资及人员运输车辆通行证”的车辆，无须办理禁区通行证，直接进城；（2）简化通行证审批手续，针对疫情防控保障车辆，提供免申请、零材料服务，货车通行证办理，全部实行网上申办；（3）科学信号配时，结合企业复工复产实际情况，按照保障行人、适应流量、缩减周期、提高效率的原则，科学制定疫情防控期间信号配时方案，分步骤、分层次、分阶段调整优化全市信控路口配时，全力保障城市主次干道、内环高架畅通有序。

二、集中开展违法专项整治，保障城市出行交通秩序

济南、深圳、杭州、南宁、西安等多地交警开展酒驾交通违法集中整治行动，做到全市设卡、夜间全覆盖，特别是在涉酒事故易发、多发点等路段进行设点逐车排查，重点查处涉酒驾驶，此外还包括涉牌涉证、违规使用灯光、“三超一疲劳”等各类交通违法行为，维护健康的居民出行环境。

同时，郑州交警组织警力在辖区开展“乱停乱放”专项整治行动，集中查处辖区交通主干道、医院、商超、市场门前及周边、公交站牌、地铁站点处违法停车行为，规范辖区停车秩序。对于占用机动车道或人行道、在医院周边违法停车等严重影响通行的车辆进行拖移治理。西安交警采取定点整治与巡逻管控相结合，执法处罚和劝离疏导相结合的方式，全面加大辖区违法停车整治力度。充分发挥科技手段，利用布控球、违停抓拍球、智慧战车等工具，特别是对主干道停车、机动车道停车、多排停车、十字路口停车、堵塞居民小区、医院门口停车、消防通道及进出口停车等重点违法停车行为一律从严处罚，严重影响交通通行的违法停放车辆一律拖移。对背街小巷不影响交通通行的违法停车，继续利用“西安交通App”随手拍催挪功能，做好警示提醒引导，及时告知车主挪移车辆，对拒不挪移的坚决予以处罚。

三、加强城市道路交通事故预防，提升城市出行安全水平

各地积极推动道路交通治理从“交警主导”向“党政主导”转变，从“一元管理”向“多元治理”转变，全力推进综合治理体系建设。

济南交警在全市范围内开展加强汽车安全带使用管理专项行动，重点整治所有设置安全带机动车辆的驾驶人、乘车人“不系安全带”的违法行为。车辆使用性质为公路客运、旅游客运、出租客运、预约出租客运的客车被列入行动的查处重点。济南交警发挥无人机空地结合执法等技战术优势，通过广泛深入的告知提示和违法查处，提高驾乘人员规范使用安全带的意识和习惯。同时，通过山东志愿服务网招募了30余名志愿者，组织开展“一盔一带”主题宣传活动之“安全出行，幸‘盔’有你”交通安全防护知识普及活动。

西安交警在全市范围内组织开展安全守护行动，依法查处驾乘人员“不系安全带”“不戴头盔”等违法行为，针对摩托车无牌上路、无证驾驶、超载、不戴安全头盔、违反交通信号灯、机动车驾驶人不系安全带等违法行为进行专项集中整治。同时，采取“宣传+教育+提醒+处罚”的管理方式，借助警示教育片向未佩戴头盔或不系安全带的驾乘人员播放典型教育事故案例，增强群众戴头盔、系安全带意识。

南京交警首创推出“共享头盔”，首批共提供了100个共享头盔，有需要的市民通过扫描二维码，填写自己的相关信息以及承诺归还日期，就可以在48h内免费借用头盔。头盔归还后将严格对头盔进行酒精消毒，以保证使用卫生。

南宁交警联合保险、广西电动自行车行业协会启动“头盔行动”，鼓励电动自行车所有人通过线上线下渠道购买保险，附加交通安全知识答题，符合条件的向投保人发放一顶安全头盔。其中，在线下，南宁市区3个电动自行车登记上牌点，现场购买电动自行车保险，并参与交通安全知识答题，可领取一顶安全头盔。

四、加强全环节、全链条治理，规范电动自行车管理

自电动自行车强制性国家标准《电动自行车安全技术规范》（GB 17761—2018）正式实施以来，各地公安交管部门加快建立完善登记上牌制度，科学设置超标车辆过渡期，加强部门联合监管，积极推动规范电动自行车全流程管理。

2020年5月15日，浙江省十三届人大常委会第二十一次会议审议通过了《浙江省电动自行车管理条例》（简称《浙江条例》）。《浙江条例》自2020年7月1日起施行，其中涉及电动自行车登记管理、行驶规定等内容，不仅明确了管理主体及职责，还对登记管理、通行管理、共享电动自行车管理、停放管理、佩戴头盔等都进行了规定。杭州交警开展严治电动自行车行动，构建现代警务模式，屯警街面，打造网格化快速反应勤务机制，不断加强路面动态巡控力度，织密一张高效联动的“天罗地网”，持续加大对电动自行车包括外卖、快递行业从业人员各项重点交通违法行为的管控、宣教、曝光的力度。

第四节 交通管理热点问题专家评析

一、中央政策

1.《国务院办公厅关于全面推进城镇老旧小区改造工作的指导意见》（国办发〔2020〕23号）

2020年7月20日，国务院办公厅印发《关于全面推进城镇老旧小区改造工作的指导意见》，其中在改造任务中提出改造或建设小区及周边停车库（场）、电动自行车及汽车充电设施以及邮政快递末端综合服务站等社区专项服务设施。

全国城市道路交通文明畅通提升行动计划专家组成员、江西交警总队毛志坚认为：一是建立补建配建制度。各地城镇老旧小区在改造时，应尽可能按照现行的国家及地方政策标准，对这些配套设施进行规划，并实施补建配建；二是严格执行配建标准，城镇老旧小区改造应严格按照国家及地方政策标准配建停车库（场）、电动自行车及汽车充电设施，以及邮政快递末端综合服务站，并与主体工程同时设计、同时施工、同时验收、同时交付使用，相关管理部门应全程参与项目设计、建设、验收等工作；三是区域统筹协调建设，一些城镇老旧小区受改造条件限制，无法按照国家及地方政策标准补建配建相关设施的，当地政府应结合小区周边地块统筹协调规划建设，就近共建、共享区域地块停车库（场）、电动自行车及汽车充电设施，以及邮政快递末端综合服务站等配套设施，缓解需求矛盾；四是纳入物业规范管理，各地应结合小区物业管理，针对这些小区配套设施制定出台管理细则，形成长效管理机制，从而规范并加强小区停车库（场）等设施的日常管理。相关政府职能部门应定期对该项工作进行检查指导，并将其纳入对街道办、社区年终考核内容和宜居社区考评内容；五是维护保障交通秩序，在规划小区停车库（场）等设施时，应聘请或咨询专业单位进行设计，充分考虑配套设施建成后对小区内交通的影响，并通过加强规范管理，维护保障小区交通的正常秩序，对老旧小区未实现统一物业管理的，则建议城管或交警执法进社区，按市政道路及停车位管理进行执法，以规范交通秩序。

2.《国务院办公厅关于印发新能源汽车产业发展规划（2021—2035年）的通知》（国办发〔2020〕39号）

2020年11月2日，国务院办公厅印发《新能源汽车产业发展规划（2021—2035年）》，提出推动新能源汽车产业高质量发展，加快建设汽车强国。

全国城市道路交通文明畅通提升行动计划专家组成员、浙江大学金盛副教授认为，新能源汽车及智能网联汽车的快速发展给城市交通管理带来了深刻变革。在未来很长一段时间内，将存在智能网联汽车和普通汽车混合运行的状况，这种状况将对城市交通管理带来巨大挑战。交通标志标识等道路基础设施的数字化是适应未来智能网联汽车环境下运行与交通管控的重要基础。但是在现阶段，我国大量城市的交通设施设置率和标准化程度还亟待提升，在大规模的智能网联应用场景并不明确，商业化前景也不明朗的情况下，交通标志标识的数字化推进工作建议慎之又慎。主要需要考虑如下三个方面。一是在安全方面。L4级以上的智能网联汽车很难在短期普及。本质上来说，很长一段时间内，交通管理还是以普通驾驶人为核心。因此，目前的城市交通管控相关技术并没有本质改变，反而由于智能网联、车路协同设备的增加，给普通驾驶人带来很多额外信息，容易造成分心驾驶等安全隐患。在交通基础设施数字化时，首要考虑安全因素，保障与现有交通工程基础理论的一致性。二是在经济方面。交通标志标识的数字化技术并不存在较大障碍，但是与传统设施相比，其存在建设成本大、后期维护成本高、设备生命周期短等弱势。特别是信息技术产品的更新迭代快，设备残值低，目前其经济效益并不明显。同时，相关交通基础设施数字化后的服务对象并不明确，缺乏大规模服务对象将导致设施利用率低。三是在试点推广方面。建议在高速公路、新建城区等区域可以开展相关试点工作，试验应用场景，进行技术储备与验证，完善相关法律法规，为后续技术大规模应用提供理论、实践与政策支撑。

二、部委政策

1. 交通运输部：围绕加快建设交通强国的目标稳步推动自动驾驶技术应用

2020年5月19日，交通运输部副部长刘小明介绍，将自动驾驶作为科技创新支撑加快建设交通强国的重要领域之一，坚持“鼓励探索、包容失败、确保安全、反对垄断”的原则，积极推进自动驾驶技术的研发试点和应用工作。在加强政策研究方面，下步将制定促进自动驾驶技术发展和应用的实施意见，会同相关部门研究修订道路测试管理的规范，完善测试管理的体系。

全国城市道路交通文明畅通提升行动计划专家组成员、武汉理工大学吴超仲教授认为，自动驾驶汽车的规模化应用将对当前的交通安全管理体系形成冲击，需要在政策法规及执法等多方面进行改革，才能适应智能时代的道路交通系统，建议交管部门针对如下问题开展预研究工作。第一，资格考试问题。自动驾驶车辆在出厂时只做了车辆本身的安全可靠性认证。当自动驾驶车辆进入到道路交通系统中，需要严格遵守交通规则、交通文明、交通安全等多项规则。自动驾驶车辆是否具有检测交通环境信息并自动控制以遵守规则，需要交管部门认证。传统的对驾驶人的资格考试规则不适合自动驾驶车辆，需要单独为自动驾驶车辆制定考试规则及实施细则，同时建议增加针对自动驾驶相关内容的驾驶人考试内容。第二，事故定责问题。传统上，交通事故主要通过事故现场的调查结果对相关驾驶人进行定责。然而，带有自动驾驶功能的汽车可能是由自动驾驶系统引发事故，如何准确判断事故原因，以及如何准确定责，须对自动驾驶汽车制定相关取证措施，有效保护用于事故取证的数据的完整性，并在此基础上制定事故责任认定规则。第三，路权及通行规则问题。自动驾驶汽车规模化应用的早期阶段，可能会存在自动驾驶专用道路，引出专用道路与普通道路的路权优先级以及专用道路与普通道路进出匝道的通行规则等问题。目前我国道路通行路权及通行规则是由《中华人民共和国道路交通安全法》第四章“道路通行规定”明确规定的，没有考虑上述情形。因此需要研究自动驾驶汽车规模化应用后的路权及通行规则问题。第四，网络安全问题。自动驾驶汽车的隐私保护与网络安全得到社会广泛关注。黑客入侵与劫持不仅会侵犯用户的隐私，还会带来交通安全事故的极大风险。建立健全自动驾驶系统网络安全方面的法律法规体系，是解决该问题的关键。第五，伦理道德问题。对于高度自动驾驶汽车而言，车内乘员与车外行人同属弱势交通参与者，在出现不可避免的交通事故时（如撞他车或撞行人），自动驾驶系统如何应对，遵守何种规则，才能避免伦理道德方面的责任，需要深入探讨。此外，建议从智能车与非智能车混行条件下交通规则适用性分析技术、基于全息轨迹数据的违法通行行为执法取证技术、基于车路协同的交通参与者避碰和车辆诱导技术、智能网联环境下路权动态调整优化技术等方面做好预研究工作，可以提升交通执法的准确性及有效性，实现交通管理的智能化，这将是未来道路交通管理的重要方向之一。

2. 国家发改委等十二部门印发《关于支持民营企业参与交通基础设施建设发展的实施意见》（发改基础〔2020〕1008号）

2020年7月8日，国家发改委等十二部门印发《关于支持民营企业参与交通基础设施建设发展的实施意见》，进一步激发民营企业活力和创造力，加快推进交通基础设施高质量发展。

全国城市道路交通文明畅通提升行动计划专家组成员、同济大学杨晓光教授建议，公安交管部门一是加强交通执法管理工作为主，将城市道路交通拥堵治理与智慧停车管理、政策研究等专业技术性业务全面向社会开放，采用国际上普遍的方式，即通过政府制度性每年编制财政预算，向社会公开招标购买服务。这一改革，不仅可以极大地利用丰富的社会技术力量开展复杂、专业的交通拥堵治理等技术性工作，还可以充分地提高交通拥堵和事故对策以及公共政策制定的科学性与实施效果，并极大地提升交通工程、智能交通、交通管理等领域科技创新力，创造巨大的专业人才就业市场和产业空间，推动中国大学交通工程、交通管理等相关专业人才培养质量的提升。从而改变一方面交通问题日益尖锐，公安交管部门专业技术人才和人力不足、急需大量的相关专业人才，另一方面大学培养的相关专业人才不能有效地服务社会的现状，为根本治理交通拥堵创造条件。二是积极推进“末端管理向前端治理的转变”，即将工作重点转向以交通执法为主，同时推动城市规划、建设、交通运输、城管等部门担负起交通拥堵专业治理主体的责任，全面地从根本上以预防交通阻塞与交通事故为目标，做好城市交通及其基础设施建设规划、设计与交通管理业务，改变城市交通阻塞末端管理的被动局面、改善交通执法基础条件和执法环境，降低执法成本。因此，公安交管部门应就目前道路交通安全法所规定的专业性强、急需大量技术力量完成的专业性业务工作，以及“前端治理”相关部门所提供的交通治堵技术方案审查工作提出购买服务需求，推进各城市政府制度性地编制财政预算、组织招投标购买社会服务完成相关业务；协调城市交通相关主管部门间的技术与行政工作合作，并组织咨询和技术服务成果的实施。此外，鉴于大量拥有先进技术、创新力强、服务水平高的民营企业规模小，与大企业相比在投标时不具优势，为了鼓励优秀的小微型民营企业参与购买服务投标，应借鉴国际上先进做法，制定投标单位为大型企业与小（微）企业联合体的规定。

3. 交通运输部印发《关于〈道路运输条例（修订草案征求意见稿）〉公开征求意见的通知》

2020年11月2日，交通运输部印发《关于〈道路运输条例（修订草案征求意见稿）〉公开征求意见的通知》，向社会公开征求意见。据统计，2019年，道路运输从业人员达2516.5万人，道路客货运量分别达到130.1亿人次和343.5亿t，营运客货运力规模分别达到77.7万辆和1087.8万辆，道路客货运输量占全社会运输量比重分别约为74%和78%。

全国城市道路交通文明畅通提升行动计划专家组成员、江西交警总队毛志坚认为，道路交通是一个动态、庞大而复杂的巨系统，影响其安全的因素变幻莫测，但人、车、路、环境四大要素是基础、是关键，它们之间的相互协调是交通安全的基本保障。11月初，交通运输部专门就《道路运输条例（修订草案征求意见稿）》向社会公开征求意见，这表明我国在道路运输领域的法治建设正在不断完善，修订草案的颁布实施将进一步规范对客货运输行业及其驾驶人的管理，同时将对交通管理相关工作产生积极深远的影响，促进构建形成共治、共管格局，有效提升我国道路交通安全整体水平。对交通管理相关工作的影响包括:一是进一步明确了运输主管部门的日常审批及安全监管事项，体现落实交通安全部门责任与协同共治；二是进一步规范了客货运输行业的准入门槛，强调落实运输企业及其驾驶人主体责任；三是进一步强化了重点营运车辆事中事后监管机制，明确加强对车辆与驾驶人的安全动态监控，震慑并降低各类违法行为的发生。未来，结合该修订草案的颁布实施，公安交通管理部门可联合道路运输主管部门开展道路运输重点营运车辆动态监控、违法违规信息分类闭环处理相关工作，出台相关制度措施，规范动态监控各类违法违规信息抄送及处理程序规程，切实落实重点营运车辆事中事后监管机制。

4. 交通运输部印发《关于促进道路交通自动驾驶技术发展和应用的指导意见》

2020年12月20日，交通运输部印发《关于促进道路交通自动驾驶技术发展和应用的指导意见》，促进道路交通自动驾驶技术发展和应用，推动《智能汽车创新发展战略》深入实施。

全国城市道路交通文明畅通提升行动计划专家组成员、中国城市规划设计研究院伍速锋研究员认为，智能汽车已成为全球汽车产业发展的战略方向，虽然完全自动驾驶的落地尚需时日，但是由于自动驾驶将给城市和人们的日常生活带来巨大的变化，因此需要我们积极应对。自动驾驶技术对于城市规划和城市交通的影响还需要进一步的研究。乐观者认为，自动驾驶的实现可以带来事故的降低、交通拥堵的缓解、停车用地的减少等。但也有研究者认为，自动驾驶可能与城市的可持续发展存在一定冲突，毕竟城市是人的城市，不是汽车的城市，汽车效率的提升可能诱增新的交通出行，造成交通状况恶化，原因在于人口密度较高的城市地区道路资源利用效率存在天花板。自动驾驶实现后，存在“不变”与“变”两个方面。不管是现在还是自动驾驶实现后，“以人为核心”这个根本目标是不变的，在城市的核心地区、重要的交通走廊，依然需要强调公共交通等绿色交通方式的优先发展。在城市的外围或者公交不便的地区可以合理发挥自动驾驶的优势。在道路网络布局上，可以通过道路功能的分级分类，降低各种交通流之间的相互干扰。在道路断面上，可以考虑通过道路断面的重新划分，将更多的空间由“车”还给“人”。自主停车实现后，可以将停车场布置于距离目的地较远的空间，更好地发挥不同区位土地价值。

5. 国家发改委印发《关于加快开展县城城镇化补短板强弱项工作的通知》（发改规划〔2020〕831号）

2020年5月29日，国家发改委印发《关于加快开展县城城镇化补短板强弱项工作的通知》，提出县城是我国推进工业化城镇化的重要空间、城镇体系的重要一环、城乡融合发展的关键纽带，要加快推进县城城镇化补短板强弱项工作。

全国城市道路交通文明畅通提升行动计划专家组成员、西安交警支队胡伟涛认为，坚持“交通服务社会经济发展、支撑城镇化发展”和“城镇化科学和谐发展带动交通体系完善管理水平提升”的良性互动理念，针对县城城镇化的短板，建议从以下六个方面提升改进工作：一是建立健全规建管一体化运行体制，县委政府主要领导挂帅，各部门镇街主要领导参与，定期研究、统筹协调城镇化发展和交通发展的重大疑难问题，高效解决跨部门协作难题，推进城镇化和交通科学化。二是坚持规划引领，科学安排土地利用和产业布局，重点研究学校、医院、商场、市场、客运站等客货集散源的布局，配套建设停车设施，确保静态交通不影响动态交通；做好县域过境通道和生产生活道路网络的规划布局与建设改造，保障城镇化科学发展。三是明确交警在城建中的职能定位，交警参与县城大型项目交通影响评价和道桥隧工程交通方案审核，对交通配套设施方案前期审核、建设期指导和建成后验收，有效解决规建管脱节问题。四是做好县城路网发展规划、产业布局规划、停车场建设规划，专题进行交通各类设施方案设计，强化交通管理经费保障，稳步推进县域交通规范化智能化发展。五是借鉴大城市治理经验，结合县域实际和特点，编制各类导则和预案，规范高效推进县城城镇化。在多部门协作警民共治方面发力，在动静统筹解决停车难停车乱、摊贩管理和校园商场客运站周边秩序乱等方面求突破，提升县城治理行政效能。六是组织各类媒体，持续进行交通文明和城镇现代化发展宣传教育，发动全民参与，在基础设施方面提升改进，注重以人为本、人性化关爱的同时，更要大力倡导文明出行、绿色出行，用文明交通引领，多领域多产业跟进，营造社会氛围，提升社会主义精神文明环境。

6. 住建部印发《关于支持开展2020年城市体检工作的函》（建科函〔2020〕92号）

2020年6月16日，住建部印发《关于支持开展2020年城市体检工作的函》，对部分城市开展城市体检工作。

全国城市道路交通文明畅通提升行动计划专家组成员、中国城市规划设计研究院戴继锋研究员认为，城市体检工作是对城市运行情况的综合研判，对于城市交通而言，系统地开展类似工作非常重要也很必要。在新型城镇化发展的背景下，城市交通发展更多地强调为人的出行服务，以人的需求为核心来理顺城市交通协调机制，因此需要对现有工作机制进行完善和优化，而不是将所有交通问题都集中在交通管理部门。要改变这种局面，就必须改变从上到下的交通管理模式，要把规划、建设、管理、运营一体化，形成一个平台，共同面向社会公众。开展城市体检，可以从实际运营效果发现问题，系统和全面地反思问题存在的根源，从而推动规划、建设、管理、运营环节的打通，更好地提升品质与安全，是建立规划、建设、管理、运营一体化工作机制的重要技术基础和支撑。

城市体检工作中与交通相关的指标选取，非常关注交通的安全与服务，如万车死亡率、建成区高峰时间平均机动车速度、城市常住人口平均单程通勤时间等，这种以服务效果为导向的体检，是交通发展坚持以人民为中心思路的体现，也符合交通强国发展的要求和趋势。鉴于此，建议：一是结合城市体检的工作契机，促进各地尽快建立规划、建设、管理、运营一体化的机制，加强各个环节之间的工作传导。解决交通拥堵必须要政府、企业和公众达成共识、进行共治。现在的机制完善方向应该从交通管理走向综合治理，而综合治理不仅仅是技术问题，更多的是要从机制上形成一个多方参与共治的系统。二是尽快建立起以“人的需求”为出发点的全新综合交通治理工作体系。从交通管理走向交通治理，更应该强调工作内涵的提升，应该更多地考虑以人的需求为出发点，综合考虑各方式、各阶段的交通系统品质的全面提升。在新型城镇化发展的背景下，“综合治理”协同机制尤其应该依法建立，避免在综合治理的口号下推行各种“人治”的局面，确保综合治理的协同机制的科学顺畅。三是尽快启动我国“零死亡”愿景下的交通安全技术研究和政策储备。目前国际上很多发达国家都提出了“零死亡”的愿景，目前我国城市交通的设施、标准、管理等各个方面的水平，都无法满足“零死亡”愿景的要求。尽管我国还没有明确提出类似的目标和要求，但须进行相关技术储备和政策储备，以应对未来的需要。

三、地方政策

1. 浙江审议通过《浙江省电动自行车管理条例》

5月15日，浙江省十三届人大常委会第二十一次会议审议通过了《浙江省电动自行车管理条例》（简称《浙江条例》），并将自2020年7月1日起施行，其中涉及了电动自行车登记管理、行驶规定等内容。

全国城市道路交通文明畅通提升行动计划专家组成员、宁波工程学院张水潮教授认为，第一，《浙江条例》的亮点与不足并存。亮点包括：条例中引导电动自行车所有人投保，提高交通事故的赔付能力；对电动自行车的停放设施提出明确要求；对互联网电动自行车租赁企业明确提出了相关要求等条款具有较好的示范性，可供其他省份立法参考。存在的不足主要表现为：（1）在现有的城市道路人行过街天桥和地道中，虽然考虑了自行车推行的条件，但不一定方便电动自行车推行，地方政府在相关市政道路设施的规划建设时，应予以充分考虑，诸如此类的问题，建议在《浙江条例》中予以明确；（2）对电动自行车的不安全交通行为应予以更多地约束，如在无信号灯控制的人行横道线上，对于电动自行车骑行过街的行为，应予以约束或处罚；（3）对电动自行车头盔的质量缺乏统一的认定标准；（4）对电动自行车骑行者头盔佩戴的规范性缺乏统一的认定标准。第二，应优化交通组织措施减少电动自行车事故。在路段交通组织措施方面：（1）应尽可能保证非机动车道连续，且车道宽度应适应非机动车流的通行需求，尽可能设置“硬隔离”设施，在电动自行车与普通自行车混行的情况下，由于存在速度差，电动自行车的超车意愿会较强烈，此时极易产生电动自行车“越线”行驶现象；（2）在一块板或两块板城市道路上设置公交停靠站时，不应占用非机动车道直接设置，而应通过设置拓宽道路或压缩车道的方式保障非机动车道的连续，避免非机动车因避让公交车而产生机非冲突。在交叉口交通组织措施方面：（1）在非机动车道外侧设置缘石带，一方面可真正缩小机动车右转车道的转弯半径，降低机动车尤其是大型车辆的右转弯速度；另一方面可对非机动车进行物理隔离保护，减少机非冲突；（2）在左转机动车与非机动车流量均较大的路口，通过将非机动车左转实行“二次过街”的方式，减少左转非机动车流因“膨胀效应”而产生机非冲突。第三，不建议发展共享电动自行车。城市中发展共享单车或公共自行车，主要是满足短距离出行需求，尤其是在大中城市，更多是要发挥其在轨道站点或公交站点附近的交通接驳的作用，解决“最后一公里”的出行需求。在这一目标下，共享单车或常规公共自行车在骑行速度、可骑行距离方面已足以满足需求，考虑到共享电动自行车存在安全性差、佩戴头盔管理难度大、企业管理成本高等诸多弊端，因此不建议通过发展共享电动自行车来满足需求。

2. 海南发布《海南现代综合交通运输体系规划》

2020年9月29日，国家发改委转发《海南现代综合交通运输体系规划》，提出加快建成便捷顺畅、快速连接，智慧引领、低碳畅行，连通陆岛、海陆空一体，通达全球的现代综合交通运输体系等要求。

全国城市道路交通文明畅通提升行动计划专家组成员、成都交警支队周伟潮建议，一是加快完善多层级物流服务网络。从目前城市交通管理来看，末端配送车辆的管理是个难题。存在有的车型不符合上路规定、符合上路条件的不适合末端配送，以及驾驶人法律意识淡薄、违法现象突出等问题。二是加快完善应对重大疫情、自然灾害等突发事件的交通物流应急组织和保障体系。此次新冠疫情，暴露出在应急交通组织方面的一些短板和弱项。比如特殊通行政策（包括证件）的申领、互认都存在“断点”和“瓶颈”，缺乏统筹。再比如客货物流“一刀切”的管控政策，造成物流运输的不畅，应该协调好客货运输的关系，把握好两者之间的内在机理。三是通过5G、大数据对传统基础设施进行智能化改造。传统基础设施已进入成熟阶段，为发挥投资的最大效能，要把握好存量与增量的关系、融合和改造提升的关系，避免造成新的浪费。

3. 北京发布《步行和自行车交通环境规划设计标准》

2020年10月13日，北京市规划和自然资源委员会和北京市市场监管局联合发布《步行和自行车交通环境规划设计标准》，提及了胡同停车、行人过街绿灯时长、地铁站周边自行车停车、人行道宽度等问题，并将于2021年4月1日起开始实施。

全国城市道路交通文明畅通提升行动计划专家组成员、济南交警支队王峰认为，北京市《步行和自行车交通环境规划设计标准》体现了“以人为本、绿色发展”的理念和步行、自行车优先的政策。一是突出保障步行和自行车的路权和安全，将各级城市道路设置人行道及人行道的宽度作为强制条款实行，明确提出设置机动车泊位时应优先考虑慢行通行空间；二是提高慢行交通设施精细化设计，保障行人和自行车通行效率；三是大力引导和保障慢行交通需求，解决自行车停车空间不足的问题，提升绿色出行品质。欣赏一座城市的风景，感受一座城市的文化，最好的交通方式是步行和非机动车出行。在当前城市交通建设管理中片面追求小汽车（机动车）出行效率的背景下，北京市《步行和自行车交通环境规划设计标准》的出台可以有效改变当前处于弱势的慢行交通与强势的快速（小汽车）交通之间的平衡关系，满足城市日益多样化的出行需求。并且北京市内古迹众多，步行和自行车系统的构建不仅是交通环境的构建，也是对于景观环境、文化气息的一种空间串联。但是，目前大多数城市都存在步行和自行车系统发展定位不清、道路资源不足、路权分配不均、公共交通保障不充分、慢行及公共交通设施欠缺等问题日益突出，北京市《步行和自行车交通环境规划设计标准》在大部分城市推广存在巨大挑战而且困难重重，尤其是在道路资源极度缺乏的老城区。

建议在制定慢行系统保障等相关政策时应注意以下几点。一是明确目标、转变思想。城市交通的规划、建设、管理应逐渐由“以车为本”向“以人为本”转变。应当以建设安全、便捷、舒适的步行和自行车交通环境为目标，以问题为导向，根据本地的实际情况，将一些原则性要求转化为可操作的具体条款落到实处。二是立足顶层、协调用地。在规划层面实现步行和自行车系统与城市用地的协调统一，完善道路网络以支撑慢行系统的发展，提高步行与自行车系统的可达性，打造“公平、效率，平凡、唯民”的社会关系。三是明确路权、空间保障。对于新改建的城市道路，需要重点把握道路空间资源的分配，避免为了拓宽机动车道而挤占慢行通行空间。逐步构建合理的路权分配机制，促使各种交通方式各行其道，保障慢行交通的通行路权。四是强化管理、完善设施。深入开展专项整治，强化源头管理，形成道路交通管理工作的合力。加大过街设施、换乘设施等基础设施的规划建设，完善步行和自行车走廊建设，促进慢行交通规范有序发展。优化结构、绿色发展。加大城市公共交通建设，合理增设公交专用道、优化公交线网、整合站台布局等基础建设，充分发挥公共交通优势，进一步改善城市交通运行环境；同时强化公共交通与慢行交通之间的换乘衔接，增强公共交通的吸引力。

4.浙江杭州发布《关于“绿色停车位”使用管理有关事项的通告》

2020年10月26日，杭州市公安局交通警察局发布《关于“绿色停车位”使用管理有关事项的通告》，宣布正式在全市部分道路推出限时长“绿色停车位”，并明确超时属于违停，将面临罚款。《通告》明确，“绿色停车位”主要设在农贸市场（菜场）、公厕、快餐店（小吃店）、便利超市、药店等短时停车需求大、停车资源紧缺场所的周边道路，以满足市民生活、办事、购物等短时停车需求。“绿色停车位”系限时长路内停车位，属短时免费停车泊位，是稀缺的道路公共停车资源。为提高车位周转率和利用率，分为限时20min和限时30min，并设置专门的绿色停车车位框和限时停车标志。机动车驾驶人应自觉按照“绿色停车位”现场交通标志标线指示，按照规定时间、方向，在车位内停车，停车时间不能超过标志所示时间，不能非法占用。对违反规定的，将通过拍照取证方式，依照道路交通安全法及其相关法律法规规定，依法予以150元处罚，直至车辆拖移；任何单位和个人擅自占用停车位的，由公安机关交通管理部门责令限期改正，并依法处罚。

全国城市道路交通文明畅通提升行动计划专家组成员、武汉交警支队谢先锋认为，杭州“绿色停车位”政策一是体现了以人为本的管理思路。在农贸市场（菜场）、公厕、快餐店（小吃店）、便利超市、药店等设置临时停车泊位，充分考虑了市民临时停车需求，体现了以人为本的管理思路，值得鼓励提倡和推广。二是在路内停车泊位管理方面更加精细化。在传统的路内停车泊位基础上，通过精确地限时20min、30min，并完善配套管理措施，使临时停车管理更加精细化，在方便市民临时停车需求的同时，也大幅度提高了停车泊位周转率、利用率，避免长时间占用路内停车泊位。三是在泊位设置和使用方面更加人性化、科技化。通过在两个泊位之间留出1~1.5m的间距，可以方便车辆快进快出。对于现场扫码用户能够及时推送信息，提醒驾驶人在规定使用时限内驶离。

下步一是建议明确限定时长的设置标准。建议根据道路交通条件、流量及适用场所，确定泊位限制使用时长的设置标准，便于各地在设置时参考。二是出台相关执法指导意见。对于使用超时处罚方面，现各地处罚依据不太一致，有直接按照违停处罚的，也有按照机动车违反禁令标进行处罚的。目前武汉市违停有三种不同的处罚标准：非严管路违停罚款100元；严管路罚款200元，不计分；示范路罚款200元，记3分。建议针对限时长停车泊位确定一个具体的执法指导意见。

5.安徽合肥发布《关于加快新能源汽车产业发展的实施意见》

2020年11月20日，合肥市人民政府发布《关于加快新能源汽车产业发展的实施意见》（简称合肥意见），提出到2025年，全市新能源汽车整车以及动力电池、驱动电机、车载操作系统等关键技术达到国际先进水平。

全国城市道路交通文明畅通提升行动计划专家组成员、杭州支队孔万锋认为，在加快新能源汽车产业发展中，若一味地牺牲交通管理政策来刺激新能源汽车购买和使用，如《合肥意见》提出的允许新能源汽车在非高峰时段使用公交专用道、公共停车场（点）每天免费停2次，每次不超过5h，在市区道路临时泊车位停车2h内免费，超过2h减半收费等措施，将会对公共交通服务水平产生巨大影响，个体机动化出行比例将急剧上升，城市交通拥堵将进一步加剧，与中央出台的《交通强国建设纲要》中所提出的“鼓励引导绿色公交出行，合理引导个体机动化出行”的发展策略不符。城市高效的绿色物流确实是交通智能化的重要内容，但《合肥意见》提出允许电动物流车在市区道路行驶（据悉为电动三轮车），电动三轮车与市区地面道路车辆车速存在较大差异，且不符合上牌标准，将给交通安全、秩序及城市形象等带来一系列问题，鼓励和发展该类电动车得不偿失。

在推动新能源汽车产业高质量发展的关键时期，如何进一步深化交通管理措施，积极推广新能源汽车的应用，推动道路交通的绿色安全发展，有三点建议。一是加快推进智能化城市道路基础设施体系建设。制定能够贯穿系统从智能感知、数据共享到应用支撑、业务服务的标准规范和运营管理体系，推进智能化城市道路基础设施管理平台集成化发展。同时，应当加快公安交警部门、交通运输部门、公共交通集团以及地图导航平台企业之间的数据融合，实现汇集交通信号管控、道路拥挤状况等多源数据的一体化平台。二是加快城市现有汽车升级换代。推进新能源汽车在城市公交、出租车、市政环卫车辆等方面的普及，党政机关、企事业单位也可带头使用新能源汽车。提升车辆年检时排放标准较低车辆的检验标准，引导污染物排放量较高车辆转换成为新能源车辆，制定燃油汽车限期停产等措施。三是尽量避免过度使用交通管理政策。鼓励和刺激新能源车的发展，不能过度依赖交管政策，不能以牺牲城市交通安全和畅通为代价，而应该开发多样化的新能源汽车应用模式。如加快建设新能源车辆与智能网联系统的融合，推动新能源汽车开展自动代客泊车等特定场景示范应用，增强新能源汽车市场的竞争力。

6. 山东济南拟出台交通信用管理办法

济南市公安局起草了《济南市文明交通信用管理办法（征求意见稿）》（简称《办法》），并向社会公开征求意见。《办法》提出，鼓励保险公司在承保车辆保险、人寿保险、财产保险等保险业务时，对诚信守法的，可提高保险费率优惠幅度；对严重失信的，适当上浮保险费率。

全国城市道路交通文明畅通提升行动计划专家组成员、武汉支队谢先锋认为，道路交通信用体系是社会信用体系的重要组成部分，山东省济南市探索的文明交通信用管理办法是社会信用体系建设延伸至交通管理领域的有效实践，对文明交通管理有重要深远的意义。交通信用，是一个交通参与者文明交通素质的重要体现。长期以来，我们对于交通信用的理解，一般意义上来讲，就是驾驶证上的12分。但作为一名基层交通管理的参与者，谢先锋明显感觉有必要进一步加大对醉驾、毒驾等重点违法以及一个周期内记满12分的驾驶人这些重点违法、重点驾驶人的惩处力度，信用约束就是一个很好的解决办法。

《办法》将交通参与者划分为诚信守法、轻微失信、一般失信、严重失信四类，是对交通参与者进行画像，将诚信与失信交通行为在一定程度上科学量化，并纳入公共信用信息平台，给予守信联合激励和失信联合惩戒，能够让交通参与者意识到交通行为，特别是交通违法行为，将对其个人产生影响，让交通管理者能够基本辨识个人、企业的文明交通素质，从而采取不同的管理方式方法，让社会广大社会群体有所触动，促进形成一种遵守交规、尊重规则、文明诚信的社会风气。在《办法》推进实施过程中特别要注意，四类人员划分的规则确定后，就要严格地遵守执行，交管部门要与相关部门做好联动，通过惩戒、教育、奖励、服务等差异化方法促进文明交通效果的显现，并逐步完善，久久为功。

7. 政策文件汇总

相关政策文件汇总见表9-1。

政策文件汇总表 **表9-1**

序号	发文单位	发文题目	文　号	发文时间
1	交通运输部、工业和信息化部、公安部、商务部、市场监管总局、国家网信办	《关于修改〈网络预约出租汽车经营服务管理暂行办法〉的决定》	交通运输部令2019年第46号	2019年12月28日
2	财政部、公安部、中国人民银行	《关于实施跨省异地缴纳非现场交通违法罚款工作的通知》	财库〔2019〕68号	2019年12月31日
3	住建部	《关于开展人行道净化和自行车专用道建设工作的意见》	建城〔2020〕3号	2020年1月3日
4	国务院办公厅	《关于支持国家级新区深化改革创新加快推动高质量发展的指导意见》	国办发〔2019〕58号	2020年1月3日

续上表

序号	发文单位	发文题目	文　号	发文时间
5	交通运输部运输服务司	《关于拟授予石家庄等市"国家公交都市建设示范城市"称号的公示》	交运便字〔2020〕2号	2020年1月3日
6	交通运输部办公厅、工业和信息化部办公厅、公安部办公厅、市场监管总局办公厅	《关于做好〈车用起重尾板安装与使用技术要求〉贯彻实施工作的通知》	交办运函〔2020〕38号	2020年1月9日
7	公安部交通管理局	关于印发《接受交通安全教育减免道路交通安全违法行为记分工作规范（试行）》的通知	公交管〔2020〕14号	2020年1月14日
8	交通运输部	《关于进一步提升交通运输发展软实力的意见》	交政研发〔2019〕170号	2020年1月14日
9	交通运输部	《关于公布第16批道路运输车辆达标车型的公告》	2020年第3号	2020年1月15日
10	交通运输部	《关于印发2020年立法计划的通知》	交法函〔2020〕41号	2020年1月20日
11	交通运输部办公厅	《关于印发2020年交通运输法制工作要点的通知》	交办法函〔2020〕71号	2020年1月20日
12	交通运输部公路局	《关于〈推进农村公路"路长制"的意见〉〈农村公路绩效管理考核办法〉〈农村公路绩效管理考核工作实施方案（暂行）〉公开征求意见的通知》	交公便字〔2020〕29号	2020年1月21日
13	交通运输部	《关于做好进出武汉交通运输工具管控全力做好疫情防控工作的紧急通知》	交运明电〔2020〕24号	2020年1月23日
14	交通运输部	《关于做好新型冠状病毒感染的肺炎疫情防控物资和人员应急运输优先保障工作的通知》	交公路明电〔2020〕27号	2020年1月30日
15	交通运输部	《关于统筹做好疫情防控和交通运输保障工作的紧急通知》	交运明电〔2020〕33号	2020年1月30日
16	交通运输部、国家发展改革委、国家卫生健康委、国家铁路局、中国民用航空局、国家邮政局、国家铁路集团	《关于统筹做好春节后错峰返程疫情防控和交通运输保障工作的通知》	交运明电〔2020〕44号	2020年2月3日
17	农业农村部	《关于维护畜牧业正常产销秩序保障肉蛋奶市场供应的紧急通知》	农办牧〔2020〕8号	2020年2月4日
18	国务院办公厅	《关于做好公路交通保通保畅工作确保人员车辆正常通行的通知》	—	2020年2月8日

续上表

序号	发文单位	发文题目	文号	发文时间
19	交通运输部	《关于疫情防控期间免收农民工返岗包车公路通行费的通知》	交公路明〔2020〕52号	2020年2月8日
20	交通运输部、国家邮政局、中国邮政集团公司	《关于确保邮政快递车辆优先便捷服务保障民生的紧急通知》	—	2020年2月8日
21	国务院办公厅	《关于组织做好疫情防控重点物资生产企业复工复产和调度安排工作的紧急通知》	国办发明电〔2020〕2号	2020年2月9日
22	国家发改委	《关于印发〈智能汽车创新发展战略〉的通知》	发改产业〔2020〕202号	2020年2月10日
23	交通运输部	《关于全力做好农民工返岗运输服务保障工作的通知》	交运明电〔2020〕56号	2020年2月11日
24	公安部	《关于切实做好新冠肺炎疫情防控道路交通保障工作的通知》	—	2020年2月11日
25	商务部	《关于做好重点城市生活物资保供工作的通知》	商办建函〔2020〕32号	2020年2月11日
26	交通运输部、国家卫生健康委	《关于切实简化疫情防控应急运输车辆通行证办理流程及落实对应急运输保障人员不实行隔离措施的通知》	交运明电〔2020〕57号	2020年2月12日
27	交通运输部	《关于做好疫情期间道路运输车辆技术保障工作的通知》	交运明电〔2020〕59号	2020年2月3日
28	农业农村部办公厅、国家发展改革委办公厅、交通运输部办公厅	《关于解决当前实际困难加快养殖业复工复产的紧急通知》		2020年2月15日
29	工业和信息化部	《关于有序推动工业通信业企业复工复产的指导意见》	工信部政法〔2020〕29号	2020年2月25日
30	交通运输部办公厅	《公布2019年度交通运输行业重点科技项目清单的通知》	交办科技函〔2019〕1872号	2020年2月26日
31	交通运输部	《关于印发农村公路基础设施统计调查制度的通知》	交办规划函〔2020〕192号	2020年2月26日
32	交通运输部、农业农村部	《关于认真贯彻落实习近平总书记重要指示精神全力做好春季农业生产物资运输服务保障的紧急通知》	交运明电〔2020〕77号	2020年2月27日
33	交通运输部	《关于规范交通运输行政执法服务统筹推进疫情防控和经济社会发展工作的通知》	交法明电〔2020〕78号	2020年2月27日
34	交通运输部	《关于分区分级科学做好疫情防控期间城乡道路运输服务保障工作的通知》	交运明电〔2020〕80号	2020年2月28日

续上表

序号	发文单位	发文题目	文　号	发文时间
35	交通运输部、财政部	《关于贯彻落实〈国务院办公厅关于深化农村公路管理养护体制改革的意见〉的通知》	交公路发〔2020〕26号	2020年2月25日
36	国家发展和改革委员会、中央宣传部、教育部、工业和信息化部、公安部、民政部、财政部、人力资源和社会保障部、自然资源部、生态环境部、住房和城乡建设部、交通运输部、农业农村部、商务部、文化和旅游部、卫生健康委、人民银行、海关总署、税务总局、市场监管总局、广电总局、体育总局、证监会	《关于促进消费扩容提质加快形成强大国内市场的实施意见》	发改就业〔2020〕293号	2020年2月28日
37	交通运输部	《关于严格落实网约车、顺风车疫情防控管理有关要求的通知》	交联防联控机制发〔2020〕2号	2020年3月1日
38	国务院办公厅	《关于进一步精简审批优化服务精准稳妥推进企业复工复产的通知》	国办发明电〔2020〕6号	2020年3月4日
39	交通运输部	《关于发布〈低平板半挂车技术规范〉等6项交通运输行业标准、〈磁通量索力检测仪〉等3项交通运输部部门计量检定规程和〈营运客车类型划分及等级评定〉第1号修改单的公告》	交通运输部公告第13号	2020年3月4日
40	交通运输部	《关于统筹推进疫情防控和经济社会发展交通运输工作的实施意见》	交规划发〔2020〕31号	2020年3月5日
41	交通运输部	《关于精准有序恢复运输服务扎实推动复工复产的通知》	交运明电〔2020〕95号	2020年3月13日
42	交通运输部、公安部、人社部、国家卫健委	《关于做好有关人员进出湖北省交通运输保障工作的通知》	交运明电〔2020〕102号	2020年3月24日
43	交通运输部	《关于〈深化"四好农村路"示范创建工作的意见〉公开征求意见的通知》	交公便字〔2020〕115号	2020年3月25日
44	国务院安委会办公室	《关于印发〈国家安全发展示范城市评分标准（2019版）〉的通知》	安委办〔2020〕2号	2020年3月29日
45	国家发展和改革委员会	《关于印发〈2020年新型城镇化建设和城乡融合发展重点任务〉的通知》	发改规划〔2020〕532号	2020年4月3日
46	中央应对新型冠状病毒感染肺炎疫情工作领导小组	《关于在有效防控疫情的同时积极有序推进复工复产的指导意见》	国发明电〔2020〕13号	2020年4月7日

续上表

序号	发文单位	发文题目	文号	发文时间
47	交通运输部	《关于印发客运场站和交通运输工具新冠肺炎疫情分区分级防控指南(第二版)的通知》	交运明电〔2020〕126号	2020年4月11日
48	交通运输部办公厅	《关于加强危险货物道路运输运单管理工作的通知》	交办运函〔2020〕531号	2020年4月13日
49	工业和信息化部、公安部、国家标准化管理委员	关于印发《国家车联网产业标准体系建设指南(车辆智能管理)》的通知	工信部联科〔2020〕61号	2020年4月15日
50	公安部交通管理局	《关于印发〈"一盔一带"安全守护行动方案〉的通知》	公交管〔2020〕79号	2020年4月16日
51	交通运输部、商务部、海关总署、国家铁路局、中国民用航空局、国家邮政局、中国国家铁路集团有限公司	《关于当前更好服务稳外贸工作的通知》	交水明电〔2020〕139号	2020年4月20日
52	国务院安委会	《全国安全生产专项整治三年行动计划》	—	2020年4月21日
53	财政部、科技部、工业和信息化部、国家发展和改革委员会	《关于完善新能源汽车推广应用财政补贴政策的通知》	财建〔2020〕86号	2020年4月23日
54	交通运输部办公厅	《关于充分发挥全国道路货运车辆公共监管与服务平台作用支撑行业高质量发展的意见》	交办运〔2020〕18号	2020年4月26日
55	交通运输部	《关于恢复收费公路收费的公告》	—	2020年4月28日
56	交通运输部	《关于全面加强危险化学品运输安全生产工作的意见》	交安监发〔2020〕46号	2020年4月24日
57	交通运输部	《关于发布〈公路隧道施工技术规范〉的公告》	2020年第22号	2020年4月26日
58	交通运输部	《关于发布〈公路斜拉桥设计规范〉的公告》	2020年第23号	2020年4月26日
59	国家发展和改革委员会、科技部、公安部、工业和信息化部、财政部、生态环境部、交通运输部、商务部、人民银行、税务总局、银保监会	《关于稳定和扩大汽车消费若干措施的通知》	发改产业〔2020〕684号	2020年4月28日
60	最高人民法院、公安部、司法部、中国银行保险监督管理委员会	《关于在全国推广道路交通事故损害赔偿纠纷"网上数据一体化处理"改革工作的通知》	法〔2020〕142号	2020年5月6日
61	交通运输部	《关于发布〈公路工程结构可靠性设计统一标准〉的公告》	2020年第28号	2020年5月6日

续上表

序号	发文单位	发文题目	文　号	发文时间
62	交通运输部	《关于印发〈客运场站和交通运输工具新冠肺炎疫情分区分级防控指南（第三版）〉的通知》	交运明电〔2020〕165号	2020年5月9日
63	交通运输部	《2019年交通运输行业发展统计公报》	—	2020年5月12日
64	交通运输部	关于发布《公路工程基桩检测技术规程》的公告	2020年第30号	2020年5月12日
65	国务院安委会办公室、应急管理部	《关于开展2020年全国“安全生产月”和“安全生产万里行”活动的通知》	安委办〔2020〕4号	2020年5月12日
66	生态环境部、商务部、工业和信息化部、海关总署	《关于调整轻型汽车国六排放标准实施有关要求的公告》	2020年第28号	2020年5月13日
67	中共中央、国务院	《关于新时代推进西部大开发形成新格局的指导意见》	—	2020年5月17日
68	交通运输部安委会	《关于开展2020年“安全生产月”活动的通知》	交安委〔2020〕4号	2020年5月25日
69	国务院办公厅	转发国家发展改革委、交通运输部《关于进一步降低物流成本的实施意见》	国办发〔2020〕10号	2020年6月2日
70	国家发改委	《关于加快开展县城城镇化补短板强弱项工作的通知》	发改规划〔2020〕831号	2020年6月3日
71	国家发改委、公安部、财政部、自然资源部、生态环境部、住房和城乡建设部、交通运输部、农业农村部、商务部、税务总局、市场监管总局、银保监会	《关于进一步优化发展环境促进生鲜农产品流通的实施意见》	发改经贸〔2020〕809号	2020年6月8日
72	交通运输部	《关于河南省开展“四好农村路”高质量发展等交通强国建设试点工作的意见》	交规划函〔2020〕339号	2020年6月9日
73	交通运输部	《关于辽宁省开展“四好农村路”高质量发展等交通强国建设试点工作的意见》	交规划函〔2020〕336号	2020年6月9日
74	交通运输部	《关于湖南省开展城乡客运一体化等交通强国建设试点工作的意见》	交规划函〔2020〕340号	2020年6月9日
75	交通运输部办公厅	《关于做好交通运输促进消费扩容提质有关工作的通知》	—	2020年6月10日
76	交通运输部	《关于切实做好危化品运输等重点领域安全生产工作坚决遏制重特大安全生产事故的紧急通知》	—	2020年6月14日

续上表

序号	发文单位	发文题目	文号	发文时间
77	住房和城乡建设部	《关于支持开展2020年城市体检工作的函》	建科函〔2020〕92号	2020年6月16日
78	交通运输部	《关于进一步强化交通运输疫情防控措施坚决防止疫情反弹的通知》	交运明电〔2020〕202号	2020年6月18日
79	工信部、财政部、商务部、海关总署、国家市场监督管理总局	关于修改《乘用车企业平均燃料消耗量与新能源汽车积分并行管理办法》的决定	2020年第53号	2020年6月22日
80	生态环境部、交通运输部、市场监管总局	《关于建立实施汽车排放检验与维护制度的通知》	环大气〔2020〕31号	2020年6月23日
81	交通运输部	《关于进一步做好高速公路车辆通行费优惠预约通行服务工作的通知》	交公路明电〔2020〕204号	2020年6月24日
82	公安部办公厅、国家卫生健康委办公厅	《关于健全完善道路交通事故警医联动救援救治长效机制的通知》	公交管〔2020〕161号	2020年7月2日
83	交通运输部	《关于河北雄安新区开展智能出行城市等交通强国建设试点工作的意见》	交规划函〔2020〕410号	2020年7月3日
84	国家发改委、财政部、住建部、交通运输部、人民银行、民航局、市场监管总局、银保监会、证监会、能源局、铁路局、中国国家铁路集团有限公司	《关于支持民营企业参与交通基础设施建设发展的实施意见》	发改基础〔2020〕1008号	2020年7月8日
85	国家发改委办公厅	《关于加快落实新型城镇化建设补短板强弱项工作有序推进县城智慧化改造的通知》	发改办高技〔2020〕530号	2020年7月9日
86	交通运输部	关于发布《公路限速标志设计规范》（JTG/T3381-02—2020）的公告	2020年第46号	2020年7月10日
87	工业和信息化部办公厅、农业农村部办公厅、商务部办公厅	《关于开展新能源汽车下乡活动的通知》	工信厅联通装函〔2020〕167号	2020年7月14日
88	国家发改委办公厅	《关于做好县城城镇化公共停车场和公路客运站补短板强弱项工作的通知》	发改办基础〔2020〕522号	2020年7月15日
89	国务院办公厅	《关于全面推进城镇老旧小区改造工作的指导意见》	国办发〔2020〕23号	2020年7月20日
90	国务院办公厅	《关于进一步优化营商环境更好服务市场主体的实施意见》	国办发〔2020〕24号	2020年7月21日
91	工业和信息化部办公厅、公安部办公厅、交通运输部办公厅、国家市场监督管理总局办公厅	《关于开展货车非法改装专项整治工作的通知》	工信厅联通装函〔2020〕180号	2020年7月21日

续上表

序号	发文单位	发文题目	文　号	发文时间
92	交通运输部办公厅、生态环境部办公厅	《关于征求〈汽车排放检验机构和汽车排放性能维护（维修）站数据交换规范（征求意见稿）〉意见的函》	交办运函〔2020〕1161号	2020年7月21日
93	住建部、国家发改委、民政部、公安部、生态环境部、市场监督管理总局	《关于印发绿色社区创建行动方案的通知》	建城〔2020〕68号	2020年7月22日
94	交通运输部、国家发改委	《关于印发绿色出行创建行动方案的通知》	—	2020年7月23日
95	交通运输部办公厅	《关于进一步开发"四好农村路"就业岗位着力稳定和扩大就业的通知》	交办公路函〔2020〕1226号	2020年7月31日
96	交通运输部办公厅	《关于征求〈国家车联网产业标准体系建设指南（智能交通相关）（征求意见稿）〉意见的函》	交办科技函〔2020〕1229号	2020年7月31日
97	交通运输部	《关于深圳市开展高品质创新型国际航空枢纽建设等交通强国建设试点工作的意见》	交规划函〔2020〕585号	2020年9月2日
98	交通运输部	《关于重庆市开展内陆国际物流枢纽高质量发展等交通强国建设试点工作的意见》	交规划函〔2020〕586号	2020年9月2日
99	交通运输部	《关于广西壮族自治区开展推进交通运输高水平对外开放等交通强国建设试点工作的意见》	交规划函〔2020〕587号	2020年9月2日
100	交通运输部	《关于浙江省开展构筑现代综合立体交通网络等交通强国建设试点工作的意见》	交规划函〔2020〕588号	2020年9月2日
101	交通运输部	《关于江苏省开展品质工程建设等交通强国建设试点工作的意见》	交规划函〔2020〕589号	2020年9月2日
102	国家发改委、科技部、工信部、财政部	《关于扩大战略性新兴产业投资培育壮大新增长点增长极的指导意见》	发改高技〔2020〕1409号	2020年9月8日
103	国务院办公厅	《关于以新业态新模式引领新型消费加快发展的意见》	国办发〔2020〕32号	2020年9月21日
104	住建部	《关于印发〈城市信息模型（CIM）基础平台技术导则〉的通知》	建办科〔2020〕45号	2020年9月21日
105	国务院办公厅	《关于加快推进政务服务"跨省通办"的指导意见》	国办发〔2020〕35号	2020年9月29日
106	应急管理部	《关于向社会公开征求〈中华人民共和国危险化学品安全法（征求意见稿）〉意见的通知》	—	2020年10月2日

续上表

序号	发文单位	发文题目	文号	发文时间
107	交通运输部、财政部	《关于组织开展深化农村公路管理养护体制改革试点工作的通知》	交公路函〔2020〕686号	2020年10月13日
108	国家发展和改革委员会、科技部、财政部、工业和信息化部、人力资源和社会保障部、人民银行	《关于支持民营企业加快改革发展与转型升级的实施意见》	发改体改〔2020〕1566号	2020年10月14日
109	交通运输部	《关于推进交通运输治理体系和治理能力现代化若干问题的意见》	交政研发〔2020〕96号	2020年10月24日
110	中共中央	《关于制定国民经济和社会发展第十四个五年规划和二〇三五年远景目标的建议》	—	2020年10月29日
111	国务院办公厅	《关于印发〈新能源汽车产业发展规划(2021—2035年)〉的通知》	国办发〔2020〕39号	2020年11月2日
112	交通运输部	关于《道路运输条例(修订草案征求意见稿)》公开征求意见的通知	—	2020年11月2日
113	交通运输部、公安部、生态环境部、住房和城乡建设部	《关于深入开展道路限高限宽设施和检查卡点专项整治行动的通知》	交公路函〔2020〕813号	2020年11月12日
114	交通运输部	《关于天津市开展打造世界一流港口等交通强国建设试点工作的意见》	—	2020年11月20日
115	交通运输部	《关于陕西省开展现代化国际一流航空枢纽建设等交通强国建设试点工作的意见》	—	2020年11月20日
116	国务院办公厅	《关于切实解决老年人运用智能技术困难实施方案的通知》	国办发〔2020〕45号	2020年11月24日
117	交通运输部	《关于上海市开展推进长三角交通一体化等交通强国建设试点工作的意见》	交规划函〔2020〕693号	2020年11月30日
118	交通运输部	《关于广东省开展交通基础设施高质量发展等交通强国建设试点工作的意见》	交规划函〔2020〕694号	2020年11月30日
119	文化和旅游部、国家发展和改革委员会、教育部、公安部、工业和信息化部、财政部、交通运输部、农业农村部、商务部、市场监管总局	《关于深化"互联网+旅游"推动旅游业高质量发展的意见》	文旅资源发〔2020〕81号	2020年11月30日
120	交通运输部	《关于做好道路货物运输驾驶员从业资格考试制度改革有关工作的通知》	交办运〔2020〕66号	2020年12月14日

续上表

序号	发文单位	发文题目	文　　号	发文时间
121	国务院办公厅	《关于推动都市圈市域（郊）铁路加快发展意见的通知》	国办函〔2020〕116号	2020年12月17日
122	住建部	《关于印发〈城市市容市貌干净整洁有序安全标准（试行）〉的通知》	建督〔2020〕104号	2020年12月18日
123	交通运输部	《关于促进道路交通自动驾驶技术发展和应用的指导意见》	交科技发〔2020〕124号	2020年12月20日
124	国务院办公厅	《关于交通运输综合行政执法有关事项的通知》	国办函〔2020〕123号	2020年12月23日

附录 1　36 个大城市发展建设和交通主要数据统计

36个大城市发展和建设主要数据统计表　　附表1-1

城市	2020 年地区生产总值（亿元）	地区生产总值比上年增长（%）	2020 年城镇居民可支配收入（元）	可支配收入比上年增长（%）	市域常住人口数量（万人）（2020 年）	市域面积（km^2）（2019 年）	建成区面积（km^2）（2019 年）
北京	36102.6	1.2	69434	2.5	2189.30	16410	1469.05
天津	14083.7	1.5	47659	3.3	1386.60	11967	1170.24
石家庄	5935.1	3.9	40247	4.4	1123.51	15848	311.83
太原	4153.2	2.6	38329	5.4	530.41	6988	340.00
呼和浩特	2800.7	0.2	49397	6.1	344.61	17186	272.16
沈阳	6571.6	0.8	47413	1.3	907.01	12860	567.00
大连	7030.4	0.9	47380	2	745.08	13739	444.04
长春	6638.0	3.6	40001	5.7	906.69	20594	550.96
哈尔滨	5183.8	0.6	39791	–0.5	1000.99	53076	473.00
上海	38700.5	1.7	76437	3.8	2487.09	6341	1237.85
南京	14817.9	4.6	67553	4.9	931.47	6587	868.28
杭州	16106	3.9	68666	3.9	1193.60	16853	666.18
宁波	12408.7	3.3	68008	4.8	940.43	9816	377.87
合肥	10045.7	4.3	48283	6.3	936.99	11445	502.50
福州	10020.0	5.1	49300	2.9	829.13	12255	305.30
厦门	6384.0	5.7	61331	3.9	516.40	1701	401.94
南昌	5745.5	3.6	46796	6	625.50	7195	366.02
济南	10140.9	4.9	53329	2.7	920.24	10244	793.65
青岛	12400.5	3.7	55905	2.6	1007.17	11293	758.16
郑州	12003	3	42887	1.9	1260.06	7446	640.80
武汉	15616.0	–4.7	50362	–2.6	1232.65	8569	885.11
长沙	12142.5	4	57971	5	1004.79	11816	409.51
广州	25019.1	2.7	68304	5	1867.66	7434	1350.40

续上表

城市	2020年地区生产总值(亿元)	地区生产总值比上年增长(%)	2020年城镇居民可支配收入(元)	可支配收入比上年增长(%)	市域常住人口数量(万人)(2020年)	市域面积(km^2)(2019年)	建成区面积(km^2)(2019年)
深圳	27670.2	3.1	64878	3.8	1756.01	1997	955.68
南宁	4726.3	3.7	38542	2.3	874.16	22245	326.70
海口	1791.5	5.3	35025	3.6	287.34	2297	203.70
重庆	25002.7	3.9	40006	5.4	3205.42	82402	1565.61
成都	17716.7	4	48593	5.9	2093.78	14335	977.12
贵阳	4311.6	5	40305	5.4	598.70	8043	369.00
昆明	6733.7	2.3	48018	3.7	846.01	21013	482.80
拉萨	678.1	7.8	43640	10	86.79	29518	89.55
西安	10020.3	5.2	43713	4.5	1295.29	10758	700.69
兰州	2886.7	2.4	40152	5.4	435.94	13192	329.10
西宁	1372.9	1.8	30203	7.1	246.80	7607	106.38
银川	1964.3	3.2	39416	3.1	285.91	9025	194.74
乌鲁木齐	3337.3	0.3	42770	0.2	405.44	13788	521.60

附表1-2

36个大城市交通发展主要数据统计表

城市	机动车数量（万辆）	汽车数量（万辆）	机动车驾驶人数量（万人）	汽车驾驶人数量（万人）	公共汽电车年客运量（万人次）	公共汽电车运营车辆数（标台）	轨道交通运营线路长度（km）	轨道交通全年客运总量（万人次）	万车死亡率（人/万辆）	千人机动车保有量（辆）	千人汽车保有量（辆）
北京	650.9	603.2	1168.8	1162.6	182567	32610	726.6	229275	1.48	297.30	275.56
天津	336.1	329.1	497.5	496.9	61391	13556	238.9	33865	2.62	242.37	197.83
石家庄	314.8	301.7	383.4	382.5	17756	5182	59	7169	0.83	280.21	277.20
太原	184.1	179.8	198.7	198.5	21151	3661	23.6	89	1.14	347.16	378.35
呼和浩特	128.3	126.7	137.9	137.6	17286	4232	49	2128	0.69	372.31	385.56
沈阳	269.5	263.7	316.4	313.4	67007	7613	114.1	31007	1.58	297.13	296.05
大连	195.7	179.4	251.3	243.8	57888	7091	181.3	13578	1.18	262.61	242.72
长春	222.2	197.3	289.0	276.0	47150	5540	117.6	16436	2.35	245.07	243.81
哈尔滨	213.6	207.9	314.1	304.8	48476	9197	30.3	5123	1.02	213.43	180.80
上海	476.8	440.1	831.1	817.2	133808	22359	729.2	283469	1.70	191.72	171.23
南京	291.8	280.3	389.0	383.7	54823	10427	394.3	80138	1.42	313.27	317.93
杭州	312.4	281.7	474.2	463.4	62618	11028	300.6	58134	1.24	261.74	258.44
宁波	313.7	297.5	368.4	358.5	26673	7263	154.3	15986	1.42	333.56	324.67
合肥	253.5	234.5	286.3	282.3	32376	8038	112.5	19507	1.72	270.53	265.99
福州	188.5	155.8	260.2	242.1	29358	5844	53.5	9474	1.41	227.37	187.51
厦门	175.8	146.6	182.5	173.1	52875	5410	71.9	11397	0.86	340.53	327.56
南昌	127.6	126.1	238.5	235.2	20889	4968	60.4	13510	1.68	204.04	209.46
济南	314.2	279.6	321.6	314.2	52567	9637	47.7	868	1.33	341.46	292.04
青岛	329.9	314.3	388.7	384.1	64862	11023	254.8	13976	0.92	327.54	308.49
郑州	413.7	403.9	474.6	472.5	55647	8216	180.9	34101	0.35	328.30	368.82

续上表

城市	机动车数量（万辆）	汽车数量（万辆）	机动车驾驶人数量（万人）	汽车驾驶人数量（万人）	公共汽电车年客运量（万人次）	公共汽电车运营车辆数（标台）	轨道交通运营线路长度（km）	轨道交通全年客运总量（万人次）	万车死亡率（人/万辆）	千人机动车保有量（辆）	千人汽车保有量（辆）
武汉	381.2	366.0	475.0	471.8	58586	11867	384.3	62059	1.21	309.24	300.39
长沙	320.1	282.4	349.0	342.6	41359	11857	158	38576	1.28	318.57	314.29
广州	310.1	299.4	568.1	551.4	137956	18858	553.2	241660	2.23	166.05	183.10
深圳	360.0	353.6	533.7	532.7	105376	20830	422.6	162420	0.62	205.03	255.56
南宁	271.5	199.1	287.4	264.3	18987	4901	105.3	20841	1.90	310.53	240.17
海口	87.9	85.6	92.1	90.1	12284	2317	—	—	1.35	306.00	354.80
重庆	763.8	504.4	961.2	842.5	171287	16178	343.3	83975	1.21	238.29	148.27
成都	603.7	545.7	818.4	789.2	110444	17994	557.8	121962	0.92	288.33	313.33
贵阳	183.2	147.2	246.4	236.1	36986	3616	34.8	3698	2.10	306.02	269.46
昆明	298.4	264.0	363.7	345.6	43455	7609	139.1	15990	1.05	352.74	364.82
拉萨	30.2	28.5	23.6	23.5	6900	694	—	—	2.29	347.60	378.65
西安	398.3	373.6	486.1	482.4	79373	11633	186	72561	0.86	307.53	336.19
兰州	115.3	97.7	134.8	128.6	62424	4970	25.5	5248	2.03	264.57	244.69
西宁	73.6	71.6	78.1	77.9	27138	2422	—	—	1.72	298.39	276.98
银川	103.9	100.1	99.5	98.5	15297	1866	—	—	1.93	363.55	404.82
乌鲁木齐	130.5	128.7	129.7	129.1	43460	5767	26.8	1912	0.92	321.79	349.54

附表1-3

36个大城市和全国城市主要数据对比表

相关指标	36个大城市总量	全国总量	占全国比重（%）	36个大城市平均值	全国平均值	36个大城市平均值与全国平均值比较
地区生产总值（亿元）	398262.91	1015986	39.20	11062.9	2911.2	3.8倍
人口数量（万人）	37304.97	141178	26.42	1036.3	404.6	2.6倍
市域面积（km^2）	533883	—	—	14830.1	—	—
公共汽电车年客运量（万人次）	2078480	4423600	46.99	57735.6	12896.8	4.5倍
轨道交通年客运量（万人次）	1710129.5	1759000	97.2	47503.6	5128.3	9.3倍
机动车数量（辆）	101450948	347987261	35.17	2818081.9	1014540.1	2.8倍
汽车数量（辆）	91968565	261498977	30.81	2554682.4	762387.7	3.4倍
机动车驾驶人数量（人）	134192650	435492253	32.83	3727573.6	1269656.7	2.9倍
汽车驾驶人数量（人）	130490611	397426308	35.17	3624739.1	1158677.3	3.1倍
道路交通事故数量（起）	64052	244674	26.18	1779.2	713.3	2.5倍
道路交通事故死亡人数（人）	13482	61703	21.85	374.5	179.9	2.1倍

附录 2　36 个大城市综合数据统计及排名

北京市数据统计及排名　　附表2-1

类　目	数据年份(年)	指　标	数量	排名
城市社会经济	2020	地区生产总值（亿元）	36102.6	2
	2020	地区生产总值增长率（%）	1.20	30
	2020	城镇居民可支配收入（元）	69434	2
	2020	可支配收入增长率（%）	2.50	29
	2019	轨道交通投资额（亿元）	346.5	3
	2019	城市交通建设财政固定资产投入（亿元）	1245.1	1
	2019	建成区面积（km^2）	1469.05	2
	2019	市辖区面积（km^2）	16410	2
	2019	市域面积（km^2）	16410	9
	2020	常住人口数量（万人）	2189.3	3
	2019	户籍人口数量（万人）	1397	4
城市道路	2019	城市道路里程（km）	8307.40	5
	2019	城市道路面积（万 m^2）	14318.00	5
	2019	道路网密度（km/km^2）	5.84	20
	2019	人均道路面积（m^2/人）	7.68	35
	2019	车均道路面积（m^2/辆）	22.72	8
城市地面公共交通	2020	城市公共汽电车运营车辆数（辆）	32610	1
	2020	公共汽电车运营线路长度（km）	28418	1
	2020	公共汽电车客运量（亿人次）	18.3	1
	2020	公共汽电车车均站场面积（m^2/标台）	320.6	4
	2020	公交专用车道长度（km）	1005	1
城市轨道交通	2020	轨道交通日均客流量（万人次）	628.15	3
	2020	轨道交通里程（km）	726.6	2
城市出租汽车	2020	出租车数量（辆）	74875	1
	2020	千人人均出租车数量（辆/1000 人）	3.42	4
	2020	每辆车年运营里程（万 km/辆）	3.28	35
机动车	2020	机动车保有量（万辆）	650.8	2
	2020	机动车增长率（%）	3.3	35
	2020	千人机动车保有量（辆/1000 人）	297.3	20

续上表

类　目	数据年份(年)	指　标	数量	排名
汽车	2020	汽车保有量(万辆)	603.21	1
	2020	汽车增长率(%)	1.64	36
	2020	千人汽车保有量(辆/1000人)	297.3	17
摩托车	2020	摩托车保有量(万辆)	46.2	4
驾驶人	2020	机动车驾驶人数量(万人)	1168.8	1
	2020	汽车驾驶人数量(万人)	1162.6	1
交通安全	2020	道路交通事故起数(起)	3872	3
	2020	城市道路交通事故起数(起)	3228	2
	2020	道路交通事故死亡数量(人)	964	1
	2020	道路交通事故受伤数量(人)	3369	5
	2020	城市道路交通事故死亡数量(人)	687	1
	2020	城市道路交通事故受伤数量(人)	2799	4
	2020	10万人口死亡率(人/10万人)	5.98	8
	2020	万车死亡率(人/万辆)	1.48	14

天津市数据统计及排名

附表2-2

类　目	数据年份(年)	指　标	数量	排名
城市社会经济	2020	地区生产总值(亿元)	14083.73	10
	2020	地区生产总值增长率(%)	1.5	29
	2020	城镇居民可支配收入(元)	47659	18
	2020	可支配收入增长率(%)	3.30	24
	2019	轨道交通投资额(亿元)	217.6	11
	2019	城市交通建设财政固定资产投入(亿元)	317.6	11
	2019	建成区面积(km^2)	1151	5
	2019	市辖区面积(km^2)	11967	3
	2019	市域面积(km^2)	11967	17
	2019	常住人口数量(万人)	1386.6	7
	2019	户籍人口数量(万人)	1108	5
城市道路	2019	城市道路里程(km)	8927.18	3
	2019	城市道路面积(万m^2)	16917.75	3
	2019	道路网密度(km/km^2)	6.84	13
	2019	人均道路面积(m^2/人)	12.98	28
	2019	车均道路面积(m^2/辆)	53.77	4
城市地面公共交通	2020	城市公共汽电车运营车辆数(辆)	13556	7
	2020	公共汽电车运营线路长度(km)	27143	3

续上表

类 目	数据年份(年)	指 标	数量	排名
城市地面公共交通	2020	公共汽电车客运量(亿人次)	6.14	12
	2020	公共汽电车车均站场面积(m^2/标台)	85.8	23
	2020	公交专用车道长度(km)	194.0	21
城市轨道交通	2020	轨道交通日均客流量(万人次)	92.78	33
	2020	轨道交通里程(km)	238.90	11
城市出租汽车	2020	出租车数量(辆)	31779	3
	2020	千人人均出租车数量(辆/1000人)	2.83	6
	2020	每辆车年运营里程(万km/辆)	3.28	36
机动车	2020	机动车保有量(万辆)	336.1	9
	2020	机动车增长率(%)	6.82	19
	2020	千人机动车保有量(辆/1000人)	297.30	20
汽车	2020	汽车保有量(万辆)	329.15	9
	2020	汽车增长率(%)	6.53	18
	2020	千人汽车保有量(辆/1000人)	237.38	25
摩托车	2020	摩托车保有量(万辆)	1.68	30
驾驶人	2020	机动车驾驶人数量(万人)	497.53	7
	2020	汽车驾驶人数量(万人)	496.87	7
交通安全	2020	道路交通事故起数(起)	6552	1
	2020	城市道路交通事故起数(起)	3541	1
	2020	道路交通事故死亡数量(人)	881	3
	2020	道路交通事故受伤数量(人)	6029	1
	2020	城市道路交通事故死亡数量(人)	365	8
	2020	城市道路交通事故受伤数量(人)	3166	1
	2020	10万人口死亡率(人/10万人)	4.81	18
	2020	万车死亡率(人/万辆)	2.62	1

石家庄市数据统计及排名 **附表2-3**

类 目	数据年份(年)	指 标	数量	排名
城市社会经济	2020	地区生产总值(亿元)	5935.1	24
	2020	地区生产总值增长率(%)	3.90	14
	2020	城镇居民可支配收入(元)	40247	27
	2020	可支配收入增长率(%)	4.40	17
	2019	轨道交通投资额(亿元)	71.95	21
	2019	城市交通建设财政固定资产投入(亿元)	145.16	27
	2019	建成区面积(km^2)	309.32	30

续上表

类　目	数据年份(年)	指　标	数量	排名
城市社会经济	2019	市辖区面积（km^2）	2240	26
	2019	市域面积（km^2）	15848	10
	2020	常住人口数量（万人）	1123.51	12
	2019	户籍人口数量（万人）	1052	6
城市道路	2019	城市道路里程（km）	2659.91	23
	2019	城市道路面积（万 m^2）	6256.96	22
	2019	道路网密度（km/km^2）	5.3	28
	2019	人均道路面积（m^2/ 人）	18.54	10
	2019	车均道路面积（m^2/ 辆）	20.82	31
城市地面公共交通	2020	城市公共汽电车运营车辆数（辆）	5182	26
	2020	公共汽电车运营线路长度（km）	4326	30
	2020	公共汽电车客运量（亿人次）	1.78	32
	2020	公共汽电车车均站场面积（m^2/ 标台）	225.8	3
	2020	公交专用车道长度（km）	133.00	27
城市轨道交通	2020	轨道交通日均客流量（万人次）	19.64	25
	2020	轨道交通里程（km）	59	24
城市出租汽车	2020	出租车数量（辆）	7853	26
	2020	千人人均出租车数量（辆 /1000 人）	0.9	25
	2020	每辆车年运营里程（万 km/ 辆）	7.22	29
机动车	2020	机动车保有量（万辆）	314.8	12
	2020	机动车增长率（%）	5.00	27
	2020	千人机动车保有量（辆 /1000 人）	280.21	23
汽车	2020	汽车保有量（万辆）	301.73	11
	2020	汽车增长率（%）	4.72	31
	2020	千人汽车保有量（辆 /1000 人）	268.56	20
摩托车	2020	摩托车保有量（万辆）	2.98	26
驾驶人	2020	机动车驾驶人数量（万人）	383.4	14
	2020	汽车驾驶人数量（万人）	382.49	14
交通安全	2020	道路交通事故起数（起）	470	32
	2020	城市道路交通事故起数（起）	286	34
	2020	道路交通事故死亡数量（人）	262	22
	2020	道路交通事故受伤数量（人）	289	34
	2020	城市道路交通事故死亡数量（人）	120	26
	2020	城市道路交通事故受伤数量（人）	199	34
	2020	10 万人口死亡率（人 /10 万人）	2.47	32
	2020	万车死亡率（人 / 万辆）	0.83	33

太原市数据统计及排名

附表2-4

类　　目	数据年份(年)	指　　标	数量	排名
城市社会经济	2020	地区生产总值（亿元）	4153.25	29
	2020	地区生产总值增长率（%）	2.60	24
	2020	城镇居民可支配收入（元）	4153.25	29
	2020	可支配收入增长率（%）	5.40	10
	2019	轨道交通投资额（亿元）	—	—
	2019	城市交通建设财政固定资产投入（亿元）	187.75	22
	2019	建成区面积（km^2）	340	27
	2019	市辖区面积（km^2）	1500	33
	2019	市域面积（km^2）	6988	31
	2020	常住人口数量（万人）	530.41	28
	2019	户籍人口数量（万人）	384	28
城市道路	2019	城市道路里程（km）	2659.91	23
	2019	城市道路面积（万 m^2）	6256.96	22
	2019	道路网密度（km/km^2）	5.8	20
	2019	人均道路面积（m^2/ 人）	16.25	15
	2019	车均道路面积（m^2/ 辆）	36.44	10
城市地面公共交通	2020	城市公共汽电车运营车辆数（辆）	3661	31
	2020	公共汽电车运营线路长度（km）	5759	22
	2020	公共汽电车客运量（亿人次）	2.12	29
	2020	公共汽电车车均站场面积（m^2/ 标台）	114.4	19
	2020	公交专用车道长度（km）	200.30	20
城市轨道交通	2020	轨道交通日均客流量（万人次）	0.24	36
	2020	轨道交通里程（km）	23.6	36
城市出租汽车	2020	出租车数量（辆）	8292	24
	2020	千人人均出租车数量（辆 /1000 人）	0.47	32
	2020	每辆车年运营里程（万 km/ 辆）	10.33	10
机动车	2020	机动车保有量（万辆）	184.1	26
	2020	机动车增长率（%）	7.25	14
	2020	千人机动车保有量（辆 /1000 人）	347.16	5
汽车	2020	汽车保有量（万辆）	179.78	24
	2020	汽车增长率（%）	6.49	20
	2020	千人汽车保有量（辆 /1000 人）	338.94	3
摩托车	2020	摩托车保有量（万辆）	2.67	27
驾驶人	2020	机动车驾驶人数量（万人）	198.74	28
	2020	汽车驾驶人数量（万人）	198.53	28

续上表

类　目	数据年份（年）	指　标	数量	排名
交通安全	2020	道路交通事故起数（起）	1509	17
	2020	城市道路交通事故起数（起）	1314	16
	2020	道路交通事故死亡数量（人）	209	28
	2020	道路交通事故受伤数量（人）	1580	16
	2020	城市道路交通事故死亡数量（人）	152	23
	2020	城市道路交通事故受伤数量（人）	1391	12
	2020	10万人口死亡率（人/10万人）	4.46	20
	2020	万车死亡率（人/万辆）	1.14	25

呼和浩特市数据统计及排名 **附表2-5**

类　目	数据年份（年）	指　标	数量	排名
城市社会经济	2020	地区生产总值（亿元）	2800.7	32
	2020	地区生产总值增长率（%）	0.2	35
	2020	城镇居民可支配收入（元）	49397	13
	2020	可支配收入增长率（%）	6.10	4
	2019	轨道交通投资额（亿元）	60.66	20
	2019	城市交通建设财政固定资产投入（亿元）	201.12	20
	2019	建成区面积（km^2）	261	31
	2019	市辖区面积（km^2）	2065	28
	2019	市域面积（km^2）	17186	7
	2020	常住人口数量（万人）	344.61	32
	2019	户籍人口数量（万人）	249	31
城市道路	2019	城市道路里程（km）	1159.34	33
	2019	城市道路面积（万m^2）	2994.35	34
	2019	道路网密度（km/km^2）	4.5	33
	2019	人均道路面积（m^2/人）	13.55	25
	2019	车均道路面积（m^2/辆）	24.41	28
城市地面公共交通	2020	城市公共汽电车运营车辆数（辆）	4232	30
	2020	公共汽电车运营线路长度（km）	3827	32
	2020	公共汽电车客运量（亿人次）	1.73	33
	2020	公共汽电车车均站场面积（m^2/标台）	117.7	17
	2020	公交专用车道长度（km）	226.90	16
城市轨道交通	2020	轨道交通日均客流量（万人次）	5.83	29
	2020	轨道交通里程（km）	49	26

续上表

类　目	数据年份（年）	指　标	数量	排名
城市出租汽车	2020	出租车数量（辆）	6027	29
	2020	千人人均出租车数量（辆/1000人）	1.01	23
	2020	每辆车年运营里程（万km/辆）	8.04	23
机动车	2020	机动车保有量（万辆）	128.3	30
	2020	机动车增长率（%）	4.59	31
	2020	千人机动车保有量（辆/1000人）	372.31	1
汽车	2020	汽车保有量（万辆）	126.70	30
	2020	汽车增长率（%）	4.75	30
	2020	千人汽车保有量（辆/1000人）	367.66	1
摩托车	2020	摩托车保有量（万辆）	0.53	36
驾驶人	2020	机动车驾驶人数量（万人）	137.91	30
	2020	汽车驾驶人数量（万人）	137.6	30
交通安全	2020	道路交通事故起数（起）	414	33
	2020	城市道路交通事故起数（起）	302	33
	2020	道路交通事故死亡数量（人）	88	35
	2020	道路交通事故受伤数量（人）	396	31
	2020	城市道路交通事故死亡数量（人）	44	36
	2020	城市道路交通事故受伤数量（人）	287	32
	2020	10万人口死亡率（人/10万人）	2.91	30
	2020	万车死亡率（人/万辆）	0.69	34

沈阳市数据统计及排名

附表2-6

类　目	数据年份（年）	指　标	数量	排名
城市社会经济	2020	地区生产总值（亿元）	6571.6	22
	2020	地区生产总值增长率（%）	0.8	32
	2020	城镇居民可支配收入（元）	47413	19
	2020	可支配收入增长率（%）	1.3	33
	2019	轨道交通投资额（亿元）	50.96	30
	2019	城市交通建设财政固定资产投入（亿元）	99.54	30
	2019	建成区面积（km^2）	563	15
	2019	市辖区面积（km^2）	5116	18
	2019	市域面积（km^2）	12860	15
	2020	常住人口数量（万人）	907.01	20
	2019	户籍人口数量（万人）	756	17

续上表

类　　目	数据年份(年)	指　　标	数量	排名
城市道路	2019	城市道路里程（km）	4623.33	14
	2019	城市道路面积（万 m^2）	8762.03	15
	2019	道路网密度（km/km^2）	4.9	30
	2019	人均道路面积（m^2/人）	15.39	18
	2019	车均道路面积（m^2/辆）	34.8	15
城市地面公共交通	2020	城市公共汽电车运营车辆数（辆）	7613	18
	2020	公共汽电车运营线路长度（km）	5087	27
	2020	公共汽电车客运量（亿人次）	6.7	8
	2020	公共汽电车车均站场面积（m^2/标台）	50.2	34
	2020	公交专用车道长度（km）	592.4	2
城市轨道交通	2020	轨道交通日均客流量（万人次）	84.95	14
	2020	轨道交通里程（km）	114.1	19
城市出租汽车	2020	出租车数量（辆）	19276	7
	2020	千人人均出租车数量（辆/1000人）	2.59	9
	2020	每辆车年运营里程（万km/辆）	7.79	26
机动车	2020	机动车保有量（万辆）	269.5	20
	2020	机动车增长率（%）	7.03	16
	2020	千人机动车保有量（辆/1000人）	297.13	21
汽车	2020	汽车保有量（万辆）	263.74	19
	2020	汽车增长率（%）	7.05	15
	2020	千人汽车保有量（辆/1000人）	290.78	14
摩托车	2020	摩托车保有量（万辆）	4.38	24
驾驶人	2020	机动车驾驶人数量（万人）	361.44	19
	2020	汽车驾驶人数量（万人）	313.41	19
交通安全	2020	道路交通事故起数（起）	948	25
	2020	城市道路交通事故起数（起）	605	26
	2020	道路交通事故死亡数量（人）	426	12
	2020	道路交通事故受伤数量（人）	913	24
	2020	城市道路交通事故死亡数量（人）	177	18
	2020	城市道路交通事故受伤数量（人）	597	25
	2020	10万人口死亡率（人/10万人）	3.49	28
	2020	万车死亡率（人/万辆）	1.58	13

大连市数据统计及排名　　**附表2-7**

类　目	数据年份（年）	指　标	数量	排名
城市社会经济	2020	地区生产总值（亿元）	7030.4	19
	2020	地区生产总值增长率（%）	0.9	30
	2020	城镇居民可支配收入（元）	47380	20
	2020	可支配收入增长率（%）	2	31
	2019	轨道交通投资额（亿元）	26.17	34
	2019	城市交通建设财政固定资产投入（亿元）	32.89	34
	2019	建成区面积（km^2）	444.04	21
	2019	市辖区面积（km^2）	5244	16
	2019	市域面积（km^2）	13739	13
	2020	常住人口数量（万人）	745.08	25
	2019	户籍人口数量（万人）	599	23
城市道路	2019	城市道路里程（km）	3487.99	19
	2019	城市道路面积（万 m^2）	6119.98	24
	2019	道路网密度（km/km^2）	6.1	18
	2019	人均道路面积（m^2/人）	13.86	22
	2019	车均道路面积（m^2/辆）	33.04	18
城市地面公共交通	2020	城市公共汽电车运营车辆数（辆）	7019	21
	2020	公共汽电车运营线路长度（km）	5326	25
	2020	公共汽电车客运量（亿人次）	5.79	14
	2020	公共汽电车车均站场面积（m^2/标台）	118.3	16
	2020	公交专用车道长度（km）	288.00	11
城市轨道交通	2020	轨道交通日均客流量（万人次）	37.20	21
	2020	轨道交通里程（km）	181.3	13
城市出租汽车	2020	出租车数量（辆）	11630	17
	2020	千人人均出租车数量（辆/1000人）	1.86	13
	2020	每辆车年运营里程（万km/辆）	7.74	27
机动车	2020	机动车保有量（万辆）	195.66	24
	2020	机动车增长率（%）	5.62	23
	2020	千人机动车保有量（辆/1000人）	262.61	26
汽车	2020	汽车保有量（万辆）	179.4	25
	2020	汽车增长率（%）	5.68	23
	2020	千人汽车保有量（辆/1000人）	240.79	24
摩托车	2020	摩托车保有量（万辆）	14.72	17

续上表

类　　目	数据年份(年)	指　　标	数量	排名
驾驶人	2020	机动车驾驶人数量（万人）	251.29	25
	2020	汽车驾驶人数量（万人）	243.77	24
交通安全	2020	道路交通事故起数（起）	672	30
	2020	城市道路交通事故起数（起）	399	31
	2020	道路交通事故死亡数量（人）	230	24
	2020	道路交通事故受伤数量（人）	618	29
	2020	城市道路交通事故死亡数量（人）	116	29
	2020	城市道路交通事故受伤数量（人）	352	29
	2020	10万人口死亡率（人/10万人）	5.25	14
	2020	万车死亡率（人/万辆）	1.18	24

长春市数据统计及排名　　　附表2-8

类　　目	数据年份(年)	指　　标	数量	排名
城市社会经济	2020	地区生产总值（亿元）	6638.03	21
	2020	地区生产总值增长率（%）	3.6	17
	2020	城镇居民可支配收入（元）	40001	30
	2020	可支配收入增长率（%）	5.7	7
	2019	轨道交通投资额（亿元）	44.07	29
	2019	城市交通建设财政固定资产投入（亿元）	107.96	29
	2019	建成区面积（km^2）	542.71	16
	2019	市辖区面积（km^2）	7293	11
	2019	市域面积（km^2）	20594	6
	2020	常住人口数量（万人）	906.69	21
	2019	户籍人口数量（万人）	754	18
城市道路	2019	城市道路里程（km）	3791,28	18
	2019	城市道路面积（万m^2）	7637.85	19
	2019	道路网密度（km/km^2）	5.5	25
	2019	人均道路面积（m^2/人）	16.52	14
	2019	车均道路面积（m^2/辆）	36.43	11
城市地面公共交通	2020	城市公共汽电车运营车辆数（辆）	5540	24
	2020	公共汽电车运营线路长度（km）	6198	20
	2020	公共汽电车客运量（亿人次）	4.71	20
	2020	公共汽电车车均站场面积（m^2/标台）	88.8	26
	2020	公交专用车道长度（km）	286.4	12

续上表

类　目	数据年份(年)	指　标	数量	排名
城市轨道交通	2020	轨道交通日均客流量（万人次）	45.03	17
	2020	轨道交通里程（km）	117.60	18
城市出租汽车	2020	出租车数量（辆）	18534	8
	2020	千人人均出租车数量（辆/1000人）	2.04	11
	2020	每辆车年运营里程（万km/辆）	9.26	13
机动车	2020	机动车保有量（万辆）	222.2	22
	2020	机动车增长率（%）	5.97	20
	2020	千人机动车保有量（辆/1000人）	245.07	28
汽车	2020	汽车保有量（万辆）	197.35	23
	2020	汽车增长率（%）	7.74	9
	2020	千人汽车保有量（辆/1000人）	217.66	29
摩托车	2020	摩托车保有量（万辆）	22.1	14
驾驶人	2020	机动车驾驶人数量（万人）	289.03	21
	2020	汽车驾驶人数量（万人）	276.02	22
交通安全	2020	道路交通事故起数（起）	3138	6
	2020	城市道路交通事故起数（起）	2140	7
	2020	道路交通事故死亡数量（人）	522	7
	2020	道路交通事故受伤数量（人）	3647	4
	2020	城市道路交通事故死亡数量（人）	262	10
	2020	城市道路交通事故受伤数量（人）	2319	5
	2020	10万人口死亡率（人/10万人）	4.38	22
	2020	万车死亡率（人/万辆）	2.35	2

哈尔滨市数据统计及排名　　附表2-9

类　目	数据年份(年)	指　标	数量	排名
城市社会经济	2020	地区生产总值（亿元）	5183.8	26
	2020	地区生产总值增长率（%）	0.6	33
	2020	城镇居民可支配收入（元）	39791	31
	2020	可支配收入增长率（%）	−0.5	35
	2019	轨道交通投资额（亿元）	52.69	28
	2019	城市交通建设财政固定资产投入（亿元）	122.58	28
	2019	建成区面积（km^2）	445.75	20
	2019	市辖区面积（km^2）	10193	4
	2019	市域面积（km^2）	53076	2
	2020	常住人口数量（万人）	1000.99	15
	2019	户籍人口数量（万人）	951	9

续上表

类　目	数据年份(年)	指　标	数量	排名
城市道路	2019	城市道路里程（km）	4265.8	15
	2019	城市道路面积（万 m^2）	7817.87	18
	2019	道路网密度（km/km^2）	5.0	29
	2019	人均道路面积（m^2/人）	15.87	16
	2019	车均道路面积（m^2/辆）	38.48	9
城市地面公共交通	2020	城市公共汽电车运营车辆数（辆）	9197	15
	2020	公共汽电车运营线路长度（km）	7505	15
	2020	公共汽电车客运量（亿人次）	4.85	21
	2020	公共汽电车车均站场面积（m^2/标台）	78.3	29
	2020	公交专用车道长度（km）	112.20	29
城市轨道交通	2020	轨道交通日均客流量（万人次）	14.04	27
	2020	轨道交通里程（km）	30.30	29
城市出租汽车	2020	出租车数量（辆）	17518	10
	2020	千人人均出租车数量（辆/1000 人）	1.75	15
	2020	每辆车年运营里程（万 km/辆）	7.84	25
机动车	2020	机动车保有量（万辆）	213.64	23
	2020	机动车增长率（%）	5.16	24
	2020	千人机动车保有量（辆/1000 人）	213.43	32
汽车	2020	汽车保有量（万辆）	207.86	21
	2020	汽车增长率（%）	5.54	25
	2020	千人汽车保有量（辆/1000 人）	207.65	30
摩托车	2020	摩托车保有量（万辆）	3.86	25
驾驶人	2020	机动车驾驶人数量（万人）	314.07	20
	2020	汽车驾驶人数量（万人）	304.85	20
交通安全	2020	道路交通事故起数（起）	1357	20
	2020	城市道路交通事故起数（起）	1176	17
	2020	道路交通事故死亡数量（人）	218	26
	2020	道路交通事故受伤数量（人）	1465	19
	2020	城市道路交通事故死亡数量（人）	183	16
	2020	城市道路交通事故受伤数量（人）	1181	15
	2020	10 万人口死亡率（人/10 万人）	4	25
	2020	万车死亡率（人/万辆）	1.02	27

上海市数据统计及排名

附表2-10

类　　目	数据年份（年）	指　　标	数量	排名
城市社会经济	2020	地区生产总值（亿元）	38700.58	1
	2020	地区生产总值增长率（%）	1.7	28
	2020	城镇居民可支配收入（元）	76437	1
	2020	可支配收入增长率（%）	3.8	20
	2019	轨道交通投资额（亿元）	206.76	8
	2019	城市交通建设财政固定资产投入（亿元）	493.72	8
	2019	建成区面积（km^2）	1237.85	4
	2019	市辖区面积（km^2）	6341	13
	2019	市域面积（km^2）	6341	33
	2020	常住人口数量（万人）	2487.09	2
	2019	户籍人口数量（万人）	1469	3
城市道路	2019	城市道路里程（km）	5494	11
	2019	城市道路面积（万 m^2）	11459	10
	2019	道路网密度（km/km^2）	7.2	4
	2019	人均道路面积（m^2/ 人）	4.72	36
	2019	车均道路面积（m^2/ 辆）	25.18	25
城市地面公共交通	2020	城市公共汽电车运营车辆数（辆）	22359	2
	2020	公共汽电车运营线路长度（km）	24945	4
	2020	公共汽电车客运量（亿人次）	13.38	4
	2020	公共汽电车车均站场面积（m^2/ 标台）	118.4	15
	2020	公交专用车道长度（km）	471	6
城市轨道交通	2020	轨道交通日均客流量（万人次）	776.63	1
	2020	轨道交通里程（km）	729.2	1
城市出租汽车	2020	出租车数量（辆）	37322	2
	2020	千人人均出租车数量（辆 /1000 人）	2.69	8
	2020	每辆车年运营里程（万 km/ 辆）	8.69	16
机动车	2020	机动车保有量（万辆）	476.84	4
	2020	机动车增长率（%）	4.77	28
	2020	千人机动车保有量（辆 /1000 人）	191.72	35
汽车	2020	汽车保有量（万辆）	440.13	4
	2020	汽车增长率（%）	5.86	21
	2020	千人汽车保有量（辆 /1000 人）	176.97	34
摩托车	2020	摩托车保有量（万辆）	27.16	12
驾驶人	2020	机动车驾驶人数量（万人）	831.13	3
	2020	汽车驾驶人数量（万人）	817.25	3

续上表

类　目	数据年份（年）	指　标	数量	排名
交通安全	2020	道路交通事故起数（起）	862	27
	2020	城市道路交通事故起数（起）	425	30
	2020	道路交通事故死亡数量（人）	812	4
	2020	道路交通事故受伤数量（人）	200	35
	2020	城市道路交通事故死亡数量（人）	385	7
	2020	城市道路交通事故受伤数量（人）	92	36
	2020	10万人口死亡率（人/10万人）	2.67	31
	2020	万车死亡率（人/万辆）	1.7	11

南京市数据统计及排名　　**附表2-11**

类　目	数据年份（年）	指　标	数量	排名
城市社会经济	2020	地区生产总值（亿元）	14817.95	9
	2020	地区生产总值增长率（%）	4.6	8
	2020	城镇居民可支配收入（元）	67553	6
	2020	可支配收入增长率（%）	4.9	14
	2019	轨道交通投资额（亿元）	198.25	7
	2019	城市交通建设财政固定资产投入（亿元）	651.17	7
	2019	建成区面积（km^2）	822.97	8
	2019	市辖区面积（km^2）	6587	12
	2019	市域面积（km^2）	6587	32
	2020	常住人口数量（万人）	931.47	18
	2019	户籍人口数量（万人）	710	21
城市道路	2019	城市道路里程（km）	8583.4	4
	2019	城市道路面积（万m^2）	16314.27	4
	2019	道路网密度（km/km^2）	5.6	23
	2019	人均道路面积（m^2/人）	24.3	2
	2019	车均道路面积（m^2/辆）	57.93	2
城市地面公共交通	2020	城市公共汽电车运营车辆数（辆）	10427	13
	2020	公共汽电车运营线路长度（km）	12399	11
	2020	公共汽电车客运量（亿人次）	5.48	16
	2020	公共汽电车车均站场面积（m^2/标台）	62.1	33
	2020	公交专用车道长度（km）	271.7	14
城市轨道交通	2020	轨道交通日均客流量（万人次）	219.56	6
	2020	轨道交通里程（km）	394.30	6

续上表

类　目	数据年份(年)	指　标	数量	排名
城市出租汽车	2020	出租车数量（辆）	11848	16
	2020	千人人均出租车数量（辆 /1000 人）	1.43	17
	2020	每辆车年运营里程（万 km/ 辆）	4.53	34
机动车	2020	机动车保有量（万辆）	291.81	18
	2020	机动车增长率（%）	3.62	33
	2020	千人机动车保有量（辆 /1000 人）	313.27	13
汽车	2020	汽车保有量（万辆）	280.28	16
	2020	汽车增长率（%）	3.72	33
	2020	千人汽车保有量（辆 /1000 人）	300.9	11
摩托车	2020	摩托车保有量（万辆）	9.51	21
驾驶人	2020	机动车驾驶人数量（万人）	389.04	12
	2020	汽车驾驶人数量（万人）	383.74	13
交通安全	2020	道路交通事故起数（起）	964	24
	2020	城市道路交通事故起数（起）	650	25
	2020	道路交通事故死亡数量（人）	413	14
	2020	道路交通事故受伤数量（人）	881	25
	2020	城市道路交通事故死亡数量（人）	260	11
	2020	城市道路交通事故受伤数量（人）	562	27
	2020	10 万人口死亡率（人 /10 万人）	5.75	11
	2020	万车死亡率（人 / 万辆）	1.42	16

杭州市数据统计及排名　　**附表2-12**

类　目	数据年份(年)	指　标	数量	排名
城市社会经济	2020	地区生产总值（亿元）	16106	7
	2020	地区生产总值增长率（%）	3.9	13
	2020	城镇居民可支配收入（元）	68666	3
	2020	可支配收入增长率（%）	3.9	18
	2019	轨道交通投资额（亿元）	506.9	5
	2019	城市交通建设财政固定资产投入（亿元）	706.50	5
	2019	建成区面积（km^2）	648.46	13
	2019	市辖区面积（km^2）	8292	9
	2019	市域面积（km^2）	16853	8
	2020	常住人口数量（万人）	1193.6	11
	2019	户籍人口数量（万人）	795	14

续上表

类　目	数据年份(年)	指　标	数量	排名
城市道路	2019	城市道路里程（km）	3990.33	16
	2019	城市道路面积（万 m^2）	9340.77	14
	2019	道路网密度（km/km^2）	7.1	8
	2019	人均道路面积（m^2/ 人）	13.69	23
	2019	车均道路面积（m^2/ 辆）	31.31	24
城市地面公共交通	2020	城市公共汽电车运营车辆数（辆）	11028	11
	2020	公共汽电车运营线路长度（km）	17268	7
	2020	公共汽电车客运量（亿人次）	6.27	10
	2020	公共汽电车车均站场面积（m^2/ 标台）	116.8	18
	2020	公交专用车道长度（km）	289.1	10
城市轨道交通	2020	轨道交通日均客流量（万人次）	159.27	10
	2020	轨道交通里程（km）	300.6	9
城市出租汽车	2020	出租车数量（辆）	13382	14
	2020	千人人均出租车数量（辆 /1000 人）	1.12	21
	2020	每辆车年运营里程（万 km/ 辆）	8.4	18
机动车	2020	机动车保有量（万辆）	312.41	15
	2020	机动车增长率（%）	4.71	29
	2020	千人机动车保有量（辆 /1000 人）	261.74	27
汽车	2020	汽车保有量（万辆）	281.67	15
	2020	汽车增长率（%）	5.2	27
	2020	千人汽车保有量（辆 /1000 人）	235.98	26
摩托车	2020	摩托车保有量（万辆）	27.53	10
驾驶人	2020	机动车驾驶人数量（万人）	474.19	11
	2020	汽车驾驶人数量（万人）	463.38	11
交通安全	2020	道路交通事故起数（起）	2374	10
	2020	城市道路交通事故起数（起）	1579	12
	2020	道路交通事故死亡数量（人）	386	16
	2020	道路交通事故受伤数量（人）	1969	11
	2020	城市道路交通事故死亡数量（人）	166	20
	2020	城市道路交通事故受伤数量（人）	1296	14
	2020	10 万人口死亡率（人 /10 万人）	5.49	12
	2020	万车死亡率（人 / 万辆）	1.24	21

宁波市数据统计及排名 **附表2-13**

类　目	数据年份（年）	指　标	数量	排名
城市社会经济	2020	地区生产总值（亿元）	12408.7	11
	2020	地区生产总值增长率（%）	3.3	19
	2020	城镇居民可支配收入（元）	68008	5
	2020	可支配收入增长率（%）	4.8	15
	2019	轨道交通投资额（亿元）	120.97	17
	2019	城市交通建设财政固定资产投入（亿元）	270.04	17
	2019	建成区面积（km^2）	354.79	26
	2019	市辖区面积（km^2）	3730	20
	2019	市域面积（km^2）	9816	23
	2020	常住人口数量（万人）	940.43	16
	2019	户籍人口数量（万人）	608	22
城市道路	2019	城市道路里程（km）	2028.15	29
	2019	城市道路面积（万 m^2）	4210.02	28
	2019	道路网密度（km/km^2）	6.7	11
	2019	人均道路面积（m^2/人）	12.86	29
	2019	车均道路面积（m^2/辆）	14.41	35
城市地面公共交通	2020	城市公共汽电车运营车辆数（辆）	7263	20
	2020	公共汽电车运营线路长度（km）	12835	10
	2020	公共汽电车客运量（亿人次）	2.67	28
	2020	公共汽电车车均站场面积（m^2/标台）	191	5
	2020	公交专用车道长度（km）	175.2	23
城市轨道交通	2020	轨道交通日均客流量（万人次）	43.8	19
	2020	轨道交通里程（km）	154.3	16
城市出租汽车	2020	出租车数量（辆）	4792	34
	2020	千人人均出租车数量（辆/1000人）	1.94	12
	2020	每辆车年运营里程（万km/辆）	7.93	24
机动车	2020	机动车保有量（万辆）	313.69	14
	2020	机动车增长率（%）	7.34	13
	2020	千人机动车保有量（辆/1000人）	333.56	8
汽车	2020	汽车保有量（万辆）	297.46	13
	2020	汽车增长率（%）	7.26	13
	2020	千人汽车保有量（辆/1000人）	316.3	7
摩托车	2020	摩托车保有量（万辆）	12.56	19
驾驶人	2020	机动车驾驶人数量（万人）	368.37	15
	2020	汽车驾驶人数量（万人）	358.55	15

续上表

类　　目	数据年份(年)	指　　标	数量	排名
交通安全	2020	道路交通事故起数（起）	1710	14
	2020	城市道路交通事故起数（起）	962	21
	2020	道路交通事故死亡数量（人）	446	10
	2020	道路交通事故受伤数量（人）	1475	18
	2020	城市道路交通事故死亡数量（人）	183	17
	2020	城市道路交通事故受伤数量（人）	829	22
	2020	10万人口死亡率（人/10万人）	6.08	7
	2020	万车死亡率（人/万辆）	1.42	15

合肥市数据统计及排名　　　　附表2-14

类　　目	数据年份(年)	指　　标	数量	排名
城市社会经济	2020	地区生产总值（亿元）	10045.72	16
	2020	地区生产总值增长率（%）	4.3	9
	2020	城镇居民可支配收入（元）	48283	16
	2020	可支配收入增长率（%）	6.3	3
	2019	轨道交通投资额（亿元）	105.48	19
	2019	城市交通建设财政固定资产投入（亿元）	202.78	19
	2019	建成区面积（km^2）	480.5	18
	2019	市辖区面积（km^2）	1339	34
	2019	市域面积（km^2）	11445	19
	2020	常住人口数量（万人）	936.99	17
	2019	户籍人口数量（万人）	770	16
城市道路	2019	城市道路里程（km）	3029.07	21
	2016	城市道路面积（万m^2）	8551.49	16
	2019	道路网密度（km/km^2）	6.77	10
	2019	人均道路面积（m^2/人）	19.5	7
	2019	车均道路面积（m^2/辆）	36.16	12
城市地面公共交通	2020	城市公共汽电车运营车辆数（辆）	8038	17
	2020	公共汽电车运营线路长度（km）	4737	28
	2020	公共汽电车客运量（亿人次）	3.24	25
	2020	公共汽电车车均站场面积（m^2/标台）	154.3	9
	2020	公交专用车道长度（km）	150.90	26
城市轨道交通	2020	轨道交通日均客流量（万人次）	53.44	16
	2020	轨道交通里程（km）	112.5	20

续上表

类　目	数据年份(年)	指　标	数量	排名
城市出租汽车	2020	出租车数量（辆）	9402	22
	2020	千人人均出租车数量（辆/1000人）	0.94	24
	2020	每辆车年运营里程（万km/辆）	11.37	5
机动车	2020	机动车保有量（万辆）	253.49	21
	2020	机动车增长率（%）	7.19	15
	2020	千人机动车保有量（辆/1000人）	270.53	24
汽车	2020	汽车保有量（万辆）	234.53	20
	2020	汽车增长率（%）	7.67	10
	2020	千人汽车保有量（辆/1000人）	250.3	22
摩托车	2020	摩托车保有量（万辆）	17.33	15
驾驶人	2020	机动车驾驶人数量（万人）	286.31	23
	2020	汽车驾驶人数量（万人）	282.34	21
交通安全	2020	道路交通事故起数（起）	1490	18
	2020	城市道路交通事故起数（起）	962	20
	2020	道路交通事故死亡数量（人）	435	11
	2020	道路交通事故受伤数量（人）	1771	14
	2020	城市道路交通事故死亡数量（人）	173	19
	2020	城市道路交通事故受伤数量（人）	1082	17
	2020	10万人口死亡率（人/10万人）	5.79	9
	2020	万车死亡率（人/万辆）	1.72	10

福州市数据统计及排名　　**附表2-15**

类　目	数据年份(年)	指　标	数量	排名
城市社会经济	2020	地区生产总值（亿元）	10020.02	18
	2020	地区生产总值增长率（%）	5.1	5
	2020	城镇居民可支配收入（元）	49300	14
	2020	可支配收入增长率（%）	2.9	26
	2019	轨道交通投资额（亿元）	149.05	12
	2019	城市交通建设财政固定资产投入（亿元）	357.46	12
	2019	建成区面积（km^2）	301.28	31
	2019	市辖区面积（km^2）	1756	30
	2019	市域面积（km^2）	12255	16
	2020	常住人口数量（万人）	829.13	24
	2019	户籍人口数量（万人）	710	20

续上表

类　　目	数据年份(年)	指　　标	数量	排名
城市道路	2019	城市道路里程（km）	2460.54	25
	2019	城市道路面积（万 m^2）	4278.11	27
	2019	道路网密度（km/km^2）	7.2	5
	2019	人均道路面积（m^2/ 人）	13.65	24
	2019	车均道路面积（m^2/ 辆）	24.64	27
城市地面公共交通	2020	城市公共汽电车运营车辆数（辆）	5844	22
	2020	公共汽电车运营线路长度（km）	6153	21
	2020	公共汽电车客运量（亿人次）	2.94	26
	2020	公共汽电车车均站场面积（m^2/ 标台）	158.6	6
	2020	公交专用车道长度（km）	151.00	25
城市轨道交通	2020	轨道交通日均客流量（万人次）	25.96	24
	2020	轨道交通里程（km）	53.5	25
城市出租汽车	2020	出租车数量（辆）	6605	27
	2020	千人人均出租车数量（辆 /1000 人）	0.32	34
	2020	每辆车年运营里程（万 km/ 辆）	8.2	21
机动车	2020	机动车保有量（万辆）	188.52	25
	2020	机动车增长率（%）	8.58	6
	2020	千人机动车保有量（辆 /1000 人）	227.37	31
汽车	2020	汽车保有量（万辆）	155.78	26
	2020	汽车增长率（%）	6.51	19
	2020	千人汽车保有量（辆 /1000 人）	187.88	33
摩托车	2020	摩托车保有量（万辆）	31.05	9
驾驶人	2020	机动车驾驶人数量（万人）	260.16	24
	2020	汽车驾驶人数量（万人）	242.07	25
交通安全	2020	道路交通事故起数（起）	1444	19
	2020	城市道路交通事故起数（起）	890	23
	2020	道路交通事故死亡数量（人）	266	21
	2020	道路交通事故受伤数量（人）	1949	12
	2020	城市道路交通事故死亡数量（人）	155	22
	2020	城市道路交通事故受伤数量（人）	1145	16
	2020	10 万人口死亡率（人 /10 万人）	2.27	34
	2020	万车死亡率（人 / 万辆）	1.41	17

厦门市数据统计及排名

附表2-16

类　目	数据年份（年）	指　标	数量	排名
城市社会经济	2020	地区生产总值（亿元）	6384.02	23
	2020	地区生产总值增长率（%）	5.7	2
	2020	城镇居民可支配收入（元）	61331	8
	2020	可支配收入增长率（%）	3.9	16
	2019	轨道交通投资额（亿元）	163.4	13
	2019	城市交通建设财政固定资产投入（亿元）	338.27	13
	2019	建成区面积（km^2）	397.84	22
	2019	市辖区面积（km^2）	1701	31
	2019	市域面积（km^2）	1701	36
	2020	常住人口数量（万人）	516.4	29
	2019	户籍人口数量（万人）	261	30
城市道路	2019	城市道路里程（km）	3924.72	17
	2019	城市道路面积（万 m^2）	9567.5	13
	2019	道路网密度（km/km^2）	8.5	2
	2019	人均道路面积（m^2/ 人）	28.5	1
	2019	车均道路面积（m^2/ 辆）	57.49	3
城市地面公共交通	2020	城市公共汽电车运营车辆数（辆）	5410	25
	2020	公共汽电车运营线路长度（km）	7177	18
	2020	公共汽电车客运量（亿人次）	5.29	17
	2020	公共汽电车车均站场面积（m^2/ 标台）	156.2	7
	2020	公交专用车道长度（km）	81.8	31
城市轨道交通	2020	轨道交通日均客流量（万人次）	31.22	23
	2020	轨道交通里程（km）	71.90	22
城市出租汽车	2020	出租车数量（辆）	5680	30
	2020	千人人均出租车数量（辆 /1000 人）	6.54	1
	2020	每辆车年运营里程（万 km/ 辆）	11.53	4
机动车	2020	机动车保有量（万辆）	175.85	28
	2020	机动车增长率（%）	5.67	22
	2020	千人机动车保有量（辆 /1000 人）	340.53	7
汽车	2020	汽车保有量（万辆）	146.64	28
	2020	汽车增长率（%）	4.35	32
	2020	千人汽车保有量（辆 /1000 人）	283.97	17
摩托车	2020	摩托车保有量（万辆）	27.18	11
驾驶人	2020	机动车驾驶人数量（万人）	182.49	29
	2020	汽车驾驶人数量（万人）	173.07	29

续上表

类　目	数据年份(年)	指　标	数量	排名
交通安全	2020	道路交通事故起数（起）	1724	12
	2020	城市道路交通事故起数（起）	1356	14
	2020	道路交通事故死亡数量（人）	151	30
	2020	道路交通事故受伤数量（人）	2184	10
	2020	城市道路交通事故死亡数量（人）	112	30
	2020	城市道路交通事故受伤数量（人）	1701	10
	2020	10万人口死亡率（人/10万人）	5.21	15
	2020	万车死亡率（人/万辆）	0.86	31

南昌市数据统计及排名　　**附表2-17**

类　目	数据年份(年)	指　标	数量	排名
城市社会经济	2020	地区生产总值（亿元）	5745.51	25
	2020	地区生产总值增长率（%）	3.6	18
	2020	城镇居民可支配收入（元）	46796	21
	2020	可支配收入增长率（%）	6	5
	2019	轨道交通投资额（亿元）	83.86	26
	2019	城市交通建设财政固定资产投入（亿元）	148.19	26
	2019	建成区面积（km^2）	355.67	25
	2019	市辖区面积（km^2）	2777	22
	2019	市域面积（km^2）	7195	30
	2020	常住人口数量（万人）	625.5	26
	2019	户籍人口数量（万人）	536	26
城市道路	2019	城市道路里程（km）	1764.8	30
	2019	城市道路面积（万m^2）	3933.11	30
	2019	道路网密度（km/km^2）	6.2	15
	2019	人均道路面积（m^2/人）	13.49	26
	2019	车均道路面积（m^2/辆）	33.19	17
城市地面公共交通	2020	城市公共汽电车运营车辆数（辆）	4968	28
	2020	公共汽电车运营线路长度（km）	8785	14
	2020	公共汽电车客运量（亿人次）	2.10	30
	2020	公共汽电车车均站场面积（m^2/标台）	213.4	4
	2020	公交专用车道长度（km）	164.90	24
城市轨道交通	2020	轨道交通日均客流量（万人次）	37.01	22
	2020	轨道交通里程（km）	60.40	23

续上表

类目	数据年份(年)	指标	数量	排名
城市出租汽车	2020	出租车数量（辆）	5453	33
	2020	千人人均出租车数量（辆/1000人）	0.42	33
	2020	每辆车年运营里程（万km/辆）	6.74	31
机动车	2020	机动车保有量（万辆）	127.63	31
	2020	机动车增长率（%）	7.69	12
	2020	千人机动车保有量（辆/1000人）	204.04	34
汽车	2020	汽车保有量（万辆）	126.06	31
	2020	汽车增长率（%）	7.46	12
	2020	千人汽车保有量（辆/1000人）	201.53	31
摩托车	2020	摩托车保有量（万辆）	1	34
驾驶人	2020	机动车驾驶人数量（万人）	238.47	27
	2020	汽车驾驶人数量（万人）	235.25	27
交通安全	2020	道路交通事故起数（起）	399	35
	2020	城市道路交通事故起数（起）	285	35
	2020	道路交通事故死亡数量（人）	214	27
	2020	道路交通事故受伤数量（人）	294	33
	2020	城市道路交通事故死亡数量（人）	131	25
	2020	城市道路交通事故受伤数量（人）	209	33
	2020	10万人口死亡率（人/10万人）	3.99	26
	2020	万车死亡率（人/万辆）	1.68	12

济南市数据统计及排名

附表2-18

类目	数据年份(年)	指标	数量	排名
城市社会经济	2020	地区生产总值（亿元）	10140.9	15
	2020	地区生产总值增长率（%）	4.9	7
	2020	城镇居民可支配收入（元）	53329	11
	2020	可支配收入增长率（%）	2.7	27
	2019	轨道交通投资额（亿元）	117.72	16
	2019	城市交通建设财政固定资产投入（亿元）	323.48	16
	2019	建成区面积（km^2）	716.11	11
	2019	市辖区面积（km^2）	8367	8
	2019	市域面积（km^2）	10244	22
	2020	常住人口数量（万人）	920.24	19
	2019	户籍人口数量（万人）	797	13

续上表

类　目	数据年份(年)	指　标	数量	排名
城市道路	2019	城市道路里程（km）	6812.57	6
	2019	城市道路面积（万 m^2）	12231.57	8
	2019	道路网密度（km/km^2）	4.9	31
	2019	人均道路面积（m^2/人）	20.53	6
	2019	车均道路面积（m^2/辆）	42.55	7
城市地面公共交通	2020	城市公共汽电车运营车辆数（辆）	9637	14
	2020	公共汽电车运营线路长度（km）	12123	12
	2020	公共汽电车客运量（亿人次）	5.26	18
	2020	公共汽电车车均站场面积（m^2/标台）	144.2	11
	2020	公交专用车道长度（km）	421.00	7
城市轨道交通	2020	轨道交通日均客流量（万人次）	2.38	31
	2020	轨道交通里程（km）	47.70	27
城市出租汽车	2020	出租车数量（辆）	10453	21
	2020	千人人均出租车数量（辆/1000人）	1.14	20
	2020	每辆车年运营里程（万km/辆）	7.16	30
机动车	2020	机动车保有量（万辆）	314.22	13
	2020	机动车增长率（%）	9.32	4
	2020	千人机动车保有量（辆/1000人）	341.46	6
汽车	2020	汽车保有量（万辆）	279.59	17
	2020	汽车增长率（%）	7.47	11
	2020	千人汽车保有量（辆/1000人）	303.83	10
摩托车	2020	摩托车保有量（万辆）	33.13	8
驾驶人	2020	机动车驾驶人数量（万人）	321.64	18
	2020	汽车驾驶人数量（万人）	314.2	18
交通安全	2020	道路交通事故起数（起）	3100	7
	2020	城市道路交通事故起数（起）	2352	6
	2020	道路交通事故死亡数量（人）	418	13
	2020	道路交通事故受伤数量（人）	3021	6
	2020	城市道路交通事故死亡数量（人）	226	12
	2020	城市道路交通事故受伤数量（人）	2280	6
	2020	10万人口死亡率（人/10万人）	5.17	16
	2020	万车死亡率（人/万辆）	1.33	19

青岛市数据统计及排名 **附表2-19**

类　　目	数据年份（年）	指　　标	数量	排名
城市社会经济	2020	地区生产总值（亿元）	12400.56	12
	2020	地区生产总值增长率（%）	3.70	15
	2020	城镇居民可支配收入（元）	55905	10
	2020	可支配收入增长率（%）	2.60	28
	2019	轨道交通投资额（亿元）	207.39	8
	2019	城市交通建设财政固定资产投入（亿元）	327.38	15
	2019	建成区面积（km^2）	758.16	10
	2019	市辖区面积（km^2）	5225	17
	2019	市域面积（km^2）	11293	20
	2020	常住人口数量（万人）	1007.17	13
	2019	户籍人口数量（万人）	831	12
城市道路	2019	城市道路里程（km）	6315.31	7
	2019	城市道路面积（万 m^2）	10227.11	11
	2020	道路网密度（km/km^2）	5.40	26
	2019	人均道路面积（m^2/人）	19.32	8
	2019	车均道路面积（m^2/辆）	33.39	156
城市地面公共交通	2020	城市公共汽电车运营车辆数（辆）	11023	12
	2020	公共汽电车运营线路长度（km）	16775	9
	2020	公共汽电车客运量（亿人次）	6.49	9
	2020	公共汽电车车均站场面积（m^2/标台）	155.8	8
	2020	公交专用车道长度（km）	231	15
城市轨道交通	2020	轨道交通日均客流量（万人次）	44.91	21
	2020	轨道交通里程（km）	254.80	10
城市出租汽车	2020	出租车数量（辆）	10568	20
	2020	千人人均出租车数量（辆/1000人）	1.049	22
	2020	每辆车年运营里程（万km/辆）	8.22	20
机动车	2020	机动车保有量（万辆）	329.89	10
	2020	机动车增长率（%）	7.71	11
	2020	千人机动车保有量（辆/1000人）	327.54	10
汽车	2020	汽车保有量（万辆）	314.30	10
	2020	汽车增长率（%）	7.25	14
	2020	千人汽车保有量（辆/1000人）	312.063	9
摩托车	2020	摩托车保有量（万辆）	11.89	20
驾驶人	2020	机动车驾驶人数量（万人）	388.70	13
	2020	汽车驾驶人数量（万人）	384.14	12

续上表

类　　目	数据年份(年)	指　　标	数量	排名
交通安全	2020	道路交通事故起数（起）	1705	15
	2020	城市道路交通事故起数（起）	890	20
	2020	道路交通事故死亡数量（人）	304	20
	2020	道路交通事故受伤数量（人）	1697	15
	2020	城市道路交通事故死亡数量（人）	117	27
	2020	城市道路交通事故受伤数量（人）	839	21
	2020	10 万人口死亡率（人/10 万人）	3.38	28
	2020	万车死亡率（人 / 万辆）	0.92	29

郑州市数据统计及排名　　**附表2-20**

类　　目	数据年份(年)	指　　标	数量	排名
城市社会经济	2020	地区生产总值（亿元）	12003	14
	2020	地区生产总值增长率（%）	3.00	22
	2020	城镇居民可支配收入（元）	42887	24
	2020	可支配收入增长率（%）	1.90	32
	2019	轨道交通投资额（亿元）	123.87	15
	2019	城市交通建设财政固定资产投入（亿元）	412.29	10
	2019	建成区面积（km^2）	580.75	14
	2019	市辖区面积（km^2）	1010	35
	2019	市域面积（km^2）	7446	28
	2020	常住人口数量（万人）	1260.06	9
	2019	户籍人口数量（万人）	882	11
城市道路	2019	城市道路里程（km）	2273.77	27
	2019	城市道路面积（万 m^2）	6297.36	21
	2020	道路网密度（km/km^2）	6.60	14
	2019	人均道路面积（m^2/ 人）	9.39	33
	2019	车均道路面积（m^2/ 辆）	16.11	34
城市地面公共交通	2020	城市公共汽电车运营车辆数（辆）	8216	17
	2020	公共汽电车运营线路长度（km）	5358	25
	2020	公共汽电车客运量（亿人次）	5.56	15
	2020	公共汽电车车均站场面积（m^2/ 标台）	239	2
	2020	公交专用车道长度（km）	412	8
城市轨道交通	2020	轨道交通日均客流量（万人次）	62.10	15
	2020	轨道交通里程（km）	180.90	14

续上表

类　　目	数据年份（年）	指　　标	数量	排名
城市出租汽车	2020	出租车数量（辆）	10975	18
	2020	千人人均出租车数量（辆/1000人）	0.87	27
	2020	每辆车年运营里程（万km/辆）	8.42	17
机动车	2020	机动车保有量（万辆）	413.67	5
	2020	机动车增长率（%）	5.84	21
	2020	千人机动车保有量（辆/1000人）	328.30	9
汽车	2020	汽车保有量（万辆）	403.86	5
	2020	汽车增长率（%）	5.78	22
	2020	千人汽车保有量（辆/1000人）	320.51	5
摩托车	2020	摩托车保有量（万辆）	7.20	23
驾驶人	2020	机动车驾驶人数量（万人）	452.41	11
	2020	汽车驾驶人数量（万人）	450.27	10
交通安全	2020	道路交通事故起数（起）	891	26
	2020	城市道路交通事故起数（起）	764	21
	2020	道路交通事故死亡数量（人）	146	31
	2020	道路交通事故受伤数量（人）	943	22
	2020	城市道路交通事故死亡数量（人）	117	28
	2020	城市道路交通事故受伤数量（人）	803	23
	2020	10万人口死亡率（人/10万人）	1.49	36
	2020	万车死亡率（人/万辆）	0.35	36

武汉市数据统计及排名　　**附表2-21**

类　　目	数据年份（年）	指　　标	数量	排名
城市社会经济	2020	地区生产总值（亿元）	15616.06	8
	2020	地区生产总值增长率（%）	-4.70	36
	2020	城镇居民可支配收入（元）	50362	12
	2020	可支配收入增长率（%）	-2.60	36
	2019	轨道交通投资额（亿元）	—	—
	2019	城市交通建设财政固定资产投入（亿元）	1083.74	2
	2019	建成区面积（km^2）	812.39	9
	2019	市辖区面积（km^2）	8569	7
	2019	市域面积（km^2）	8569	25
	2020	常住人口数量（万人）	1232.65	10
	2019	户籍人口数量（万人）	906	10

续上表

类　目	数据年份(年)	指　标	数量	排名
城市道路	2019	城市道路里程（km）	6262.14	8
	2019	城市道路面积（万 m^2）	12361	7
	2020	道路网密度（km/km^2）	7.71	8
	2019	人均道路面积（m^2/人）	6.00	19
	2019	车均道路面积（m^2/辆）	35.19	14
城市地面公共交通	2020	城市公共汽电车运营车辆数（辆）	11867	10
	2020	公共汽电车运营线路长度（km）	10207	14
	2020	公共汽电车客运量（亿人次）	5.86	13
	2020	公共汽电车车均站场面积（m^2/标台）	49	35
	2020	公交专用车道长度（km）	215.5	18
城市轨道交通	2020	轨道交通日均客流量（万人次）	229.44	6
	2020	轨道交通里程（km）	384.30	7
城市出租汽车	2020	出租车数量（辆）	18078	9
	2020	千人人均出租车数量（辆/1000人）	0.73	29
	2020	每辆车年运营里程（万 km/辆）	9.14	14
机动车	2020	机动车保有量（万辆）	381.18	7
	2020	机动车增长率（%）	8.53	8
	2020	千人机动车保有量（辆/1000人）	309.24	15
汽车	2020	汽车保有量（万辆）	365.98	7
	2020	汽车增长率（%）	8.67	6
	2020	千人汽车保有量（辆/1000人）	296.91	13
摩托车	2020	摩托车保有量（万辆）	12.73	18
驾驶人	2020	机动车驾驶人数量（万人）	475.02	9
	2020	汽车驾驶人数量（万人）	471.82	10
交通安全	2020	道路交通事故起数（起）	2072	11
	2020	城市道路交通事故起数（起）	2000	3
	2020	道路交通事故死亡数量（人）	461	9
	2020	道路交通事故受伤数量（人）	1913	13
	2020	城市道路交通事故死亡数量（人）	450	3
	2020	城市道路交通事故受伤数量（人）	1816	9
	2020	10万人口死亡率（人/10万人）	5.78	10
	2020	万车死亡率（人/万辆）	1.21	22

长沙市数据统计及排名 **附表2-22**

类　目	数据年份（年）	指　标	数量	排名
城市社会经济	2020	地区生产总值（亿元）	12142.52	13
	2020	地区生产总值增长率（%）	4.00	11
	2020	城镇居民可支配收入（元）	57971	9
	2020	可支配收入增长率（%）	5.00	13
	2019	轨道交通投资额（亿元）	—	—
	2019	城市交通建设财政固定资产投入（亿元）	165.17	25
	2019	建成区面积（km^2）	377.95	23
	2019	市辖区面积（km^2）	2151	27
	2019	市域面积（km^2）	11816	18
	2020	常住人口数量（万人）	1004.79	14
	2019	户籍人口数量（万人）	738	19
城市道路	2019	城市道路里程（km）	1483.46	32
	2019	城市道路面积（万 m^2）	5351	26
	2020	道路网密度（km/km^2）	6.50	13
	2019	人均道路面积（m^2/ 人）	13.91	20
	2019	车均道路面积（m^2/ 辆）	17.87	33
城市地面公共交通	2020	城市公共汽电车运营车辆数（辆）	11857	8
	2020	公共汽电车运营线路长度（km）	7344	18
	2020	公共汽电车客运量（亿人次）	4.14	23
	2020	公共汽电车车均站场面积（m^2/ 标台）	84	28
	2020	公交专用车道长度（km）	280	13
城市轨道交通	2020	轨道交通日均客流量（万人次）	92.53	13
	2020	轨道交通里程（km）	158.00	15
城市出租汽车	2020	出租车数量（辆）	8080	25
	2020	千人人均出租车数量（辆 /1000 人）	2.812	7
	2020	每辆车年运营里程（万 km/ 辆）	10.82	6
机动车	2020	机动车保有量（万辆）	320.10	11
	2020	机动车增长率（%）	6.89	17
	2020	千人机动车保有量（辆 /1000 人）	318.57	12
汽车	2020	汽车保有量（万辆）	282.39	14
	2020	汽车增长率（%）	7.04	16
	2020	千人汽车保有量（辆 /1000 人）	281.05	18
摩托车	2020	摩托车保有量（万辆）	36.16	5

续上表

类　目	数据年份(年)	指　标	数量	排名
驾驶人	2020	机动车驾驶人数量（万人）	349	17
	2020	汽车驾驶人数量（万人）	342.56	17
交通安全	2020	道路交通事故起数（起）	1641	16
	2020	城市道路交通事故起数（起）	1636	13
	2020	道路交通事故死亡数量（人）	409	15
	2020	道路交通事故受伤数量（人）	1509	17
	2020	城市道路交通事故死亡数量（人）	426	5
	2020	城市道路交通事故受伤数量（人）	1386	13
	2020	10万人口死亡率（人/10万人）	2.42	33
	2020	万车死亡率（人/万辆）	1.28	20

广州市数据统计及排名　　附表2-23

类　目	数据年份(年)	指　标	数量	排名
城市社会经济	2020	地区生产总值（亿元）	25019.11	4
	2020	地区生产总值增长率（%）	2.70	23
	2020	城镇居民可支配收入（元）	68304	4
	2020	可支配收入增长率（%）	5.00	12
	2019	轨道交通投资额（亿元）	296.82	6
	2019	城市交通建设财政固定资产投入（亿元）	694.62	6
	2019	建成区面积（km^2）	1324.17	3
	2019	市辖区面积（km^2）	7434	10
	2019	市域面积（km^2）	7434	29
	2020	常住人口数量（万人）	1867.66	5
	2019	户籍人口数量（万人）	954	8
城市道路	2019	城市道路里程（km）	14027.95	1
	2019	城市道路面积（万m^2）	18792.69	2
	2020	道路网密度（km/km^2）	7.10	5
	2019	人均道路面积（m^2/人）	13.90	21
	2019	车均道路面积（m^2/辆）	64.74	1
城市地面公共交通	2020	城市公共汽电车运营车辆数（辆）	18858	5
	2020	公共汽电车运营线路长度（km）	26077	4
	2020	公共汽电车客运量（亿人次）	13.80	3
	2020	公共汽电车车均站场面积（m^2/标台）	93.8	22
	2020	公交专用车道长度（km）	519.4	4
城市轨道交通	2020	轨道交通日均客流量（万人次）	626.43	3
	2020	轨道交通里程（km）	553.20	4

续上表

类　目	数据年份(年)	指　标	数量	排名
城市出租汽车	2020	出租车数量（辆）	21492	5
	2020	千人人均出租车数量（辆/1000人）	2.370	10
	2020	每辆车年运营里程（万km/辆）	10.73	8
机动车	2020	机动车保有量（万辆）	310.12	16
	2020	机动车增长率（%）	6.84	18
	2020	千人机动车保有量（辆/1000人）	166.05	36
汽车	2020	汽车保有量（万辆）	299.38	12
	2020	汽车增长率（%）	6.83	17
	2020	千人汽车保有量（辆/1000人）	160.30	35
摩托车	2020	摩托车保有量（万辆）	7.75	22
驾驶人	2020	机动车驾驶人数量（万人）	568.08	5
	2020	汽车驾驶人数量（万人）	551.42	5
交通安全	2020	道路交通事故起数（起）	3203	5
	2020	城市道路交通事故起数（起）	2363	9
	2020	道路交通事故死亡数量（人）	692	5
	2020	道路交通事故受伤数量（人）	2686	9
	2020	城市道路交通事故死亡数量（人）	448	4
	2020	城市道路交通事故受伤数量（人）	1902	7
	2020	10万人口死亡率（人/10万人）	4.96	17
	2020	万车死亡率（人/万辆）	2.23	4

深圳市数据统计及排名　　附表2-24

类　目	数据年份(年)	指　标	数量	排名
城市社会经济	2020	地区生产总值（亿元）	27670.24	3
	2020	地区生产总值增长率（%）	3.10	21
	2020	城镇居民可支配收入（元）	64878	7
	2020	可支配收入增长率（%）	3.80	21
	2019	轨道交通投资额（亿元）	332.83	4
	2019	城市交通建设财政固定资产投入（亿元）	458.10	9
	2019	建成区面积（km^2）	960.45	6
	2019	市辖区面积（km^2）	1997	29
	2019	市域面积（km^2）	1997	35
	2020	常住人口数量（万人）	1756.01	6
	2019	户籍人口数量（万人）	551	25

续上表

类　目	数据年份(年)	指　标	数量	排名
城市道路	2019	城市道路里程（km）	6124	9
	2019	城市道路面积（万 m^2）	11373.60	11
	2019	道路网密度（km/km^2）	9.50	1
	2019	人均道路面积（m^2/ 人）	8.46	34
	2019	车均道路面积（m^2/ 辆）	32.56	22
城市地面公共交通	2020	城市公共汽电车运营车辆数（辆）	20830	3
	2020	公共汽电车运营线路长度（km）	21311	6
	2020	公共汽电车客运量（亿人次）	10.54	6
	2020	公共汽电车车均站场面积（m^2/ 标台）	150.60	10
	2020	公交专用车道长度（km）	530.20	3
城市轨道交通	2020	轨道交通日均客流量（万人次）	443.77	4
	2020	轨道交通里程（km）	422.60	5
城市出租汽车	2020	出租车数量（辆）	21358	6
	2020	千人人均出租车数量（辆 /1000 人）	6.198	2
	2020	每辆车年运营里程（万 km/ 辆）	12.39	3
机动车	2020	机动车保有量（万辆）	360.03	8
	2020	机动车增长率（%）	3.05	36
	2020	千人机动车保有量（辆 /1000 人）	205.03	33
汽车	2020	汽车保有量（万辆）	353.61	8
	2020	汽车增长率（%）	2.96	35
	2020	千人汽车保有量（辆 /1000 人）	201.371	32
摩托车	2020	摩托车保有量（万辆）	1.23	33
驾驶人	2020	机动车驾驶人数量（万人）	533.74	6
	2020	汽车驾驶人数量（万人）	532.68	6
交通安全	2020	道路交通事故起数（起）	1310	22
	2020	城市道路交通事故起数（起）	1333	12
	2020	道路交通事故死亡数量（人）	224	25
	2020	道路交通事故受伤数量（人）	863	26
	2020	城市道路交通事故死亡数量（人）	204	14
	2020	城市道路交通事故受伤数量（人）	854	20
	2020	10 万人口死亡率（人 /10 万人）	2.10	35
	2020	万车死亡率（人 / 万辆）	0.62	35

南宁市数据统计及排名 附表2-25

类　目	数据年份(年)	指　标	数量	排名
城市社会经济	2020	地区生产总值（亿元）	4726.34	27
	2020	地区生产总值增长率（%）	3.70	16
	2020	城镇居民可支配收入（元）	38542	33
	2020	可支配收入增长率（%）	2.30	30
	2019	轨道交通投资额（亿元）	98.91	19
	2019	城市交通建设财政固定资产投入（亿元）	188.77	21
	2019	建成区面积（km^2）	319.69	28
	2019	市辖区面积（km^2）	9947	5
	2019	市域面积（km^2）	22245	4
	2020	常住人口数量（万人）	874.16	22
	2019	户籍人口数量（万人）	782	15
城市道路	2019	城市道路里程（km）	3219.63	20
	2019	城市道路面积（万 m^2）	7944.06	17
	2020	道路网密度（km/km^2）	7.20	8
	2019	人均道路面积（m^2/人）	20.94	4
	2019	车均道路面积（m^2/辆）	32.66	21
城市地面公共交通	2020	城市公共汽电车运营车辆数（辆）	4901	27
	2020	公共汽电车运营线路长度（km）	5098	27
	2020	公共汽电车客运量（亿人次）	1.90	31
	2020	公共汽电车车均站场面积（m^2/标台）	142.80	12
	2020	公交专用车道长度（km）	110	30
城市轨道交通	2020	轨道交通日均客流量（万人次）	43.69	22
	2020	轨道交通里程（km）	105.30	21
城市出租汽车	2020	出租车数量（辆）	6352	28
	2020	千人人均出租车数量（辆/1000人）	0.198	36
	2020	每辆车年运营里程（万km/辆）	8.12	22
机动车	2020	机动车保有量（万辆）	271.46	19
	2020	机动车增长率（%）	11.59	1
	2020	千人机动车保有量（辆/1000人）	310.53	14
汽车	2020	汽车保有量（万辆）	199.13	22
	2020	汽车增长率（%）	12.89	1
	2020	千人汽车保有量（辆/1000人）	227.79	27
摩托车	2020	摩托车保有量（万辆）	71.30	2
驾驶人	2020	机动车驾驶人数量（万人）	287.45	22
	2020	汽车驾驶人数量（万人）	264.32	23

续上表

类　目	数据年份（年）	指　标	数量	排名
交通安全	2020	道路交通事故起数（起）	2872	8
	2020	城市道路交通事故起数（起）	1808	8
	2020	道路交通事故死亡数量（人）	517	8
	2020	道路交通事故受伤数量（人）	2835	7
	2020	城市道路交通事故死亡数量（人）	210	13
	2020	城市道路交通事故受伤数量（人）	1645	11
	2020	10万人口死亡率（人/10万人）	9.03	1
	2020	万车死亡率（人/万辆）	1.90	8

海口市数据统计及排名　　附表2-26

类　目	数据年份（年）	指　标	数量	排名
城市社会经济	2020	地区生产总值（亿元）	1791.58	34
	2020	地区生产总值增长率（%）	5.30	3
	2020	城镇居民可支配收入（元）	35025	35
	2020	可支配收入增长率（%）	3.60	23
	2019	轨道交通投资额（亿元）	—	—
	2019	城市交通建设财政固定资产投入（亿元）	61.37	33
	2019	建成区面积（km^2）	195.5	33
	2019	市辖区面积（km^2）	2297	25
	2019	市域面积（km^2）	2297	34
	2020	常住人口数量（万人）	287.34	33
	2019	户籍人口数量（万人）	183	35
城市道路	2019	城市道路里程（km）	2879.5	22
	2020	城市道路面积（万m^2）	3305.02	31
	2019	道路网密度（km/km^2）	5.60	23
	2019	人均道路面积（m^2/人）	16.53	13
	2019	车均道路面积（m^2/辆）	38.94	8
城市地面公共交通	2020	城市公共汽电车运营车辆数（辆）	2317	33
	2020	公共汽电车运营线路长度（km）	4173	31
	2020	公共汽电车客运量（亿人次）	1.23	35
	2020	公共汽电车车均站场面积（m^2/标台）	139.8	14
	2020	公交专用车道长度（km）	10.90	36
城市轨道交通	2020	轨道交通日均客流量（万人次）	—	—
	2020	轨道交通里程（km）	—	—

续上表

类　　目	数据年份(年)	指　　标	数量	排名
城市出租汽车	2020	出租车数量（辆）	2133	35
	2020	千人人均出租车数量（辆 /1000 人）	0.75	28
	2020	每辆车年运营里程（万 km/ 辆）	8.95	15
机动车	2020	机动车保有量（万辆）	87.93	34
	2020	机动车增长率（%）	3.59	34
	2020	千人机动车保有量（辆 /1000 人）	306	18
汽车	2020	汽车保有量（万辆）	85.57	34
	2020	汽车增长率（%）	3.60	34
	2020	千人汽车保有量（辆 /1000 人）	297.80	12
摩托车	2020	摩托车保有量（万辆）	1.92	29
驾驶人	2020	机动车驾驶人数量（万人）	92.11	34
	2020	汽车驾驶人数量（万人）	90.07	34
交通安全	2020	道路交通事故起数（起）	607	31
	2020	城市道路交通事故起数（起）	490	25
	2020	道路交通事故死亡数量（人）	119	34
	2020	道路交通事故受伤数量（人）	617	30
	2020	城市道路交通事故死亡数量（人）	76	33
	2020	城市道路交通事故受伤数量（人）	497	28
	2020	10 万人口死亡率（人 /10 万人）	5.39	13
	2020	万车死亡率（人 / 万辆）	1.35	18

重庆市数据统计及排名　　**附表2-27**

类　　目	数据年份(年)	指　　标	数量	排名
城市社会经济	2020	地区生产总值（亿元）	25002.79	5
	2020	地区生产总值增长率（%）	3.90	12
	2020	城镇居民可支配收入（元）	40006	29
	2020	可支配收入增长率（%）	5.40	10
	2019	轨道交通投资额（亿元）	310.00	5
	2019	城市交通建设财政固定资产投入（亿元）	803.37	4
	2019	建成区面积（km^2）	1515.41	1
	2019	市辖区面积（km^2）	43263	1
	2019	市域面积（km^2）	82402	1
	2020	常住人口数量（万人）	3205.42	1
	2019	户籍人口数量（万人）	3416	1

续上表

类　目	数据年份(年)	指　标	数量	排名
城市道路	2019	城市道路里程（km）	10105.44	2
	2019	城市道路面积（万 m^2）	22160.41	1
	2020	道路网密度（km/km^2）	6.70	12
	2019	人均道路面积（m^2/ 人）	14.38	19
	2019	车均道路面积（m^2/ 辆）	31.98	23
城市地面公共交通	2020	城市公共汽电车运营车辆数（辆）	16178	6
	2020	公共汽电车运营线路长度（km）	27219	2
	2020	公共汽电车客运量（亿人次）	17.13	2
	2020	公共汽电车车均站场面积（m^2/ 标台）	65.50	31
	2020	公交专用车道长度（km）	222.40	17
城市轨道交通	2020	轨道交通日均客流量（万人次）	218.96	7
	2020	轨道交通里程（km）	343.30	8
城市出租汽车	2020	出租车数量（辆）	22475	4
	2020	千人人均出租车数量（辆 /1000 人）	4.237	3
	2020	每辆车年运营里程（万 km/ 辆）	13.99	2
机动车	2020	机动车保有量（万辆）	763.81	1
	2020	机动车增长率（%）	10.24	3
	2020	千人机动车保有量（辆 /1000 人）	238.29	30
汽车	2020	汽车保有量（万辆）	504.42	3
	2020	汽车增长率（%）	8.89	5
	2020	千人汽车保有量（辆 /1000 人）	157.37	36
摩托车	2020	摩托车保有量（万辆）	225.02	1
驾驶人	2020	机动车驾驶人数量（万人）	961.18	2
	2020	汽车驾驶人数量（万人）	842.52	2
交通安全	2020	道路交通事故起数（起）	4042	2
	2020	城市道路交通事故起数（起）	2690	2
	2020	道路交通事故死亡数量（人）	922	2
	2020	道路交通事故受伤数量（人）	4767	2
	2020	城市道路交通事故死亡数量（人）	465	2
	2020	城市道路交通事故受伤数量（人）	3023	3
	2020	10 万人口死亡率（人 /10 万人）	2.95	29
	2020	万车死亡率（人 / 万辆）	1.21	23

成都市数据统计及排名　　**附表2-28**

类　　目	数据年份（年）	指　　标	数量	排名
城市社会经济	2020	地区生产总值（亿元）	17716.70	6
	2020	地区生产总值增长率（%）	4.00	10
	2020	城镇居民可支配收入（元）	48593	15
	2020	可支配收入增长率（%）	5.90	6
	2019	轨道交通投资额（亿元）	619.83	1
	2019	城市交通建设财政固定资产投入（亿元）	922.98	3
	2019	建成区面积（km^2）	949.58	7
	2019	市辖区面积（km^2）	3677	21
	2019	市域面积（km^2）	14335	11
	2020	常住人口数量（万人）	2093.78	4
	2019	户籍人口数量（万人）	1500	2
城市道路	2019	城市道路里程（km）	4941.08	13
	2019	城市道路面积（万 m^2）	12962.20	6
	2020	道路网密度（km/km^2）	8.30	3
	2019	人均道路面积（m^2/ 人）	15.87	17
	2019	车均道路面积（m^2/ 辆）	22.46	30
城市地面公共交通	2020	城市公共汽电车运营车辆数（辆）	17994	4
	2020	公共汽电车运营线路长度（km）	17745	7
	2020	公共汽电车客运量（亿人次）	11.04	5
	2020	公共汽电车车均站场面积（m^2/ 标台）	107.40	20
	2020	公交专用车道长度（km）	505	5
城市轨道交通	2020	轨道交通日均客流量（万人次）	198.25	8
	2020	轨道交通里程（km）	557.80	3
城市出租汽车	2020	出租车数量（辆）	14201	13
	2020	千人人均出租车数量（辆 /1000 人）	1.52	16
	2020	每辆车年运营里程（万 km/ 辆）	10.77	7
机动车	2020	机动车保有量（万辆）	603.71	3
	2020	机动车增长率（%）	4.61	30
	2020	千人机动车保有量（辆 /1000 人）	288.33	22
汽车	2020	汽车保有量（万辆）	545.72	2
	2020	汽车增长率（%）	5.04	28
	2020	千人汽车保有量（辆 /1000 人）	260.64	21
摩托车	2020	摩托车保有量（万辆）	55.87	3
驾驶人	2020	机动车驾驶人数量（万人）	818.36	4
	2020	汽车驾驶人数量（万人）	789.24	4

续上表

类　目	数据年份(年)	指　标	数量	排名
交通安全	2020	道路交通事故起数（起）	1719	13
	2020	城市道路交通事故起数（起）	1436	15
	2020	道路交通事故死亡数量（人）	557	6
	2020	道路交通事故受伤数量（人）	1152	21
	2020	城市道路交通事故死亡数量（人）	392	6
	2020	城市道路交通事故受伤数量（人）	981	19
	2020	10万人口死亡率（人/10万人）	4.05	24
	2020	万车死亡率（人/万辆）	0.92	28

贵阳市数据统计及排名 **附表2-29**

类　目	数据年份(年)	指　标	数量	排名
城市社会经济	2020	地区生产总值（亿元）	4311.65	28
	2020	地区生产总值增长率（%）	5.00	6
	2020	城镇居民可支配收入（元）	40305	26
	2020	可支配收入增长率（%）	5.40	8
	2019	轨道交通投资额（亿元）	34.09	21
	2019	城市交通建设财政固定资产投入（亿元）	177.43	23
	2019	建成区面积（km^2）	369	24
	2019	市辖区面积（km^2）	2525	23
	2019	市域面积（km^2）	8043	26
	2020	常住人口数量（万人）	598.70	27
	2019	户籍人口数量（万人）	428	27
城市道路	2019	城市道路里程（km）	1514.49	31
	2019	城市道路面积（万m^2）	3040.05	33
	2020	道路网密度（km/km^2）	6.20	16
	2019	人均道路面积（m^2/人）	10.25	31
	2019	车均道路面积（m^2/辆）	18.03	32
城市地面公共交通	2020	城市公共汽电车运营车辆数（辆）	3616	30
	2020	公共汽电车运营线路长度（km）	5678	24
	2020	公共汽电车客运量（亿人次）	3.70	24
	2020	公共汽电车车均站场面积（m^2/标台）	140.20	13
	2020	公交专用车道长度（km）	57.30	33
城市轨道交通	2020	轨道交通日均客流量（万人次）	36.91	26
	2020	轨道交通里程（km）	34.80	28

续上表

类　　目	数据年份(年)	指　　标	数量	排名
城市出租汽车	2020	出租车数量（辆）	15227	12
	2020	千人人均出租车数量（辆/1000人）	2.949	5
	2020	每辆车年运营里程（万km/辆）	5.57	33
机动车	2020	机动车保有量（万辆）	183.21	27
	2020	机动车增长率（%）	8.63	5
	2020	千人机动车保有量（辆/1000人）	306.02	17
汽车	2020	汽车保有量（万辆）	147.21	27
	2020	汽车增长率（%）	9.89	2
	2020	千人汽车保有量（辆/1000人）	245.88	23
摩托车	2020	摩托车保有量（万辆）	35.62	6
驾驶人	2020	机动车驾驶人数量（万人）	246.40	26
	2020	汽车驾驶人数量（万人）	236.13	26
交通安全	2020	道路交通事故起数（起）	3579	4
	2020	城市道路交通事故起数（起）	3051	7
	2020	道路交通事故死亡数量（人）	385	17
	2020	道路交通事故受伤数量（人）	3908	3
	2020	城市道路交通事故死亡数量（人）	270	9
	2020	城市道路交通事故受伤数量（人）	3116	2
	2020	10万人口死亡率（人/10万人）	7.23	3
	2020	万车死亡率（人/万辆）	2.10	5

昆明市数据统计及排名　　　　**附表2-30**

类　　目	数据年份(年)	指　　标	数量	排名
城市社会经济	2020	地区生产总值（亿元）	6733.79	20
	2020	地区生产总值增长率（%）	2.30	26
	2020	城镇居民可支配收入（元）	48018	17
	2020	可支配收入增长率（%）	3.70	22
	2019	轨道交通投资额（亿元）	164.08	12
	2019	城市交通建设财政固定资产投入（亿元）	223.13	18
	2019	建成区面积（km^2）	446.13	19
	2019	市辖区面积（km^2）	5952	14
	2019	市域面积（km^2）	21013	5
	2020	常住人口数量（万人）	846.01	23
	2019	户籍人口数量（万人）	578	24

续上表

类　目	数据年份（年）	指　　标	数量	排名
城市道路	2019	城市道路里程（km）	2354.05	26
	2019	城市道路面积（万 m^2）	3998.37	29
	2020	道路网密度（km/km^2）	6.80	9
	2019	人均道路面积（m^2/人）	9.83	32
	2019	车均道路面积（m^2/辆）	14.08	36
城市地面公共交通	2020	城市公共汽电车运营车辆数（辆）	7609	19
	2020	公共汽电车运营线路长度（km）	13546	10
	2020	公共汽电车客运量（亿人次）	4.35	22
	2020	公共汽电车车均站场面积（m^2/标台）	92.50	24
	2020	公交专用车道长度（km）	194.00	22
城市轨道交通	2020	轨道交通日均客流量（万人次）	53.30	17
	2020	轨道交通里程（km）	139.10	17
城市出租汽车	2020	出租车数量（辆）	9356	23
	2020	千人人均出租车数量（辆/1000人）	0.501	31
	2020	每辆车年运营里程（万 km/辆）	5.88	32
机动车	2020	机动车保有量（万辆）	298.42	17
	2019	机动车增长率（%）	5.12	25
	2020	千人机动车保有量（辆/1000人）	352.74	3
汽车	2020	汽车保有量（万辆）	264.02	18
	2020	汽车增长率（%）	5.65	24
	2020	千人汽车保有量（辆/1000人）	312.08	8
摩托车	2020	摩托车保有量（万辆）	33.88	7
驾驶人	2020	机动车驾驶人数量（万人）	363.66	16
	2020	汽车驾驶人数量（万人）	345.60	16
交通安全	2020	道路交通事故起数（起）	1288	23
	2020	城市道路交通事故起数（起）	1066	16
	2020	道路交通事故死亡数量（人）	313	19
	2020	道路交通事故受伤数量（人）	925	23
	2020	城市道路交通事故死亡数量（人）	199	15
	2020	城市道路交通事故受伤数量（人）	749	24
	2020	10万人口死亡率（人/10万人）	4.70	19
	2020	万车死亡率（人/万辆）	1.05	26

拉萨市数据统计及排名　　**附表2-31**

类　目	数据年份(年)	指　标	数量	排名
城市社会经济	2020	地区生产总值（亿元）	678.16	36
	2020	地区生产总值增长率（%）	7.80	1
	2020	城镇居民可支配收入（元）	43640	23
	2020	可支配收入增长率（%）	10.00	1
	2019	轨道交通投资额（亿元）	—	—
	2019	城市交通建设财政固定资产投入（亿元）	0.46	36
	2019	建成区面积（km^2）	87.27	36
	2019	市辖区面积（km^2）	4328	19
	2019	市域面积（km^2）	29518	3
	2020	常住人口数量（万人）	86.79	36
	2019	户籍人口数量（万人）	56	36
城市道路	2019	城市道路里程（km）	464.89	36
	2019	城市道路面积（万 m^2）	1001.04	36
	2020	道路网密度（km/km^2）	4.00	35
	2019	人均道路面积（m^2/人）	17.24	12
	2019	车均道路面积（m^2/辆）	36.02	13
城市地面公共交通	2020	城市公共汽电车运营车辆数（辆）	694	36
	2020	公共汽电车运营线路长度（km）	1820	35
	2020	公共汽电车客运量（亿人次）	0.69	36
	2020	公共汽电车车均站场面积（m^2/标台）	46.10	36
	2020	公交专用车道长度（km）	46.00	34
城市轨道交通	2020	轨道交通日均客流量（万人次）	—	—
	2020	轨道交通里程（km）	—	—
城市出租汽车	2020	出租车数量（辆）	1009	36
	2020	千人人均出租车数量（辆/1000人）	0.25	35
	2020	每辆车年运营里程（万 km/辆）	14.12	1
机动车	2020	机动车保有量（万辆）	30.17	36
	2020	机动车增长率（%）	8.56	7
	2020	千人机动车保有量（辆/1000人）	347.60	4
汽车	2020	汽车保有量（万辆）	28.46	36
	2020	汽车增长率（%）	9.22	3
	2020	千人汽车保有量（辆/1000人）	327.97	4
摩托车	2020	摩托车保有量（万辆）	1.47	31
驾驶人	2020	机动车驾驶人数量（万人）	23.65	36
	2020	汽车驾驶人数量（万人）	23.49	36

续上表

类　目	数据年份(年)	指　标	数量	排名
交通安全	2020	道路交通事故起数（起）	183	36
	2020	城市道路交通事故起数（起）	207	36
	2020	道路交通事故死亡数量（人）	69	36
	2020	道路交通事故受伤数量（人）	199	36
	2020	城市道路交通事故死亡数量（人）	50	35
	2020	城市道路交通事故受伤数量（人）	182	35
	2020	10 万人口死亡率（人/10 万人）	8.86	2
	2020	万车死亡率（人/万辆）	2.29	3

西安市数据统计及排名　　**附表2-32**

类　目	数据年份(年)	指　标	数量	排名
城市社会经济	2020	地区生产总值（亿元）	10020.39	17
	2020	地区生产总值增长率（%）	5.20	4
	2020	城镇居民可支配收入（元）	43713	22
	2020	可支配收入增长率（%）	4.50	16
	2019	轨道交通投资额（亿元）	165.07	11
	2019	城市交通建设财政固定资产投入（亿元）	336.26	14
	2019	建成区面积（km^2）	700.69	12
	2019	市辖区面积（km^2）	5807	15
	2019	市域面积（km^2）	10758	21
	2020	常住人口数量（万人）	1295.29	8
	2019	户籍人口数量（万人）	957	7
城市道路	2019	城市道路里程（km）	5019.3	12
	2019	城市道路面积（万 m^2）	11762.51	9
	2020	道路网密度（km/km^2）	5.70	21
	2019	人均道路面积（m^2/人）	18.44	11
	2019	车均道路面积（m^2/辆）	32.69	20
城市地面公共交通	2020	城市公共汽电车运营车辆数（辆）	11633	9
	2020	公共汽电车运营线路长度（km）	7352	17
	2020	公共汽电车客运量（亿人次）	7.94	7
	2020	公共汽电车车均站场面积（m^2/标台）	62.80	32
	2020	公交专用车道长度（km）	384.60	9
城市轨道交通	2020	轨道交通日均客流量（万人次）	169.56	9
	2020	轨道交通里程（km）	186.00	12

续上表

类　　目	数据年份(年)	指　　标	数量	排名
城市出租汽车	2020	出租车数量（辆）	16526	11
	2020	千人人均出租车数量（辆 /1000 人）	1.77	14
	2020	每辆车年运营里程（万 km/ 辆）	9.65	12
机动车	2020	机动车保有量（万辆）	398.34	6
	2020	机动车增长率（%）	10.69	2
	2020	千人机动车保有量（辆 /1000 人）	307.53	16
汽车	2020	汽车保有量（万辆）	373.65	6
	2020	汽车增长率（%）	8.93	4
	2020	千人汽车保有量（辆 /1000 人）	288.47	16
摩托车	2020	摩托车保有量（万辆）	23.69	13
驾驶人	2020	机动车驾驶人数量（万人）	486.14	8
	2020	汽车驾驶人数量（万人）	482.44	8
交通安全	2020	道路交通事故起数（起）	2662	9
	2020	城市道路交通事故起数（起）	1823	10
	2020	道路交通事故死亡数量（人）	341	18
	2020	道路交通事故受伤数量（人）	2780	8
	2020	城市道路交通事故死亡数量（人）	161	21
	2020	城市道路交通事故受伤数量（人）	1831	8
	2020	10 万人口死亡率（人 /10 万人）	4.44	21
	2020	万车死亡率（人 / 万辆）	0.86	32

兰州市数据统计及排名

附表2-33

类　　目	数据年份(年)	指　　标	数量	排名
城市社会经济	2020	地区生产总值（亿元）	2886.74	31
	2020	地区生产总值增长率（%）	2.40	25
	2020	城镇居民可支配收入（元）	40152	28
	2020	可支配收入增长率（%）	5.40	9
	2019	轨道交通投资额（亿元）	13.52	29
	2019	城市交通建设财政固定资产投入（亿元）	72.44	32
	2019	建成区面积（km^2）	313.52	29
	2019	市辖区面积（km^2）	1574	32
	2019	市域面积（km^2）	13192	14
	2020	常住人口数量（万人）	435.94	30
	2019	户籍人口数量（万人）	332	29

续上表

类　目	数据年份（年）	指　标	数量	排名
城市道路	2019	城市道路里程（km）	2220.26	28
	2019	城市道路面积（万 m^2）	5528.33	25
	2020	道路网密度（km/km^2）	4.20	34
	2019	人均道路面积（m^2/ 人）	21.54	3
	2019	车均道路面积（m^2/ 辆）	49.97	6
城市地面公共交通	2020	城市公共汽电车运营车辆数（辆）	4970	28
	2020	公共汽电车运营线路长度（km）	7149	20
	2020	公共汽电车客运量（亿人次）	6.24	11
	2020	公共汽电车车均站场面积（m^2/ 标台）	88.10	27
	2020	公交专用车道长度（km）	31.30	35
城市轨道交通	2020	轨道交通日均客流量（万人次）	14	31
	2020	轨道交通里程（km）	25.50	31
城市出租汽车	2020	出租车数量（辆）	10766	19
	2020	千人人均出租车数量（辆 /1000 人）	0.87	26
	2020	每辆车年运营里程（万 km/ 辆）	10.36	9
机动车	2020	机动车保有量（万辆）	115.34	32
	2020	机动车增长率（%）	4.24	32
	2020	千人机动车保有量（辆 /1000 人）	264.57	25
汽车	2020	汽车保有量（万辆）	97.67	33
	2020	汽车增长率（%）	5.29	26
	2020	千人汽车保有量（辆 /1000 人）	224.04	28
摩托车	2020	摩托车保有量（万辆）	17.29	14
驾驶人	2020	机动车驾驶人数量（万人）	134.83	31
	2020	汽车驾驶人数量（万人）	128.63	32
交通安全	2020	道路交通事故起数（起）	812	28
	2020	城市道路交通事故起数（起）	568	28
	2020	道路交通事故死亡数量（人）	234	23
	2020	道路交通事故受伤数量（人）	833	27
	2020	城市道路交通事故死亡数量（人）	102	31
	2020	城市道路交通事故受伤数量（人）	590	26
	2020	10 万人口死亡率（人 /10 万人）	6.42	4
	2020	万车死亡率（人 / 万辆）	2.03	6

西宁市数据统计及排名

附表2-34

类　目	数据年份(年)	指　标	数量	排名
城市社会经济	2020	地区生产总值（亿元）	1372.98	35
	2020	地区生产总值增长率（%）	1.80	27
	2020	城镇居民可支配收入（元）	30203	36
	2020	可支配收入增长率（%）	7.10	2
	2019	轨道交通投资额（亿元）	—	—
	2019	城市交通建设财政固定资产投入（亿元）	77.06	31
	2019	建成区面积（km^2）	98	35
	2019	市辖区面积（km^2）	477	36
	2019	市域面积（km^2）	7607	27
	2020	常住人口数量（万人）	246.8	35
	2019	户籍人口数量（万人）	209	33
城市道路	2019	城市道路里程（km）	656.98	35
	2019	城市道路面积（万 m^2）	1699.13	35
	2020	道路网密度（km/km^2）	5.40	28
	2019	人均道路面积（m^2/人）	12.50	30
	2019	车均道路面积（m^2/辆）	24.97	26
城市地面公共交通	2020	城市公共汽电车运营车辆数（辆）	2422	34
	2020	公共汽电车运营线路长度（km）	1484	36
	2020	公共汽电车客运量（亿人次）	2.71	27
	2020	公共汽电车车均站场面积（m^2/标台）	66.50	30
	2020	公交专用车道长度（km）	75.40	32
城市轨道交通	2020	轨道交通日均客流量（万人次）	—	—
	2020	轨道交通里程（km）	—	—
城市出租汽车	2020	出租车数量（辆）	5666	31
	2020	千人人均出租车数量（辆/1000人）	0.67	30
	2020	每辆车年运营里程（万km/辆）	7.65	28
机动车	2020	机动车保有量（万辆）	73.64	35
	2020	机动车增长率（%）	8.25	9
	2020	千人机动车保有量（辆/1000人）	298.40	19
汽车	2020	汽车保有量（万辆）	71.64	35
	2020	汽车增长率（%）	8.35	7
	2020	千人汽车保有量（辆/1000人）	290.26	15
摩托车	2020	摩托车保有量（万辆）	1.46	32
驾驶人	2020	机动车驾驶人数量（万人）	78.10	35
	2020	汽车驾驶人数量（万人）	77.88	35

续上表

类　　目	数据年份（年）	指　　标	数量	排名
交通安全	2020	道路交通事故起数（起）	737	29
	2020	城市道路交通事故起数（起）	431	32
	2020	道路交通事故死亡数量（人）	127	32
	2020	道路交通事故受伤数量（人）	693	28
	2020	城市道路交通事故死亡数量（人）	74	34
	2020	城市道路交通事故受伤数量（人）	309	31
	2020	10 万人口死亡率（人/10 万人）	6.20	6
	2020	万车死亡率（人 / 万辆）	1.72	9

银川市数据统计及排名

附表2-35

类　　目	数据年份（年）	指　　标	数量	排名
城市社会经济	2020	地区生产总值（亿元）	1964.37	33
	2020	地区生产总值增长率（%）	3.20	20
	2020	城镇居民可支配收入（元）	39416	32
	2020	可支配收入增长率（%）	3.10	25
	2019	轨道交通投资额（亿元）	—	—
	2019	城市交通建设财政固定资产投入（亿元）	23.70	35
	2019	建成区面积（km^2）	190.55	34
	2019	市辖区面积（km^2）	2306	24
	2019	市域面积（km^2）	9025	24
	2020	常住人口数量（万人）	285.91	34
	2019	户籍人口数量（万人）	200	34
城市道路	2019	城市道路里程（km）	984.2	34
	2019	城市道路面积（万 m^2）	3172.92	32
	2020	道路网密度（km/km^2）	4.80	32
	2019	人均道路面积（m^2/ 人）	20.54	5
	2019	车均道路面积（m^2/ 辆）	32.97	19
城市地面公共交通	2020	城市公共汽电车运营车辆数（辆）	1866	35
	2020	公共汽电车运营线路长度（km）	2458	34
	2020	公共汽电车客运量（亿人次）	1.53	34
	2020	公共汽电车车均站场面积（m^2/ 标台）	307.10	1
	2020	公交专用车道长度（km）	132	28
城市轨道交通	2020	轨道交通日均客流量（万人次）	—	—
	2020	轨道交通里程（km）	—	—

续上表

类　目	数据年份（年）	指　标	数量	排名
城市出租汽车	2020	出租车数量（辆）	5562	32
	2020	千人人均出租车数量（辆/1000人）	1.28	19
	2020	每辆车年运营里程（万km/辆）	8.33	19
机动车	2020	机动车保有量（万辆）	103.94	33
	2020	机动车增长率（%）	7.99	10
	2020	千人机动车保有量（辆/1000人）	363.55	2
汽车	2020	汽车保有量（万辆）	100.11	32
	2020	汽车增长率（%）	7.84	8
	2020	千人汽车保有量（辆/1000人）	350.14	2
摩托车	2020	摩托车保有量（万辆）	2.21	28
驾驶人	2020	机动车驾驶人数量（万人）	99.51	33
	2020	汽车驾驶人数量（万人）	98.54	33
交通安全	2020	道路交通事故起数（起）	1328	21
	2020	城市道路交通事故起数（起）	1105	18
	2020	道路交通事故死亡数量（人）	201	29
	2020	道路交通事故受伤数量（人）	1337	20
	2020	城市道路交通事故死亡数量（人）	134	24
	2020	城市道路交通事故受伤数量（人）	1062	18
	2020	10万人口死亡率（人/10万人）	6.22	5
	2020	万车死亡率（人/万辆）	1.93	7

乌鲁木齐市数据统计及排名

附表2-36

类　目	数据年份（年）	指　标	数量	排名
城市社会经济	2020	地区生产总值（亿元）	3337.32	30
	2020	地区生产总值增长率（%）	0.30	34
	2020	城镇居民可支配收入（元）	42770	25
	2020	可支配收入增长率（%）	0.20	34
	2019	轨道交通投资额（亿元）	30.47	27
	2019	城市交通建设财政固定资产投入（亿元）	166.96	24
	2019	建成区面积（km^2）	487.88	17
	2019	市辖区面积（km^2）	9577	6
	2019	市域面积（km^2）	13788	12
	2020	常住人口数量（万人）	405.44	31
	2019	户籍人口数量（万人）	227	32

续上表

类　目	数据年份(年)	指　标	数量	排名
城市道路	2019	城市道路里程（km）	5696.36	10
	2019	城市道路面积（万 m^2）	6617.1	20
	2020	道路网密度（km/km^2）	3.40	36
	2020	人均道路面积（m^2/ 人）	18.92	9
	2019	车均道路面积（m^2/ 辆）	53.27	5
城市地面公共交通	2020	城市公共汽电车运营车辆数（辆）	5767	23
	2020	公共汽电车运营线路长度（km）	3825	33
	2020	公共汽电车客运量（亿人次）	4.35	21
	2020	公共汽电车车均站场面积（m^2/ 标台）	90.90	25
	2020	公交专用车道长度（km）	203.90	19
城市轨道交通	2020	轨道交通日均客流量（万人次）	25.89	28
	2020	轨道交通里程（km）	26.80	30
城市出租汽车	2020	出租车数量（辆）	13138	15
	2020	千人人均出租车数量（辆 /1000 人）	1.40	18
	2020	每辆车年运营里程（万 km/ 辆）	9.82	11
机动车	2020	机动车保有量（万辆）	130.47	29
	2020	机动车增长率（%）	5.03	26
	2020	千人机动车保有量（辆 /1000 人）	321.79	11
汽车	2020	汽车保有量（万辆）	128.66	29
	2020	汽车增长率（%）	5.00	29
	2020	千人汽车保有量（辆 /1000 人）	317.34	6
摩托车	2020	摩托车保有量（万辆）	0.81	35
驾驶人	2020	机动车驾驶人数量（万人）	129.70	32
	2020	汽车驾驶人数量（万人）	129.11	31
交通安全	2020	道路交通事故起数（起）	402	34
	2020	城市道路交通事故起数（起）	345	31
	2020	道路交通事故死亡数量（人）	120	33
	2020	道路交通事故受伤数量（人）	383	32
	2020	城市道路交通事故死亡数量（人）	87	32
	2020	城市道路交通事故受伤数量（人）	317	30
	2020	10 万人口死亡率（人 /10 万人）	4.16	23
	2020	万车死亡率（人 / 万辆）	0.92	30